ARITHMÉTIQUE

THÉORIQUE

ET PRATIQUE.

ARITHMÉTIQUE

THÉORIQUE ET PRATIQUE,

A L'USAGE

DES ÉCOLES PRIMAIRES,

ENRICHIE DE PRÈS DE 1600 EXERCICES ET PROBLÈMES A RÉSOUDRE, PROPRES A DÉVELOPPER L'INTELLIGENCE DES ÉLÈVES.

Par

F.-J.-A. GONNORD et F. CONAN, Instituteurs.

SE TROUVE:

A St-LAURENT-SUR-SÈVRE (Vendée), au Pensionnat de St GABRIEL.

A VANNES, chez N. DE LAMARZELLE, Impr.-Libre.

—

1846.

Vannes. — Imp. de N. de Lamarzelle.

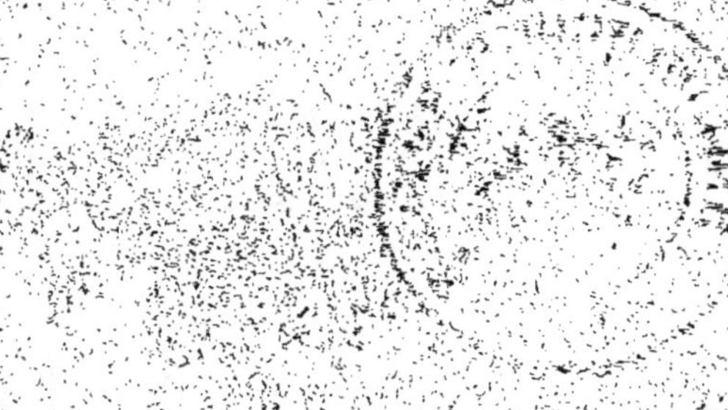

Vannes. — Imp. de N. de Lamarzelle.

ARITHMÉTIQUE

THÉORIQUE ET PRATIQUE.

PREMIÈRE PARTIE.

Principes, Système métrique, Opérations fondamentales et Fractions.

DÉFINITIONS PRÉLIMINAIRES.

1. L'ARITHMÉTIQUE est la science des nombres. Elle a pour but d'apprendre à les exprimer et à les calculer.

2. Le calcul est l'art de composer et de décomposer les nombres.

3. On appelle quantité tout ce qui peut être augmenté ou diminué; comme l'étendue, la durée, la pesanteur, la valeur, etc.

4. L'unité est une quantité prise, le plus souvent arbitrairement, pour servir à comparer les autres quantités de même espèce.

Ainsi, quand on dit, par exemple : cet objet

p se vingt kilogrammes, l'unité est un kilogramme, parce que c'est à cette quantité qu'on compare le poids de cet objet.

5. Un nombre est ce qui exprime combien il y a d'unités ou de parties d'unité dans une quantité. Exemples : quatre mètres, huit francs, etc.

6. On distingue trois sortes de nombres : le nombre entier, le nombre fractionnaire et le nombre fraction.

7. Le nombre entier est celui qui renferme l'unité une ou plusieurs fois exactement, douze, neuf, trente, sont des nombres entiers.

8. Le nombre fractionnaire est celui qui contient des unités entières et des parties de l'unité. Exemples : six et demi, cinq mètres sept centimètres.

9. Le nombre fraction est celui qui est moins grand que l'unité. Exemples : quatre cinquièmes, un tiers.

Ces nombres sont ou abstraits ou concrets.

10. On appelle abstrait le nombre qu'on énonce sans faire connaître l'espèce des unités, comme lorsqu'on dit : neuf, vingt, trois unités, quinze centièmes, etc.

11. On appelle concret le nombre qu'on énonce en désignant l'espèce des unités, comme quarante fr., cent litres, vingt centilitres.

Ils peuvent aussi être complexes ou incomplexes.

12. On nomme nombre complexe celui qui est composé d'unités entières et de subdivisions non décimales. Exemples : huit jours, cinq heures, vingt minutes ; sept degrés, trente-cinq minutes.

13. Le nombre incomplexe est celui qui ne renferme qu'une seule espèce d'unités. Exemples : quinze jours ; treize degrés.

QUESTIONNAIRE.

Qu'est-ce que l'arithmétique ? 1. — Qu'est-ce que le calcul ? 2. — Qu'appelle-t-on quantité ? 3. — Qu'est-ce que l'unité ? 4. — Qu'est-ce qu'un nombre ? 5. — Combien distingue-t-on de sortes de nombres ? 6. — Qu'appelle-t-on nombre entier ? 7. — Qu'appelle-t-on nombre fractionnaire ? 8. — Quand est-ce qu'un nombre est abstrait ? 10. — Quand est-ce qu'il est concret ? 11.

NUMÉRATION.

14. La numération est l'art de former les nombres, de les énoncer et de les écrire avec un nombre limité de mots et de caractères.

On distingue la numération parlée et la numération écrite.

Numération parlée, ou formation des nombres.

15. Pour former les nombres entiers on ajoute l'unité à elle-même, ce qui donne le nombre deux ; ce dernier nombre augmenté d'une unité donne le nombre trois, et en continuant à ajouter de la sorte successivement l'unité au dernier nombre formé, on obtient les nombres quatre, cinq, six, sept, huit, neuf.

Ces neuf premiers nombres sont appelés unités simples ou unités du premier ordre.

16. En ajoutant l'unité à neuf, on obtient un nouveau nombre que l'on nomme dix ou dizaine, ou unité du deuxième ordre. On compte par dizaine

comme par unités simples, depuis une dizaine jusqu'à neuf dizaines ; mais on fait suivre successivement le nom de chaque dizaine ou réunion de dizaines, des noms des neuf premiers nombres.

Par exception, au lieu de dire dix-un, dix-deux, dix-trois, dix-quatre, dix-cinq, dix-six ; on dit : onze, douze, treize, quatorze, quinze, seize.

De même, au lieu de dire deux dizaines, trois dizaines, etc., on dit : vingt, trente, quarante, cinquante, soixante, soixante-dix, quatre-vingt, quatre-vingt-dix.

Pour exprimer les nombres qui se trouvent entre deux dizaines qui se suivent immédiatement, par exemple vingt et trente, on dira donc : vingt-un, vingt-deux, vingt-trois, vingt-quatre, vingt-cinq, vingt-six, vingt-sept, vingt-huit, vingt-neuf.

17. On parvient de la sorte au nombre quatre-vingt-dix-neuf, lequel, augmenté d'une unité, donne la réunion appelée cent ou centaine, ou unité du troisième ordre.

On compte par centaines comme par dizaines et par unités ; mais on insère entre chaque centaine ou réunion de centaines, les noms des quatre-vingt-dix-neuf premiers nombres, comme il suit : cent-un....., cent-huit....., cent-trente-cinq....., cent-cinquante-deux....., sept cent quatre-vingt-six, etc.

18. On arrive de cette manière à neuf cent quatre-vingt-dix-neuf, nombre qui, augmenté d'une unité, donne la réunion appelée mille, ou unité du quatrième ordre.

On compte par mille, dizaines de mille, centaines de mille, comme par unités, dizaines, centaines d'unités, et de la sorte on arrive au nombre neuf cent quatre-vingt-dix-neuf mille neuf cent quatre-vingt-dix-neuf. Ce nombre, plus un, forme l'unité du septième ordre appelée million.

On compte par unités, dizaines et centaines de millions, comme par unités, dizaines et centaines de mille ; et on parvient ainsi au nombre appelé billion ou milliard, ou unité du dixième ordre.

De même que mille fois mille font un million, mille millions font un billion ; de même aussi, mille billions font un trillion, mille trillions font un quatrillion, mille quatrillions font un quintillion, etc.

19. Il résulte évidemment de ce qui vient d'être dit, que dix unités quelconques forment une unité de l'ordre immédiatement supérieur ; car dix unités simples forment une dizaine ou unité du second ordre, dix dizaines forment une centaine ou unité du troisième ordre : ainsi de suite.

Numération écrite.

20. Pour représenter tous les nombres possibles, on emploie dix caractères ou chiffres (1) dont les neuf premiers prennent les noms des unités simples. Ces chiffres sont :

$$1, \quad 2, \quad 3, \quad 4, \quad 5, 6, 7, 8, \quad 9, \quad 0.$$
un, deux, trois, quatre, cinq, six, sept, huit, neuf, zéro.

21. Pour exprimer les nombres au-dessus de neuf unités, on est convenu que, dans une suite de chiffres, le premier à droite exprimerait des unités simples ;

---

(1) Ces chiffres sont appelés arabes parce que ce sont les Arabes qui nous les ont communiqués. On croit qu'ils ont été inventés par les Indiens.

le deuxième des dizaines; le troisième des centaines;
le quatrième des mille; etc.

Par exemple, dans le nombre 4444, le premier
chiffre, à droite, exprime 4 unités simples; le 2ᵉ
4 dizaines; le 3ᵉ 4 centaines; le 4ᵉ 4 mille.

De là cette règle : Les chiffres prennent une valeur
dix, cent, mille.... fois plus petite, quand on les
avance d'un, de deux, de trois.... rangs vers la
droite; ils prennent au contraire une valeur dix,
cent, mille.... fois plus grande, quand on les avance
d'un, de deux, de trois.... rangs vers la gauche.

C'est le principe fondamental de la numération
écrite.

22. Les neufs premiers chiffres, qu'on nomme
significatifs, ont deux valeurs : une valeur absolue,
et une valeur relative.

La valeur absolue d'un chiffre est celle qu'il a par
lui-même, et considéré seul.

La valeur relative d'un chiffre est celle que lui
donne le rang qu'il occupe. Par exemple, dans le
nombre 359, la valeur absolue du second chiffre est
5 unités, et sa valeur relative est 5 dizaines ou 50,
parce qu'il est au second rang.

23. Le chiffre zéro n'a par lui-même nulle valeur;
il sert à augmenter la valeur des autres chiffres, ou
à tenir lieu des divers ordres d'unités qui peuvent
manquer dans l'expression d'un nombre.

24. Si l'on met un zéro à la droite d'un nombre,
on rend ce nombre dix fois plus grand.

Par exemple : si on ajoute un zéro à 26, on aura
260, nombre évidemment dix fois plus grand, puisque le chiffre 6 qui ne valait que 6 unités, vaut
maintenant 6 dizaines, et le chiffre 2 qui n'exprimait que 2 dizaines, exprime maintenant 2 cen-

taines; chaque chiffre représentant des unités dix fois plus grandes, le nombre tout entier est donc dix fois plus grand.

D'après ce principe, il est facile de démontrer que, pour rendre un nombre cent, mille, dix mille.... fois plus grand, il suffit d'écrire à sa droite, deux, trois, quatre.... zéros.

Suivant le même principe, si l'on supprime sur la droite d'un nombre, un, deux, trois.... zéros, on rend ce nombre dix, cent, mille.... fois moins considérable.

25. Par tranche on entend la réunion de trois ordres ou de trois chiffres qui se suivent immédiatement.

La première tranche, en partant de la droite, est celle des unités, la deuxième celle des mille, la troisième celle des millions, la quatrième celle des billions, la cinquième celle des trillions, etc.

26. Pour écrire facilement en chiffres un nombre sous la dictée, on écrit d'abord la première tranche que l'on entend prononcer, puis la seconde à droite de la première, la troisième à droite de la seconde, et ainsi de suite jusqu'à celle des unités.

Il faut avoir soin de remplacer par des zéros les ordres qui peuvent manquer. Si une tranche tout entière manquait, on la remplacerait par trois zéros.

Chaque tranche doit avoir trois chiffres; cependant la première, à gauche, peut n'en avoir que deux, et même qu'un.

27. Pour lire aisément un nombre écrit en chiffres, on le partage, au moins mentalement, en tranches de trois chiffres, en allant de droite à gauche; on cherche ensuite le nom de la tranche la plus à gauche; on lit chaque tranche comme si elle était seule,

ayant soin de prononcer à la fin le nom de cette tranche ; si quelque tranche ne renferme que des zéros, on ne l'énonce pas.

Ainsi, pour énoncer le nombre 4000907, dites : quatre millions neuf cent sept unités.

28. Le système de numération, tel qu'il vient d'être exposé, se nomme système décimal, parce qu'on y emploie dix chiffres.

QUESTIONNAIRE.

Qu'est-ce que la numération? 14. — Comment forme-t-on les nombres? 15. — Combien emploie-t-on de chiffres pour représenter les nombres? 20. — De quoi est-on convenu pour exprimer les nombres au-dessus de neuf unités? 21. — Combien les chiffres ont-ils de valeurs? 22. — Que faut-il faire pour rendre un nombre entier dix, cent, mille fois, etc. plus grand? 24. — Qu'entend-on par tranche? 25. — Que fait-on pour écrire facilement un nombre en chiffres sous la dictée? 26. — Que fait-on pour énoncer aisément une quantité exprimée par un grand nombre de chiffres? 27.

(Problèmes 1ᵉʳ et suivants.)

CHIFFRES ROMAINS.

29. Les Romains se servaient de sept lettres pour exprimer les nombres.

Voici ces lettres avec leur valeur en chiffres arabes:

I ou i, V ou v, X ou x, L ou l, C ou c, D ou d, M ou m.
1,   5,   10,   50,   100,   500,   1000.

Les mêmes lettres avec un trait au-dessus ont une

valeur mille fois plus grande. Ainsi, V vaut 5000, $\overline{X}$ vaut 10000.

Le principe fondamental de cette numération est qu'un chiffre placé à gauche d'un chiffre de plus grande valeur, le diminue de la sienne.

I.	1	XXIX.	29
II.	2	XXX.	30
III.	3	XXXIX.	39
IV.	4	XL.	40
V.	5	XLIV.	44
VI.	6	XLIX.	49
VII.	7	L.	50
VIII.	8	LX.	60
IX.	9	LXX.	70
X.	10	LXXXI.	81
XI.	11	XC.	90
XII.	12	XCVIII.	98
XIII.	13	XCIX ou IC.	99
XIV.	14	C.	100
XV.	15	CCCI.	301
XVI.	16	CD ou CCCC.	400
XVII.	17	D.	500
XVIII.	18	DC.	600
XIX.	19	M ou cIɔ.	1000
XX.	20	MD.	1500
XXI.	21	$\overline{X}$.	10000
XXII.	22	$\overline{LXI}$.	61000
XXIII.	23	$\overline{LXXV}$.	75000
XXIV.	24	MDCCLXXX.	1780
XXV.	25	MDCCCXLV.	1845
XXVI.	26	MDCCCL.	1850

Les anciens n'avaient point de nombre au-dessus de 100000; pour exprimer les nombres plus grands, ils disaient deux fois, trois fois.... 100000.

Décimales.

30. On appelle décimales des parties de l'unité de dix en dix fois plus petites les unes que les autres.

Pour se former une juste idée des décimales, il faut supposer l'unité partagée en dix parties égales; chaque partie sera dix fois plus petite que l'unité, et par conséquent en sera la dixième partie. Si l'on partage chaque dixième en dix parties égales, chacune de ces parties sera dix fois plus petite qu'un dixième, et par là même cent fois plus petite que l'unité, ou la centième partie de l'unité. En partageant de la même manière chaque centième en dix parties égales, on obtiendra des parties dix fois plus petites que les centièmes, cent fois plus petites que les dixièmes, mille fois plus petite que l'unité; par conséquent chaque nouvelle partie sera la millième partie de l'unité.

On pourrait continuer cette division et l'on aurait successivement des dix-millièmes, des cent-millièmes, des millionièmes, etc.

Ce qui précède fait voir clairement que l'unité vaut 10 dixièmes, ou 100 centièmes, ou 1000 millièmes, etc.; que le dixième vaut 10 centièmes, ou 100 millièmes, etc.; que le centième vaut 10 millièmes, 100 dix-millièmes, etc.

31. La numération des décimales est la même que celle des nombres entiers, mais en sens inverse; tandis que la dizaine est dix fois plus grande que l'unité, le dixième, au contraire, est dix fois plus

petit ; la centaine est l'unité répétée cent fois, au lieu que le centième n'en exprime que la centième partie, etc.

On place les décimales à la droite des entiers, ayant soin de les en séparer par une virgule. On écrit au premier rang les dixièmes, au deuxième les centièmes, au troisième les millièmes, etc. Ainsi, pour exprimer six entiers deux dixièmes, et quatre centièmes, on écrira : 6,24.

32. S'il y a des parties manquantes, on les remplace par autant de zéros. Soit par exemple : 8 entiers 65 millièmes. On écrira d'abord les 8 entiers, puis se rappelant que dans 65 millièmes il n'y a point de dixièmes, on mettra un zéro après la virgule, et ensuite les 65 millièmes, comme ci-après : 8,065.

33. Lorsqu'on n'a à écrire que des décimales sans entiers, on met un zéro pour tenir lieu de la partie entière. Exemple : 0,35.

34. Un nombre décimal est un nombre entier suivi de décimales.

35. Pour énoncer un nombre décimal, on lit d'abord la partie entière, puis ensuite la partie décimale, comme si c'était un nombre entier, ayant soin de prononcer à la fin le nom de la plus petite espèce. Ainsi, 45,658, s'énonce : 45 unités, 658 millièmes.

En effet, puisque (n° 30) chaque dixième vaut 100 millièmes, les 6 dixièmes de la fraction ci-dessus en valent donc 600 ; de même, chaque centième valant 10 millièmes, les 5 centièmes de la même fraction en valent 50, plus les huit millièmes qu'il y a, cela fait 658 millièmes. Ainsi c'est donc la même chose de dire 45 unités, 6 dixièmes, 5 centièmes, 8 millièmes, ou bien 45 entiers, 658 millièmes.

Propriétés des décimales.

37. Une quantité décimale ne change point de valeur quand on écrit un ou plusieurs zéros à sa droite.

Le nouveau nombre exprime, il est vrai, 10, 100, 1000.... fois plus de parties, mais ces parties sont 10, 100, 1000.... fois plus petites; donc il y a compensation : ainsi, 35,25 égale 35,2500.

Suivant le même principe, on ne change point la valeur d'une quantité décimale en supprimant à sa droite un ou plusieurs zéros.

38. Si dans un nombre décimal on avance la virgule de 1, 2, 3,... rangs vers la droite, ce nombre devient 10, 100, 1000.... fois plus grand.

Par exemple : si dans le nombre 8,35 on avance la virgule de deux rangs vers la droite, on aura 835, nombre évidemment cent fois plus grand, puisque le 8, qui exprimait des unités, exprime maintenant des centaines; le 3, qui exprimait des dixièmes, exprime maintenant des dizaines, etc. Chaque chiffre représentant des unités cent fois plus grandes, le nombre tout entier est nécessairement cent fois plus grand.

Si le nombre ne contenait pas assez de décimales pour le rendre, par le déplacement de la virgule, aussi grand qu'on le demande, on ajouterait à sa droite autant de zéros qu'il serait nécessaire.

Ainsi, pour rendre mille fois plus grand le nombre 6,8, il faudrait écrire 6800.

39. Si dans un nombre décimal on recule la virgule de 1, 2, 3.... rangs vers la gauche, ce nombre devient 10, 100, 1000.... fois plus petit.

Si le nombre n'a point assez de chiffres à gauche de la virgule, on y écrira un nombre suffisant de zéros.

Exemple : soit le nombre 7,25 à rendre 100 fois plus petit, on écrit 0,0725, en mettant à gauche deux zéros dont le premier tient la place des entiers. Le nouveau nombre est bien 100 fois plus petit que le premier, puisque le 7 qui exprimait des unités, exprime des centièmes.

QUESTIONNAIRE.

Qu'appelle-t-on décimales ? 30. — Démontrez que la numération des décimales est la même que celle des nombres entiers ? 31. — Que fait-on lorsqu'on n'a à écrire que des décimales ? 33. — Qu'est-ce qu'un nombre décimal ? 34. — Comment énonce-t-on un nombre décimal ? 35. — Une quantité décimale change-t elle de valeur, quand on écrit plusieurs zéros à sa droite ? 37.

(*Problèmes 7 et suivants.*)

SYSTÈME MÉTRIQUE.

40. Mesurer, c'est chercher combien de fois une quantité quelconque en contient une autre qu'on prend pour unité.

Chaque quantité se mesure avec une autre quantité de même espèce. Ainsi, les longueurs se mesurent avec une autre longueur ; les surfaces avec une autre surface ; etc. Il doit y avoir par conséquent un certain nombre d'unités dans un système quelconque de mesures.

41. Les unités du système métrique sont au nombre de six, savoir :

1° Le *Mètre*, pour les mesures de longueur;

2° L'*Are*, pour les mesures de surface ou agraires;

3° Le *Stère*, pour les mesures de volume ou de solidité;

4° Le *Litre*, pour les mesures de contenance ou de capacité;

5° Le *Gramme*, pour les mesures de poids;

6° Le *Franc*, pour les monnaies.

Il est nécessaire de multiplier ces unités, lorsqu'on a à mesurer des quantités considérables, et de les diviser pour mesurer des quantités plus petites. De là les multiples ou composés, et les sous-multiples ou subdivisions des mesures légales.

42. Les multiples sont exprimés par les mots suivants dont on fait précéder le nom de l'unité principale :

Déca, qui signifie..... 10;
Hecto, ... 100;
Kilo, ... 1000;
Myria, ... 10000.

Ainsi, pour exprimer le poids de dix grammes, on place le mot *déca* avant le mot *gramme*, et l'on dit : décagramme.

Un kilomètre est une longueur de 1000 mètres.

43. Les sous-multiples s'indiquent par les mots suivants qu'on place également avant le nom de l'unité principale :

Déci, qui signifie dixième;
Centi, ... centième;
Milli, ... millième.

Ainsi, un décimètre, est la dixième partie du mètre ; un centilitre exprime une contenance cent fois moins grande qu'un litre.

44. La nomenclature du système métrique se réduit donc à treize mots, savoir : les 6 noms des unités, 4 mots pour les multiples, et 3 pour les sous-multiples.

45. D'après ce qui précède, on voit qu'un myria vaut 10 kilo, ou 100 hecto, ou 1000 déca, ou 10000 unités ; un kilo vaut 10 hecto, 100 déca, 1000 unités ; un hecto vaut dix déca, 100 unités, etc.

Que, par conséquent, il n'y a point de différence entre un myria et une dizaine de mille ; entre un kilo et un mille ; un hecto et une centaine ; un déca et une dizaine ; un déci et un dixième ; un centi et un centième ; un milli et un millième.

Qu'ainsi, le nombre 348975,648 contenant trente quatre dizaines de mille, huit mille, neuf centaines, sept dizaines, cinq unités, six dixièmes, quatre centièmes et huit millièmes, on peut l'énoncer en disant : 34 myria, 8 kilo, 9 hecto, 7 déca, 5 unités, 6 déci, 4 centi et 8 milli.

Les multiples et les sous-multiples des mesures légales suivent entre eux une progression décimale ; le calcul en est aussi simple que celui des nombres entiers.

46. Le nouveau système est appelé métrique, parce que toutes les autres mesures dérivent du mètre, et s'y rapportent par leurs dimensions ou par leurs poids ; en effet :

L'*Are* dérive du mètre, puisque c'est un carré de 10 mètres de côte ou 100 mètres de surface ;

Le *Stère* dérive du mètre, puisque c'est un cube qui a un mètre d'arête ;

Le *Litre* dérive du mètre, puisque c'est la contenance d'un décimètre cube ;

Le *Gramme* dérive du mètre, puisque c'est le poids de l'eau pure contenue dans un cube dont l'arête a un centimètre ;

Le *Franc* dérive du mètre, puisqu'il pèse 5 grammes, et que le gramme est basé sur le mètre.

47. Le système métrique est appelé décimal, parce que les multiples des mesures sont de dix en dix fois plus grands les uns que les autres, et les sous-multiples, de dix en dix fois plus petits.

Il est aussi appelé légal, parce qu'il est prescrit par la loi.

QUESTIONNAIRE.

Qu'est-ce que mesurer? 40. — Comment chaque quantité se mesure-t-elle? 40. — Dites les unités du système métrique? 41. — Quels sont les mots employés pour désigner les multiples? 42. — Quels sont les mots employés pour désigner les sous-multiples? 43. — De combien de mots se compose la nomenclature du système métrique? 44. — Pourquoi le nouveau système est-il appelé métrique? 46. — Comment chaque mesure dérive-t-elle du mètre? 46. — Pourquoi le système métrique est-il appelé décimal? 47. — Pourquoi le système métrique est-il appelé légal? 47.

TABLEAU DES MESURES LÉGALES.

NOMS SYSTÉMATIQUES.	VALEUR.
Mesures de Longueur.	
MYRIAMÈTRE.	Dix mille mètres.
KILOMÈTRE.	Mille mètres.
HECTOMÈTRE.	Cent Mètres.
DÉCAMÈTRE.	Dix mètres.
MÈTRE.	Unité fondamentale des poids et des mesures, dix-millionième partie du quart du méridien terrestre.
DÉCIMÈTRE.	Dixième du mètre.
CENTIMÈTRE.	Centième du mètre.
MILLIMÈTRE.	Millième du mètre.
Mesures de surface ou superficie.	
HECTARE.	Cent ares ou dix mille mètres carrés.
ARE.	Cent mètres carrés, ou carré de dix mètres de côté.
CENTIARE.	Centième de l'are ou un mètre carré.
Mesures de capacité pour les liquides et les matières sèches.	
KILOLITRE.	Mille litres.
HECTOLITRE.	Cent litres.
DÉCALITRE.	Dix litres.
LITRE.	Décimètre cube.
DÉCILITRE.	Dixième du litre.
CENTILITRE.	Centième du litre.
Mesures de volume ou de solidité.	
DÉCASTÈRE.	Dix stères.
STÈRE.	Mètre cube.
DÉCISTÈRE.	Dixième du stère.

NOMS SYSTÉMATIQUES.	VALEUR.
	Poids.
. . . .	Mille kilogrammes, poids du mètre cube d'eau ou du tonneau de mer.
. . . .	Cent kilogrammes, quintal métrique(1)
KILOGRAMME.	Mille grammes, poids d'un décimètre cube d'eau distillée.
HECTOGRAMME. . . .	Cent grammes.
DÉCAGRAMME.	Dix grammes.
GRAMME.	Poids d'un centimètre cube d'eau distillée.
DÉCIGRAMME.	Dixième du gramme.
CENTIGRAMME.	Centième du gramme.
MILLIGRAMME.	Millième du gramme.
	Monnaies.
FRANC.	Poids d'argent pesant 5 grammes dont un dixième de cuivre.
DÉCIME.	Dixième du franc.
CENTIME.	Centième du franc.

48. Toutes les mesures réelles, c'est-à-dire, qui existent réellement, doivent être égales, 1° à 1 fois, 2 fois et 5 fois l'unité simple; 2° à 1 fois, 2 fois et 5 fois le déca; 3° à 1 fois, 2 fois et 5 fois l'hecto; 4° à 1 fois, 2 fois et 5 fois le kilo.

Et pour les mesures plus petites que l'unité; elles doivent être égales, 1° à 1 fois, 2 fois et 5 fois le déci; 2° à 1 fois, 2 fois et 5 fois le centi.

Toutefois on a rejeté les mesures qui, quoique basées sur ce principe, auraient eu des dimensions trop grandes ou trop petites.

---

(1) Cette mesure et la précédente n'ont pas reçu de noms particuliers.

D'après cela il est facile de voir qu'il n'y a point dans le commerce de mesures de 4 mètres de longueur; il n'y a point non plus de poids de 6 kilogrammes, ni de 3 décagrammes, ni de mesures de 7 litres, etc.

Mais on trouvera des poids de 5 hectogrammes, de 2 grammes; des mesures de 2 mètres, de 5 décimètres, etc.

Mesures de Longueur.

49. On nomme mesures de longueur celles qu'on emploie pour mesurer les lignes, telles que la longueur d'une route, la hauteur d'un arbre, la taille d'un homme, l'épaisseur d'un mur, la largeur d'une allée, la profondeur d'un puits, etc.

Il y en a de deux sortes; les mesures de longueur proprement dites, et les mesures itinéraires.

L'unité principale est le mètre.

50. Le *Mètre* est la dix-millionième partie du quart du méridien terrestre.

51. Les multiples du mètre sont :

Le décamètre qui vaut 10 mètres.

L'hectomètre qui vaut 100 mètres, ou 10 décamètres.

Le kilomètre qui vaut 1000 mètres, ou 100 décamètres, ou 10 hectomètres.

Le myriamètre qui vaut 10000 mètres, ou 1000 décamètres, ou 100 hectomètres, ou 10 kilomètres.

52. Les sous-multiples sont :

Le décimètre, qui est la dixième partie du mètre; il vaut 10 centimètres.

Le centimètre, qui est la centième partie du mètre, ou la dixième partie du décimètre.

Le millimètre, qui est la millième partie du mètre,

ou la centième partie du décimètre, ou la dixième partie du centimètre.

53. Les mesures itinéraires sont celles qui servent à évaluer les grandes distances, comme celle d'une ville à une autre.

Ces mesures sont : l'hectomètre, le kilomètre et le myriamètre.

Ainsi, pour exprimer la distance de Nantes à Paris, on dit qu'il y a entre ces deux villes 440 kilomètres, ou 44 myriamètres.

Du pôle à l'équateur terrestre, il y a 10000 kilomètres, ou 1000 myriamètres.

Sur les principales routes on trouve des bornes qui indiquent les distances ; ces bornes sont placées de kilomètre en kilomètre, ou de demi-kilomètre en demi-kilomètre.

Pour se former une idée de la longueur d'un kilomètre, il est bon de remarquer qu'un voyageur, marchant d'un pas ordinaire et réglé, parcourt le kilomètre en 12 minutes environ, et comme le myriamètre vaut 10 kilomètres, il lui faudrait par conséquent $12 \times 10 = 120$ minutes, ou 2 heures, pour faire un myriamètre.

54. Voici les mesures réelles de longueur que la loi autorise.

1° Le *Double décamètre*, c'est-à-dire, 20 mètres.
2° Le *Décamètre*, (chaîne d'arpenteur) 10 mètres.
3° Le *Demi-décamètre*. . . . . *Id.* . . . 5 mètres.
4° Le *Double-mètre*. . . . . . *Id.* . . . 2 mètres.
5° Le *Mètre*. . . . . *Id.* . . . 1 mètre.
6° Le *Demi-mètre*. . . . . . . *Id.* . . . 5 décimèt.
7° Le *Double-décimètre*. . . . *Id.* . . . 2 décimèt.
8° Le *Décimètre*. . . . . *Id.* . . . 1 décimèt.

QUESTIONNAIRE.

Qu'appelle-t-on mesures réelles ? 48. — Qu'appelle-t-on mesures de longueur? 49. — Combien y a-t-il de sortes de mesures de longueur? 49 — Quelle est l'unité principale des mesures de longueur? 49. — Qu'est-ce que le mètre ? 50. — Quels sont les multiples du mètre? 51. — Quels sont les sous-multiples du mètre ? 52. — Qu'appelle-t-on mesures itinéraires? 53. — Combien y a-t-il de myriamètres dans la distance du pôle à l'équateur terrestre? 53. — En combien de minutes parcourt-on, au pas ordinaire, le kilomètre et le myriamètre ? 53. — Quelles sont les mesures réelles de longueur? 54.

Mesures de surface.

55. On appelle surface, ou superficie, ce qui a longueur et largeur sans épaisseur; le dessus d'une table, l'extérieur d'un mur, etc., sont des surfaces.

56. L'unité pour les mesures de surface proprement dites, c'est-à-dire, pour les surfaces autres que celles des terrains, est le mètre carré, c'est un carré d'un mètre de côté.

57. Les multiples du mètre carré sont :

1° Le décamètre carré; 2° l'hectomètre carré; 3° le kilomètre carré; 4° le myriamètre carré. Nous en parlerons en traitant des mesures topographiques, et des mesures agraires.

58. Les sous-multiples sont :

1° Le décimètre carré; 2° le centimètre carré; 3° le millimètre carré.

59. Le décimètre carré est un carré d'un décimètre de côté. Le mètre carré en contient 100.

En effet, le mètre valant 10 décimètres, le mètre carré doit valoir 10×10 ou 100 décimètres carrés; car, pour obtenir la surface d'un carré quelconque, il suffit de multiplier le côté par lui-même (2ᵉ p., n° 148).

60. Le centimètre carré est un carré d'un centimètre de côté. Le centimètre étant contenu 10 fois dans le décimètre, le centimètre carré doit être contenu 10×10 ou 100 fois dans le décimètre carré, et comme celui-ci n'est que la centième partie du mètre carré, il s'ensuit que le mètre carré vaut 100×100 ou 10000 centimètres carrés.

61. Le millimètre carré est un carré d'un millimètre de côté.

Le centimètre contient dix millimètres; par conséquent, le centimètre carré doit contenir 10×10 ou 100 millimètres carrés. Le centimètre carré n'étant que la centième partie du décimètre carré, celui-ci contient par conséquent 100×100 ou 10000 millimètres carrés; et puisqu'il y a 100 décimètres carrés dans un mètre carré, on voit qu'il doit y avoir 10000×100 ou 1000000 de millimètres carrés dans un mètre carré.

62. Les décimètres carrés sont donc des centièmes, les centimètres carrés des dix-millièmes, les millimètres carrés des millionièmes de mètre carré; et comme les centièmes occupent le deuxième rang parmi les décimales, les dix-millièmes le quatrième, les millionièmes le sixième, il en résulte évidemment qu'on doit écrire les décimètres carrés par deux chiffres décimaux, les centimètres carrés par quatre, les millimètres carrés par six.

Ainsi, quinze mètres carrés, cinq décimètres carrés, vingt-sept centimètres carrés, neuf millimètres carrés s'écrivent : 15^{mm},052709 ; et pour énoncer 39^{mm},975109, on dira : trente-neuf mètres carrés, quatre-vingt-dix-sept décimètres carrés, cinquante-un centimètres carrés, neuf millimètres carrés.

On pourrait dire aussi : trente-neuf mètres carrés, neuf cent soixante-quinze mille cent neuf millimètres carrés, ou, etc.

63. Puisqu'on énonce les chiffres décimaux dans une fraction de surface, en les prenant deux à deux, on comprend qu'ils doivent être en nombre pair; s'ils ne l'étaient pas, on ajouterait, au moins mentalement, un zéro à droite de la fraction.

Ainsi, pour énoncer le nombre 8^{mm},687, on doit dire : huit mètres carrés, soixante-huit décimètres carrés, soixante-dix centimètres carrés, en supposant un zéro à droite du 7.

64. Par ce qui précède, il est facile de voir que le décimètre carré est bien différent du dixième du mètre carré; celui-ci contient le premier dix fois. De même, le centième du mètre carré, qui est la même chose qu'un décimètre carré, vaut 100 centimètres carrés; le millième du mètre carré vaut 1000 millimètres carrés, ou 10 centimètres carrés.

QUESTIONNAIRE.

Qu'appelle-t-on surface ou superficie? 55. — Quelle est l'unité des mesures de surface proprement dites? 56. — Quels sont les multiples du mètre carré? 57. — Quels sont les sous-multiples du mètre carré? 58. — Qu'est-ce que le décimètre carré? 59. — Qu'est-ce que le centimètre carré? 60. — Qu'est-ce que le millimètre carré? 61. — Pourquoi faut-il deux chiffres pour représenter les décimètres carrés, quatre chiffres pour représenter les centimètres carrés, et six chiffres pour représenter les millimètres carrés? 62 — Quelle différence y a-t-il entre le décimètre carré et le dixième du mètre carré? 64. — Quelle différence y a-t-il entre le centimètre carré et le centième du mètre carré? 64. — Quelle différence y a-t-il entre le millimètre carré et le millième du mètre carré? 64.

Mesures topographiques.

65. Les mesures topographiques sont celles qui servent à évaluer les grandes surfaces, telles que celles d'un département, d'un royaume, etc.

Ce sont : l'hectomètre carré, le kilomètre carré et le myriamètre carré. Ces mesures sont des multiples du mètre carré, comme on l'a dit (n° 57).

66. L'hectomètre carré est une surface de 10 décamètres, ou 100 mètres de côté.

Le kilomètre carré est une surface de 10 hectomètres, ou 100 décamètres, ou 1000 mètres de côté.

Le myriamètre carré est une surface de 10 kilomètres, ou 100 hectomètres, ou 1000 décamètres, ou 10000 mètres de côté.

Par conséquent, l'hectomètre carré vaut $10 \times 10 = 100$ décamètres carrés, ou $100 \times 100 = 10000$ mètres carrés.

Le kilomètre carré vaut $10 \times 10 = 100$ hectomètres carrés, ou $100 \times 100 = 10000$ décamètres, ou $1000 \times 1000 = 1000000$ de mètres carrés.

Le myriamètre carré vaut $10 \times 10 = 100$ kilomètres carrés, ou $100 \times 100 = 10000$ hectomètres carrés, ou $1000 \times 1000 = 1000000$ de décamètres carrés, ou 1000000000 de mètres carrés.

67. Le myriamètre carré valant 100 kilomètres carrés, le kilomètre carré 100 hectomètres carrés, etc., on peut avoir à exprimer jusqu'à 99 kilomètres carrés, jusqu'à 99 hectomètres carrés, etc. (1).

Par conséquent, dans l'énoncé de ces nombres, les deux premiers chiffres, à droite des myriamètres carrés, expriment des kilomètres carrés; les deux suivants, des hectomètres carrés, etc. Ainsi, trente-quatre myriamètres carrés, soixante-dix kilomètres carrés, neuf hectomètres carrés s'écrivent $34^{\text{myr. c.}},7009$.

QUESTIONNAIRE.

Qu'appelle-t-on mesures topographiques? 65. — Quelles sont les mesures topographiques? 65. — Qu'est-ce que l'hectomètre carré? 66. — Qu'est-ce que le kilomètre carré? 66. — Qu'est-ce que le myriamètre carré, 66.

Mesures ag aires.

68. Les mesures agraires sont celles dont on se sert pour évaluer les surfaces des terrains, telles que celles d'un champ, d'un pré, d'une forêt, etc.

L'unité principale est l'are.

69. L'are est un carré de 10 mètres de côté; il

---

(1) Voir ce qui est dit (n⁰ˢ 62 et 63) sur les sous-multiples du mètre carré, dont la théorie s'applique également aux multiples.

égale 10×10 ou 100 mètres carrés. C'est le déca-mètre carré.

70. L'are n'a qu'un multiple qui est l'hectare (1), mesure de 100 ares, ou carré de 100 mètres de côté. C'est l'hectomètre carré.

Les hectares se comptent par dizaines, centaines, mille, etc. On dit : dix hectares, cent hectares, etc.

71. L'are n'a également qu'un sous-multiple qui est le centiare ou centième d'are. C'est un carré d'un mètre de côté, par conséquent un mètre carré.

On ne trouve parmi ces mesures ni le kilare (1000 ares), ni le décare (10 ares), ni le déciare (dixième de l'are), parce qu'on n'a voulu que des mesures carrées, et que le côté d'un carré équivalant au kilare, etc., ne pourrait être exprimé en mètres.

72. Puisque l'hectare vaut 100 ares, l'are 100 centiares, on peut avoir à exprimer jusqu'à 99 ares 99 centiares ; par conséquent, les deux premiers chiffres à droite des hectares indiquent des ares, et les deux suivants des centiares.

Ainsi le nombre 89$^{\text{hect.}}$,3895 s'énonce 89 hectares 38 ares 95 centiares.

Et pour exprimer trente hectares huit ares quarante centiares, on écrira 30$^{\text{hect.}}$,0840.

73. Pour évaluer les surfaces, il n'existe point de mesures réelles, telles que le mètre carré, le déci-mètre carré, etc. On est donc obligé de recourir à la géométrie, qui enseigne à trouver en mètres carrés l'étendue des surfaces, au moyen de simples lignes droites. (2ᵉ partie, nᵒˢ 147 et suivants.)

---

(1) On retranche l'o du mot hecto, pour éviter l'hiatus.

Qu'appelle-t-on mesures agraires? 68. — Quelle est l'unité principale des mesures agraires? 68. — Qu'est-ce que l'are? 69. — Quels sont les multiples de l'are? 70. — Comment compte-t-on les hectares? 70. — Quels sont les sous-multiples de l'are? 71.

Mesures de solidité ou de volume.

74. Les mesures de solidité sont celles dont on se sert pour mesurer les corps ou solides.

75. Un corps ou solide est ce qui a longueur, largeur et hauteur, ou épaisseur.

L'unité pour les mesures de solidité est le mètre cube (1), c'est-à-dire un cube, dont chaque dimension est d'un mètre.

76. Le mètre cube ne se joint point aux mots multiples; on compte les mètres cubes avec les nombres ordinaires: on dit 10, 100, 1000 mètres cubes.

77. Les sous-multiples du mètre cube sont: 1° le décimètre cube; 2° le centimètre cube; 3° le millimètre cube.

78. Le décimètre cube est un solide dont chaque dimension est d'un décimètre. Le mètre cube en vaut 1000.

En effet, le mètre valant 10 décimètres, le mètre cube vaut $10 \times 10 \times 10$ ou 1000 décimètres cubes; car, pour trouver la solidité d'un cube, il suffit de multiplier le côté deux fois par lui-même. (2ᵉ partie, n° 170.)

____

(1) Un cube est un solide terminé par 6 carrés égaux.

79. Le centimètre cube est un solide dont chaque dimension est d'un centimètre.

Il y en a 1000 dans un décimètre cube (ce qu'on peut prouver par un raisonnement analogue au précédent); par conséquent 1000×1000 ou 1000000 dans un mètre cube.

80. Le millimètre cube est un solide dont chaque dimension est d'un millimètre. Il y en a 1000 dans un centimètre cube (ce qui se prouve par un raisonnement semblable au précédent); 1000×1000 ou 1000000 dans un décimètre cube, ou 1000000000 dans un mètre cube.

81. Les décimètres cubes sont donc des millièmes; les centimètres cubes des millionièmes; les millimètres cubes des billionièmes de mètre cube.

Or, puisque (n° 31) les millièmes occupent le troisième rang parmi les décimales; les millionièmes, le sixième; les billionièmes, le neuvième; il s'en suit qu'il faut écrire les décimètres cubes par trois chiffres décimaux; les centimètres cubes par six, et les millimètres cubes par neuf.

Ainsi cinq mètres cubes, soixante-deux décimètres cubes, sept millimètres cubes s'écrivent : $5^{mmm},062000007$. Et si on avait à énoncer $28^{mmm},795049101$, on dirait : vingt-huit mètres cubes, sept cent quatre-vingt-quinze décimètres cubes, quarante-neuf centimètres cubes, cent un millimètres cubes; ou vingt-huit mètres cubes, sept cent quatre-vingt-quinze millions, quarante-neuf mille, cent un millimètres cubes; ou, etc.

82. On voit que, pour énoncer une fraction décimale de mètre cube, on la divise en tranches de trois chiffres chacune; la première à droite de la virgule exprime des décimètres cubes; la seconde, des centimètres cubes, etc. Si le nombre de décimales ne permettait pas cette décomposition, il faudrait ajouter, au moins mentalement, à droite de la fraction un ou deux zéros.

Ex. : 26^{mc},3254. Pour lire ce nombre il faut ajouter deux zéros, réellement ou mentalement, après le 4, afin d'avoir deux tranches de chacune trois chiffres, et le nombre s'énoncera : 26 mètres cubes, 325 décimètres cubes et 400 centimètres cubes.

83. Ce qui précède fait voir qu'un décimètre cube est bien différent d'un dixième de mètre cube ; un centimètre cube, bien différent d'un centième de mètre cube, etc.

Un dixième de mètre cube vaut 100 décimètres cubes.

Un centième de mètre cube vaut 10000 centimètres cubes ou 10 décimètres cubes.

Un millième de mètre cube vaut 1000000 de millimètres cubes, ou 1000 centimètres cubes, ou 1 décimètre cube.

84. Le mètre cube n'est point une mesure réelle, comme les mesures de surface, ce n'est qu'un terme de comparaison. C'est encore par la géométrie qu'on trouve combien un solide quelconque contient de mètres cubes ou fractions de mètre cube.

85. Le mètre cube sert à évaluer la plupart des travaux de terrassement et de maçonnerie, tels que les remblais et les déblais dans la construction des routes ou l'excavation d'un fossé ; les tas de sable, de pierre, les bois de construction, etc.

QUESTIONNAIRE.

Qu'appelle-t-on mesures de solidité? 74. —

Qu'est-ce qu'un corps ou solide? 75. — Quelle est
l'unité des mesures de solidité? 75. — Qu'est-ce
qu'un mètre cube? 75. — Le mètre cube a-t-il des
multiples? 76. — Quels sont les sous-multiples du
mètre cube? 77. — Qu'est-ce que le décimètre
cube? 78. — Qu'est-ce que le centimètre cube? 79.
— Qu'est-ce que le millimètre cube? 80. — Combien
faut-il de chiffres pour représenter les décimètres
cubes, les centimètres cubes et les millimètres cubes?
81. — Comment énonce-t-on une fraction décimale
de mètre cube? 82. — Que faut-il faire si le nombre
des décimales ne renferme pas des tranches exactes
de trois chiffres? 82. — A quoi sert le mètre cube? 85.

Stère.

86. Le mètre cube prend le nom de *stère*, quand
on l'emploie à la mesure des bois de chauffage.

Les multiples du stère ne sont pas en usage; cependant on dit quelquefois un décastère pour 10
stères.

87. Le décistère ou dixième du stère, le seul sous-
multiple dont on fasse usage, s'emploie principale-
ment pour la mesure des bois de charpente.

88. La loi n'admet que trois mesures réelles pour
les bois de chauffage; les voici :

1°. Le *demi-décastère*...... ou..... 5 stères.
2°. Le *double stère*...... ou..... 2 stères.
3°. Le *stère*...... ou..... 1 stère.

QUESTIONNAIRE

Qu'est-ce que le stère? 86. — Quels sont les multiples du stère? 86. — Le stère a-t-il des sous-multiples? 87. — A quoi le décistère s'emploie-t-il prin-
cipalement? 87. — Quelles sont les mesures réelles
que la loi admet pour les bois de chauffage? 88.

Mesures de capacité.

89. Les mesures de capacité ou de contenance, servent à mesurer les liquides, comme l'eau, le vin, l'huile, etc., et les matières sèches, comme le blé, les fruits, les légumes, le charbon, etc.

L'unité principale est le litre.

90. Le litre est la contenance d'un décimètre cube.

91. Les multiples du litre sont :

1° Le *décalitre* qui vaut   10 litres.
2° L'*hectolitre*...........   100 litres.
3° Le *kilolitre*...........   1000 litres.

92. Les sous-multiples sont :

1° Le *décilitre* ou dixième du litre.
2° Le *centilitre* ou centième du litre.

93. Les expressions myrialitre et millilitre ne sont point usitées.

Le litre et les autres mesures de capacité ne s'emploient pas sous la forme cubique; on leur donne la forme de cylindres.

Mesures réelles de capacité.

94. 1° L'*hectolitre*, c'est-à-dire   100 litres.
2° Le *demi-hectolitre*...........   50 litres.
3° Le *double décalitre*...........   20 litres.
4° Le *décalitre*...............   10 litres.
5° Le *demi-décalitre*...........   5 litres.
6° Le *double litre*...............   2 litres.
7° Le *litre*...............   1 litre.
8° Le *demi-litre*...............   5 décilitres.
9° Le *double décilitre*...........   2 décilitres.

10° Le *décilitre*..................... 1 décilitre.
11° Le *demi-décilitre*............... 5 centilitres.
12° Le *double centilitre*........... 2 centilitres.
13° Le *centilitre*.................... 1 centilitre.

95. La forme des mesures de capacité est toujours cylindrique ; mais les dimensions varient selon qu'elles sont destinées aux liquides ou aux matières sèches.

Les grandes mesures pour les liquides, depuis l'hectolitre jusqu'au demi-décilitre inclusivement, peuvent être construites en cuivre, en tôle ou en fonte, en ayant soin de prévenir par l'étamage toute altération ou oxidation qui pourrait présenter des dangers ; ce sont des cylindres dont la profondeur égale le diamètre. Depuis le double litre, jusqu'au centilitre, les mesures doivent être en étain, et avoir une profondeur double du diamètre. La loi autorise cependant des mesures en fer blanc, depuis le double litre jusqu'au centilitre ; mais ces mesures sont exclusivement destinées pour le lait et pour l'huile. Elles ont, comme les grandes mesures, une profondeur égale au diamètre.

96. Les mesures pour les matières sèches sont des cylindres dont la profondeur égale le diamètre. Il y en a onze, depuis l'hectolitre jusqu'au demi-décilitre. Ces mesures peuvent être construites en cuivre ou en tôle ; mais elles sont ordinairement en bois de chêne, avec la partie supérieure garnie d'une bordure de tôle, pour en conserver les dimensions.

TABLEAU *des Mesures en étain avec l'indication de leurs dimensions.*

NOMS DES MESURES.	PROFONDEUR INTÉRIEURE.		DIAMÈTRE INTÉRIEUR.	
	millim.	dixièmes	millim.	dixièmes.
Double litre.	216	7	108	4
Litre.	172	0	86	0
Demi-litre.	136	6	68	3
Double décilitre.	100	6	50	3
Décilitre.	79	9	39	9
Demi-décilitre.	63	4	31	7
Double centilitre.	46	7	23	4
Centilitre.	37	1	18	5

TABLEAU *des Mesures de capacité dont la profondeur égale le diamètre, avec l'indication de leurs dimensions.*

NOMS DES MESURES.	PROFONDEUR ET DIAMÈTRE.	
Hectolitre.	503 millimètres.	1 dixième.
Demi-hectolitre.	399	3
Double décalitre.	294	2
Décalitre.	233	5
Demi-décalitre.	185	3
Double litre.	136	6
Litre.	108	4
Demi-litre.	86	0
Double décilitre.	63	4
Décilitre.	50	3
Demi-décilitre.	39	9
Double centilitre.	29	5
Centilitre.	23	4

Qu'apelle-t-on mesure de capacité? 89. — Quelle est l'unité principale des mesures de capacité? 89. — Qu'est-ce que le litre? 90. — Quels sont les multiples du litre? 91. — Quels sont les sous-multiples du litre? 92. — Quelle est la forme du litre usuel? 93. — Quelles sont les mesures réelles de capacité? 94. — Quelle est la forme de toutes les mesures de capacité? 95. — Comment doivent être construites les mesures pour les liquides, depuis l'hectolitre jusqu'au demi-décalitre, et depuis le double litre jusqu'au centilitre? 95. — Quelles sont les mesures que l'on peut construire en fer blanc? 95. — Quelles sont les dimensions et la forme des mesures destinées aux matières sèches? 96. — Comment doivent-elles être construites? 96.

Mesures de poids.

97. Les mesures de poids, ou simplement les poids, sont les mesures qui servent à peser.

L'unité principale pour les mesures de poids est le gramme.

98. Le gramme est le poids d'un centimètre cube d'eau distillée, prise à son maximum de densité, c'est-à-dire, à une température de 4° centigrades, et pesée dans le vide.

99. Les multiples du gramme sont :

1° Le *décagramme*, qui vaut   10   grammes.
2° L'*hectogramme*..............   100   grammes.
3° Le *kilogramme*..............   1000   grammes.
4° Le *myriagramme*..........   10000   grammes.

100. Les sous-multiples sont :

1° Le *décigramme*, ou dixième du gramme.

2° Le *centigramme*, ou centième du gramme.

3° Le *milligramme*, ou millième du gramme.

L'expression myriagramme est ordinairement remplacée par celle de 10 kilogrammes.

101. Le kilogramme étant un poids commode pour les pesées ordinaires, c'est l'unité dont on se sert habituellement. On compte donc par kilogrammes, après lesquels on place la virgule; alors les dixièmes sont des hectogrammes; les centièmes, des décagrammes, et les millièmes, des grammes.

Le quintal métrique pèse 100 kilogrammes, et le tonneau de mer 1000.

102. Les poids se divisent en trois séries :

1° Les gros poids, depuis 1 kilogramme jusqu'à 50 kilogrammes.

2° Les poids moyens, depuis 1 gramme jusqu'à 1 kilogramme.

3° Les petits poids, depuis 1 milligramme jusqu'à 1 gramme.

103. *Poids légaux.*

	Noms des poids.	Indications écrites sur la face supérieure.
Gros poids.	50 kilogrammmes.	50 kilogr.
	20 kilogrammes.	20 kilogr.
	10 kilogrammes.	10 kilogr.
	5 kilogrammes.	5 kilogr.
	2 kilogrammes.	2 kilogr.
Poids moyens.	1 kilogramme.	1 kilogr.
	Demi-kilogramme.	500 grammes.
	Double hectogramme.	200 grammes.
	Hectogramme.	100 grammes.
	Demi-hectogramme.	50 grammes.
	Double décagramme.	20 grammes.
	Décagramme.	10 grammes.
	Demi-décagramme.	5 grammes.
	Double gramme.	2 grammes.

Noms des poids.	Indications écrites sur la face supérieure.
1 gramme.	1 gram.
Demi-gramme.	5 décig.
Double décigramme.	2 décig.
Décigramme.	1 décig.
Demi-décigramme.	5 C. G.
Double centigramme.	2 C. G.
Centigramme.	1 C. G.
Demi-centigramme.	5 M. G.
Double milligramme.	2 M. G.
Milligramme.	1 M. G.

(*Petits poids.*)

104. Les poids sont en fonte de fer, ou en cuivre. Les poids en fonte de fer ont la forme d'une pyramide hexagonale tronquée, dont la base est un hexagone régulier. Cependant pour les poids de 20 et de 50 kilog. on a préféré la forme d'une pyramide quadrangulaire tronquée, ayant pour base un rectangle. Ils sont tous munis d'un anneau pour les soulever plus facilement.

TABLEAU *des poids en fonte de fer, avec leurs dimensions.*

Forme Rectangulaire.

NOMS des POIDS.	HAUTEUR ou épaisseur DES POIDS.	BASE.		Face supérieure.		ANNEAU.	
		Longueur.	Largeur.	Longueur.	Largeur.	DIAMÈTRE intérieur.	ÉPAISSEUR du fer.
	millim.	millim.	millim.	millim.	millim.	millim.	millim.
50 kilog.	136	318	210	288	181	86	20
20 kilog.	100	245	157	221	133	65	11

Forme Hexagonale.

NOMS des POIDS.	HAUTEUR ou épaisseur DES POIDS.	CÔTÉ DE L'HEXAGONE.		ANNEAU.	
		Base.	Face supérieure.	DIAMÈTRE intérieur.	ÉPAISSEUR du fer.
	millim.	millim.	millim.	millim.	millim.
10 kilogr.	82	89	82	63	10
5 kilogr.	66	72	66	55	8
2 kilogr.	48	53	48	39	6
1 kilogr.	39	42	39	31	5
¹/₂ kilogr.	31	34	31	24	4
2 hectogr.	23	26	23	18	3
1 hectogr.	18	20	18	15	2,5
¹/₂ hectogr.	14	15,5	14	12	2

105. Les poids en cuivre ont la forme d'un cylindre surmonté d'un bouton pour les manier commodément. La hauteur du cylindre doit égaler son diamètre, excepté pour le gramme et le double gramme dans lesquels la hauteur est moindre que le diamètre.

Les poids cylindriques, depuis 20 kilogrammes jusqu'à 200 grammes, peuvent être massifs ou creux, mais le volume doit être le même pour les poids de même valeur.

TABLEAU *des poids cylindriques en cuivre avec leurs dimensions.*

NOMS des POIDS.	HAUTEUR et diamètre DU CYLINDRE.	HAUTEUR du bouton.	DIAMÈTRE du bouton.	DIAMÈTRE de la base du bouton.	HAUTEUR totale des poids.
	millimètres.	millim.	millim.	millim.	millim.
20 kilogr.	142	71	80	96	213
10 kilog.	114	57	60	76	171
5 kilogr.	90	45	46	60	135
2 kilogr.	66	33	34	42	99
1 kilogr.	52	26	27	32	78
500 grammes.	42	21	22	27	63
200 grammes.	32	16	16	20	48
100 grammes.	25	12,5	12	15	37,5
50 grammes.	20	10	9	11	30
20 grammes.	14	7	6	8	21
10 grammes.	11	5,5	5	6	16,5
5 grammes.	9	4,5	4	5	13,5
	Diamètre.	Hauteur.			
2 grammes.	8	4	4	3,5	4,5	8
1 gramme.	7	2,5	3,5	3	4	6

106. Les petits poids sont des lames de cuivre ou d'argent, minces et carrées, dont un angle est relevé, afin de les saisir facilement.

TABLEAU *des Poids en lames de laiton.*

NOMS DES POIDS.	5 décig.	2 décig.	1 décig.	5 centig.	2 centig.	1 centig.	5 millig.	2 millig.	1 millig.
Coté du carré en millimètres.	15	12	10	9	7	6	5	4	3,3

107. Il existe encore des poids en cuivre, dans la forme de godets coniques rentrant les uns dans les autres, et dont le plus grand est une boîte qui les renferme tous.

TABLEAU *des poids en cuivre en forme de godets coniques.*

BOITES renfermant les poids à godets.	Diamètre supérieur du cône.	Diamètre inférieur du cône.	Saillie de chaque cordon.	Épaisseur du couvercle.	Épaisseur du fond.	Hauteur de la boîte fermée.
	millim.	millim.	millim.	millim.	millim.	millim.
500 grammes.	67	44,5	2	3,5	10	53,5
200 grammes.	56	33	1,8	2,5	2,5	42,5
100 grammes.	43	28,5	1,5	2	4,5	24,6
50 grammes.	34	22	1,3	2	2	20,5

POIDS A GODETS.	DIAMÈTRE supérieur du cône.	DIAMÈTRE inférieur du cône.	ÉPAISSEUR du fond.	HAUTEUR du poids.
	millim.	millim.	millim.	millim.
200 grammes.	56,2	37	2,5	40
100 grammes.	45	23	9,5	20
50 grammes.	37,5	23	1,6	18,1
20 grammes.	28,3	18,2	2	16,5
10 grammes.	23	13,8	3,5	10,5
5 grammes.	19,8	13,8	4	6,5
2 grammes.	14	9,3	2	3,5
1 gramme.	11,3	10,4		1,6

QUESTIONNAIRE.

Qu'appelle-t-on mesures de poids? 97. — Quelle

est l'unité principale des mesures de poids? 97. —
Qu'est-ce que le gramme? 98. — Quels sont les multiples du gramme? 99. — Quels sont les sous-multiples du gramme? 100. — Comment remplace-t-on
ordinairement l'expression de myriagramme? 100. —
Quel est l'usage du kilogramme? 101. — Combien
de kilogrammes pèsent le quintal métrique et le
tonneau de mer? 101. — En combien de séries se
divisent les poids? 102. — Quelle est la forme des
poids en fonte de fer? 104. — Quelle est la forme des
poids en cuivre? 105. — Quelle est la forme des petits
poids? 106.

Monnaies.

108. Les monnaies sont des pièces de métal qui
servent à évaluer le prix des choses.

L'unité principale est le franc.

109. Le franc est une pièce d'argent du poids de
5 grammes contenant neuf dixièmes d'argent pur et
un dixième de cuivre. Ainsi, la pièce d'un franc contient 4 grammes 5 décigrammes d'argent pur, ou de
fin, et 5 décigrammes d'alliage.

110. Cette quantité de fin, ou de métal pur qui
entre dans la composition d'une pièce de monnaie,
est ce qu'on appelle le titre.

Toutes nos pièces d'or ou d'argent sont au titre
$\frac{9}{10}$ ou $\frac{900}{1000}$, comme on dit plus ordinairement, c'est-à-
dire qu'elles contiennent 9 parties d'or ou d'argent et
1 partie de cuivre.

111. Le franc ne prend aucun des mots multiples;
ainsi au lieu de dire : décafranc, hectofranc, etc.,
on dit : dix francs, cent francs, etc.

Le franc se divise en dixièmes, centièmes et millièmes ; mais au lieu de dire décifranc, centifranc, millifranc, on dit : décime, centime, millime. Le millime n'est qu'une monnaie de compte.

TABLEAU *des Monnaies réelles autorisées par la loi, avec leur diamètre et leur poids.*

NOMBRE des pièces.	VALEUR des pièces.	DIAMÈTRE des pièces.	POIDS des pièces.
2 en or.	40 francs.	26millim.	12gram.,9032
	20 francs.	21	6 ,4516
5 en argent.	5 francs.	37	25
	2 francs.	27	10
	1 franc.	23	5
	½ franc.	18	2,50
	¼ franc.	15	1,25
3 en cuivre.	1 décime.	31	20
	5 centimes.	27	10
	1 centime.	18	2

QUESTIONNAIRE.

Qu'appelle-t-on monnaie ? 108. — Quelle est l'unité principale des monnaies ? 108. — Qu'est-ce que le franc ? 109. — Qu'entend-on par le titre des pièces de monnaies ? 110. — Le franc a-t-il des multiples ? 111. — Quels sont les sous-multiples du franc ? 111.

RAPPORT DES DIVERSES MESURES MÉTRIQUES ENTRE ELLES.

Les mesures métriques ont entre elles des rapports très-grands. Nous allons donner les plus frappants.

Rapports du diamètre des pièces de monnaie avec le mètre.

112. La pièce de 40 francs ayant $0^m,026$ de diamètre, et la pièce de 20 francs, $0^m,021$, si l'on place à la suite les unes des autres 11 pièces de 40 francs, et 34 pièces de 20 francs, on aura la longueur du mètre.

En effet $11 \times 0^m,026 = 0^m,286$
et $34 \times 0^m,021 = 0^m,714$
Total. $1^m,000$

On obtiendrait le même résultat avec 32 pièces de 40 francs et 8 pièces de 20 francs.

Ce sont les seules combinaisons possibles avec les pièces d'or.

113. Pour obtenir la longueur du mètre avec des pièces d'argent, il faut employer, 1° 20 pièces de 2 francs et 20 pièces de 1 franc ; 2° 19 pièces de 5 francs, et 11 pièces de 2 francs.

27 pièces de 5 francs rangées à la suite les unes des autres, donnent $0^m,999$ millimètres.

Rapports du poids des pièces de monnaie avec leur valeur.

114. Les monnaies et les poids ont un si grand rapport, que l'on pourrait facilement, à défaut de poids, se servir de pièces de monnaie.

En effet, puisque le franc pèse 5 grammes, on peut aisément trouver le poids d'une somme quelconque d'argent ; il suffit pour cela de multiplier 5 grammes par le nombre de francs que cette somme contient. On trouvera ainsi que 10 francs pèsent 50 grammes ; que 100 francs pèsent 500 grammes ; et que 200 francs pèsent un kilogramme. Il est donc facile de remplacer les poids métriques par des pièces de monnaie.

De même, au lieu de compter une somme d'argent, on pourra en connaître la valeur par son poids, puisque chaque gramme correspond à 0 fr. 20, chaque décagramme à 2 francs ; chaque kilogramme à 200 francs.

115. La pièce d'or de 20 francs pèse 6^{grammes},4516, par conséquent 1 franc en or pèse 20 fois moins ou 0$^{\text{gram.}}$,32258. D'autre part la pièce d'argent de 1 franc pèse 5 grammes. Pour trouver la valeur de l'or comparée à celle de l'argent, il faudra donc diviser 5 grammes par 0,32258 ; le quotient 15,5 exprimera qu'il faut un poids 15 $\frac{1}{2}$ fois plus grand d'argent, pour avoir la même valeur en or ; par conséquent qu'un lingot d'or vaut 15 $\frac{1}{2}$ fois plus qu'un lingot d'argent de même poids. Ainsi un kilogramme d'argent valant 200 francs, un kilogramme d'or vaut $200 \times 15,5 = 3100$.

D'après cela on trouvera facilement qu'à poids égal, le cuivre vaut 40 fois moins que l'argent, 620 fois moins que l'or.

Rapports du poids de l'eau avec les mesures de capacité.

116. On a vu que le gramme est le poids d'un centimètre cube d'eau pure ; on a vu aussi que le centimètre cube est la millième partie du décimètre cube, et que le litre est la contenance d'un décimètre cube ; d'où il est facile de conclure qu'un litre d'eau

pure pèse 1000 grammes ou 1 kilogramme ; qu'un décalitre pèse 10 kilogrammes, etc.

Par conséquent, pour avoir le poids d'un volume d'eau quelconque, il suffit d'en considérer les décimètres cubes ou les litres comme autant de kilogrammes, et les fractions de litre comme des fractions de kilogramme. Ainsi un volume d'eau pure de 1500 décimètres cubes pèse 1500 kilogrammes.

De même 75 kilogrammes d'eau pure correspondent à 75 décimètres cubes, ou 75 litres ; 3 kilogrammes 358 grammes correspondent à 3 litres 358 millilitres, ou trois décimètres cubes 358 centimètres cubes.

Par conséquent, chaque gramme correspond à 1 millilitre, ou 1 centimètre cube ; chaque décagramme à 1 centilitre, ou à 10 centimètres cubes, etc.

On suppose l'eau pure et à son maximum de densité ; si l'on opère avec de l'eau ordinaire, il ne sera plus vrai, rigoureusement parlant, qu'un litre d'eau pèse un kilogramme ; toutefois comme la différence n'est pas grande, on peut admettre dans la pratique qu'un litre d'eau ordinaire pèse 1 kilogramme.

Problèmes 1031 et suivants.

TEMPS.　CERCLE.

Les nouvelles divisions du temps et du cercle ne s'employant guère que dans les ouvrages consacrés aux sciences nous donnons ici les anciennes.

117. *Temps.* L'année civile se divise en 365 jours, le jour en 24 heures, l'heure en 60 minutes, la minute en 60 secondes, etc.

Dans les opérations commerciales, on considère ordinairement l'année comme composée de 12 mois, et le mois de 30 jours.

118. *Cercle.* La circonférence du cercle se divise en 360 degrés, le degré en 60 minutes, la minute en 60 secondes, etc.

OPÉRATIONS.

119. On appelle opérations les divers changements que l'on fait subir aux nombres. Il y en a 4 principales.

Ces opérations ou règles sont, 1° l'addition; 2° la soustraction; 3° la multiplication; 4° la division.

EXPLICATON *des principaux signes et abréviations dont on fera usage dans cet ouvrage.*

+	signifie	plus.
−		moins.
×		multiplié par.
=		égale.
:		est à ou divisé par.
::		comme.
F ou fr.		franc.
m		mètre.
Kilog.		kilogramme.
mm		mètre carré.
mmm		mètre cube.
p %		pour cent.
æ		terme inconnu.
$\sqrt{}$		racine carrée à extraire.
$\sqrt[3]{}$		racine cubique à extraire.
Nr.		numérateur.
Dr.		dénominateur.
Dr. C.		dénominateur commun.
R.		réponse.

Les degrés s'indiquent par un petit ° qu'on place à droite du nombre qui les exprime.

Les minutes de degrés, par une virgule qu'on met aussi à la droite du nombre qui les exprime.

Les secondes de degrés, par deux virgules, placées de la même manière.

ADDITION

120. L'addition est une opération par laquelle on réunit plusieurs nombres de même espèce en un seul, qu'on appelle somme ou total.

121. Les nombres de même espèce sont ceux qui portent le même nom. Ainsi, on peut additionner des francs avec des francs, des mètres avec des mètres, etc.; mais on ne pourrait pas additionner des litres avec des grammes, des francs avec des mètres, etc.

122. On se sert du signe $+$, que l'on prononce plus, pour indiquer l'addition. Ainsi $6 + 9 + 15$ signifie qu'il faut joindre ensemble les nombres 6, 9 et 15.

123. Pour faire une addition, on écrit les nombres les uns sous les autres, de manière que les unités de même espèce soient en colonnes verticales; c'est-à-dire, que les unités soient sous les unités, les dizaines sous les dizaines, les centaines sous les centaines, etc.; puis on souligne le tout. Ensuite commençant par la première colonne à droite, on joint ensemble tous les chiffres qui composent cette colonne; si la somme ne passe pas 9, on la pose au-dessous; mais si elle passe 9, on n'écrit que les unités et on retient les dizaines pour les joindre au total de la colonne suivante, sur laquelle on opère comme sur la première. On continue de la sorte jusqu'à la dernière colonne à gauche, au-dessous de laquelle on pose la somme telle qu'on la trouve.

Si dans l'addition d'une colonne on trouve un nombre exact de dizaines, on écrit zéro au-dessous, et l'on retient les dizaines.

Exemple. On propose d'additionner les nombres 487 + 392 + 371.

Opération.

$$487$$
$$392$$
$$371$$

Total   1250

On dispose les nombres comme on le voit ci-contre, ensuite on dit : 7 et 2 font 9, et 1 font 10 ; en 10 unités il y a juste une dizaine, en conséquence, on écrit zéro au rang des unités, et l'on retient une dizaine pour l'ajouter à la colonne suivante : 1 de retenu et 8 font 9, et 9 font 18, et 7 font 25 ; en 25 dizaines il y a 2 centaines et 5 dizaines, on écrit 5 au rang des dizaines et l'on retient deux centaines : 2 de retenue et 4 font 6, et 3 font 9, et 3 font 12 ; en 12 centaines il y a 1 mille et 2 centaines. On met 2 au rang des centaines, et l'on écrit 1 au rang des mille, parce qu'il n'y a plus de chiffres à additionner.

La somme trouvée contient bien réellement les trois nombres proposés, puisque pour la former, on a réuni successivement toutes les unités, toutes les dizaines, toutes les centaines de ces nombres.

424. L'addition des nombres décimaux se pose et se fait comme celle des nombres entiers, sans faire attention à la virgule ; mais on sépare à la droite du résultat, autant de chiffres qu'il y a de décimales dans celui des nombres proposés qui en contient le plus.

Exemple. Soit proposé de faire l'addition des nombres décimaux suivants :

Opération.

638,25
1837,75
35,8565
498,925
____

Total... 3010,7815

On opère comme si c'était des nombres entiers, puis on sépare 4 chiffres décimaux à la droite du résultat, c'est-à-dire autant qu'il y en a dans le nombre 35,8565 qui en renferme le plus.

Il n'est point nécessaire d'ajouter des zéros à la droite des nombres qui contiennent moins de décimales ; il suffit de placer, comme à l'ordinaire, les unités de même espèce les unes sous les autres.

125. L'addition des nombres complexes se pose comme celle des autres nombres. On commence l'opération par la colonne des plus petites parties ; si la somme ne renferme pas une unité de l'ordre immédiatement supérieur, on l'écrit au-dessous ; si elle renferme une ou plusieurs unités de l'ordre immédiatement supérieur, on ne pose que l'excédant de ces unités, ou zéro, s'il n'y a pas d'excédant, et l'on retient les unités pour les joindre à l'addition de l'ordre immédiatement supérieur. On continue ainsi jusqu'aux unités principales sur lesquelles on opère comme sur les nombres entiers.

Exemple. On demande le total des nombres suivants :

Opération.

15 jours	8 heures	35 minutes
175	19	53
9	7	15

200$^{jo.}$ 11$^{h.}$ 43$^{m.}$

On additionne d'abord les unités de minutes. Il y a 13 unités, on pose 3 et l'on retient une dizaine que l'on joint aux dizaines. La somme de celles-ci est 10 ; mais pour faire une heure il ne faut que 60 minutes ou 6 dizaines de minutes ; en dix dizaines de minutes il y a donc 1 heure et 4 dizaines de minutes. C'est pourquoi on écrit 4 au rang des dizaines de minutes, et l'on retient 1 heure.

On opère sur les heures d'une manière analogue, en retenant autant d'unités de jours qu'il y a de fois 24 heures, et posant le surplus au-dessous. On passe ensuite aux jours, qu'on additionne comme les nombres entiers ordinaires ; et l'on obtient pour résultat 200 jours, 11 heures, 43 minutes.

126. Si, dans l'addition, la somme des chiffres de chaque colonne ne devait pas dépasser 9, il serait indifférent de commencer l'opération par la droite ou par la gauche ; mais comme il arrive ordinairement que plusieurs de ces sommes dépassent 9, on serait souvent obligé de revenir sur ses pas, pour rectifier un chiffre qu'on aurait déjà écrit. C'est pourquoi il convient de commencer l'addition par la droite, afin de porter à la colonne suivante les dizaines qui peuvent provenir de l'addition de la colonne sur laquelle on opère.

127. On appelle preuve d'une opération arithmétique, une autre opération que l'on fait pour s'assurer de l'exactitude de la première.

128. La preuve de l'addition se fait ainsi :

On fait une seconde addition que l'on commence également par la droite ; mais on compte chaque colonne de bas en haut : si les deux sommes sont égales, on a lieu de croire que l'opération est exacte. On peut également la faire par une soustraction. (Voir n° 137.)

QUESTIONNAIRE.

Qu'est-ce que l'addition ? 120. — Qu'entendez-vous par nombres de même espèce ? 121. — Que faut-il faire pour bien écrire une addition ? 123. — Comment fait-on l'addition des nombres décimaux ? 124. — Comment se pose l'addition des nombres complexes ? 125. — Qu'appelle-t-on preuve d'une opération arithmétique ? 127. — Comment fait-on la preuve de l'addition ? 128.

(*Problèmes 31 et suivants*).

SOUSTRACTION.

129. La soustraction est une opération par laquelle on retranche un nombre d'un autre de même espèce. Le résultat se nomme reste, excès ou différence.

130. Pour indiquer qu'on veut ôter un nombre d'un autre, on place le signe —, qu'on prononce moins, devant le nombre à soustraire.

Ainsi 15 — 9 signifie qu'il faut ôter 9 de 15.

131. Deux nombres conservent entre eux la même différence, lorsqu'ils sont augmentés ou diminués d'un même nombre d'unités.

En effet soient les nombres 6 et 11 dont la différence est 5. Si on les augmente l'un et l'autre de 4 unités, on aura 10 et 15 dont la différence est également 5.

$$11 + 4 = 15$$
$$6 + 4 = 10$$

Différence 5   Différence 5

132. Pour faire une soustraction, on écrit le plus petit nombre sous le plus grand, de sorte que les unités de même espèce soient les unes sous les autres, puis on souligne. On ôte ensuite les unités simples du plus petit nombre de celles du plus grand, et l'on écrit le reste dessous ; on ôte de même les dizaines du plus petit nombre de celles du plus grand ; les centaines, des centaines, etc.

Si le chiffre inférieur égale son correspondant supérieur, on pose zéro. Si le chiffre inférieur est plus grand que son correspondant supérieur, la soustraction ne peut alors se faire ; pour la rendre possible, on augmente de 10 le chiffre supérieur ; mais pour que le résultat ne change pas, on ajoute au chiffre inférieur à gauche, une unité qui en vaut toujours 10 de celles du chiffre supérieur sur lequel on vient d'opérer.

Soit le nombre 3487 à ôter de 5278.

Opération.

$$5278$$
$$3487$$

Reste... 1791

Après avoir écrit le plus petit nombre sous le plus grand et avoir souligné, on dit : 7 ôtés de 8, il reste 1 qu'on écrit sous les unités ; 8 ôtés de 7, cela ne se peut, on ajoute 10 à 7, et l'on dit : 8 ôtés de 17 il reste 9 qu'on pose dessous, et l'on retient 1 qu'on ajoute au chiffre inférieur suivant. Ne pouvant ôter 5 de 2, on augmente ce dernier chiffre de 10 et l'on dit : 5 ôtés de 12 il reste 7 qu'on place au-dessous et l'on retient 1 ; 1 de retenue et 3 font 4 qui, étant ôtés de 5, il reste 1.

Le reste total 1791 exprime nécessairement la différence qui existe entre les deux nombres proposés, puisqu'on a successivement retranché les unités, les dizaines, les centaines, etc. du plus petit de celles du plus grand.

133. La soustraction des nombres décimaux se fait comme celle des nombres entiers sans avoir égard à la virgule, puis on sépare sur la droite du résultat, autant de chiffres décimaux qu'en contient celui des deux nombres qui en a le plus.

Pour plus de facilité, on peut rendre le nombre des chiffres décimaux le même dans les deux nombres en écrivant des zéros à la droite de celui qui en a le moins.

Exemple. Otez 3689,375 de 6597,4364.

Opération.

6597,4364
3689,3750
———————
Reste... 2908,0614

Après avoir écrit les nombres comme on le voit et avoir ajouté un zéro au nombre inférieur, on procède comme pour les nombres entiers et on sépare 4 chiffres à la droite du reste, parce qu'il y a 4 décimales dans le nombre 6597,4364 qui en a le plus.

134. La soustraction des nombres complexes se pose comme celle des autres nombres. On ôte ensuite chaque nombre inférieur de son correspondant supérieur, en commençant par la droite, et on pose le reste au-dessous; s'il n'y a point de reste on pose zéro.

Si le nombre inférieur ne peut être retranché de son correspondant supérieur, on ajoute à celui-ci autant d'unités qu'il faut de parties de l'espèce sur laquelle on opère pour former une unité de l'espèce immédiatement supérieure ; par là la soustraction est rendue possible ; mais pour que le résultat soit le même, on augmente d'une unité le chiffre inférieur à gauche. On continue ainsi jusqu'à la dernière espèce à gauche sur laquelle on opère comme sur les nombres entiers.

Exemple. On propose d'ôter 47^{degrés} 48^{minutes} 35^s de 78^{degrés} 40^{minutes} 55^{secondes}.

Opération.

$$78^\circ \ 40' \ 55''$$
$$47^\circ \ 48' \ 35''$$

Reste... $30^\circ \ 52' \ 20''$

Après avoir disposé les nombres comme ci-dessus, on dit : 5 ôtés de 5, il reste 0 ; 3 ôtés de 5, il reste 2 ; 8 ôtés de 10, il reste 2, et on retient 1 ; 1 de retenu et 4 font 5, ôtés de 4 cela ne se peut ; on ajoute 6 à 4, parce qu'il faut 6 dizaines de minutes pour faire un degré, 5 ôtés de 10, il reste 5, et l'on retient 1 ; 8 ôtés de 8, il reste zéro ; 4 ôtés de 7, il reste 3.

La différence totale est donc 30 degrés 52 minutes 20 secondes.

135. Si chaque chiffre inférieur était toujours moins grand que son correspondant supérieur, on pourrait indifféremment commencer la soustraction par la droite ou par la gauche ; mais comme il arrive souvent qu'un chiffre inférieur surpasse le chiffre supérieur correspondant, la soustraction partielle n'est alors possible qu'en augmentant celui-ci de 10 ; et

parce que dans ce cas on doit ajouter 1 au chiffre inférieur à gauche, il convient de commencer l'opération par la droite pour n'être pas obligé de rectifier un chiffre déjà écrit.

136. La preuve de la soustraction se fait en ajoutant le plus petit nombre avec le reste; si l'opération a été bien faite, la somme doit être égale au plus grand nombre.

Ceci est évident.

Preuve de l'opération ci-dessus:

Opération.

Plus petit nombre.	47° 48′ 35″
Reste.	30° 52′ 20″
Somme égale au plus gr.	78° 40′ 55″

Preuve de l'Addition par la Soustraction.

137. La soustraction peut servir à prouver l'addition. Pour cela on additionne de nouveau les diverses colonnes, mais on commence par la gauche. On ôte le total de la première colonne à gauche de la partie du résultat qui y correspond, et on écrit le reste au-dessous. Comme les unités de ce reste expriment des dizaines à l'égard du chiffre suivant du résultat, on change ce reste en dizaines que l'on ajoute à ce chiffre, puis on en retranche le total de la colonne correspondante, et ainsi jusqu'à la dernière.

Si l'opération a été exactement faite, on doit trouver zéro pour reste à la dernière colonne.

Reprenons l'exemple du n° 123.

Opération.

487
392
371

Total... 1250

Preuve... 210

Pour en faire la preuve par la soustraction on dit, commençant par la gauche : 4 et 3 font 7 et 3 font 10 ; 10 ôtés de 12, il reste 2. Ces unités sont 2 centaines qui valent 20 dizaines, lesquelles, jointes aux 5 dizaines de résultat, font 25 dizaines. 8 et 9 font 17, et 7 font 24 ; 24 ôtés de 25, il reste 1. Cet 1 est 1 dizaine qui vaut 10 unités. 7 et 2 font 9, et 1 font 10 ; 10 ôtés de 10, il reste 0.

Puisque le dernier reste est 0, on en conclut que l'opération a été bien faite.

Ces divers restes 2, 3, 0, qu'on trouve, sont les retenues que l'on a faites dans la première addition des colonnes.

QUESTIONNAIRE.

— Qu'est-ce que la soustraction ? 129. — Quel nom donne-t-on au résultat de la soustraction ? 129. — De quel signe se sert-on pour indiquer la soustraction ? 130. — Lorsque deux nombres sont augmentés ou diminués d'un même nombre d'unités, conservent-ils entre eux la même différence ? 131. — Comment fait-on la soustraction ? 132. — Comment fait-on la soustraction des nombres décimaux ? 133. —

Comment se pose la soustraction des nombres complexes? 134. — Comment fait-on la preuve de la
soustraction? 136. — Comment fait-on la preuve de
l'addition par la soustraction? 137.

(Problèmes 125 et suivants.)

MULTIPLICATION.

138. La multiplication est une opération par laquelle on prend un nombre appelé multiplicande,
comme il est indiqué par un autre nombre appelé
multiplicateur. Le résultat de l'opération se nomme
produit.

139. Il suit de cette définition que multiplier un
nombre par 1, c'est prendre ce nombre 1 fois; le
multiplier par 6, par 9, etc., c'est le prendre 6
fois, 9 fois, etc.; le multiplier par 0,5, c'est en
prendre 5 fois la dixième partie; le multiplier par
$\frac{1}{4}$ c'est en prendre le quart.

D'où il résulte que:

1° Si le multiplicateur est l'unité, le produit égalera le multiplicande.

2° Si le multiplicateur est 2, 4, 7, ... fois l'u-
nité, le produit contiendra 2, 4, 7, ... fois le multiplicande.

3° Si le multiplicateur n'est que le $\frac{1}{3}$, le $\frac{1}{6}$.... de l'u-
nité, le produit ne sera que le $\frac{1}{3}$, le $\frac{1}{6}$, ... du multiplicande.

140. Il suit aussi de là que pour obtenir le produit
d'un nombre quelconque par un nombre entier, il
suffit d'écrire, les uns au-dessous des autres, autant
de nombres égaux au multiplicande qu'il y a d'unités
dans le multiplicateur, et d'en faire la somme.

Ainsi le produit de 7 par 5 peut s'effectuer en écrivant 5 fois le nombre 7 comme on le voit ici, et additionnant.

$$
\begin{array}{r}
7 \\
7 \\
7 \\
7 \\
7 \\
\hline
35
\end{array}
$$

Le total 35 est évidemment égal au produit de 7 par 5, d'où l'on peut voir que la multiplication n'est qu'une addition abrégée. L'emploi de l'addition deviendrait long et presque impraticable, si le multiplicateur avait plusieurs chiffres, la multiplication abrége alors et facilite beaucoup le travail.

141. Le nombre que l'on multiplie est le multiplicande, celui par lequel on multiplie s'appelle multiplicateur.

142. Le multiplicande et le multiplicateur se nomment facteurs du produit. D'après cela on voit que le produit est toujours de même espèce que le multiplicande.

143. Le signe de la multiplication est × qu'on énonce multiplié par. Ainsi 8 × 6 signifie 8 multiplié par 6 ; 4 × 7 × 9 énonce qu'il faut multiplier 4 par 7 et le produit par 9.

144. Lorsqu'une quantité formée de plusieurs parties doit être multipliée par une autre, on enferme par des parenthèses les parties qui composent la même quantité.

Ainsi pour indiquer qu'on veut multiplier la somme 6 + 7 + 18 par 12, on écrit (6 + 7 + 18) × 12 ; pour marquer que la somme 5 + 10 + 8 doit être multipliée par $7+9-3$, on écrit : $(5+10+8)\times(7+9-3)$.

145. Quand les facteurs d'un produit sont égaux, on écrit l'un d'eux une seule fois, et on place à la droite un peu au-dessus le nombre qui marque combien de fois il est facteur : ce nombre se nomme exposant. Ainsi $7\times7\times7$ s'écrit 7^3, dans ce cas l'exposant est 3.

146. Le produit de plusieurs facteurs égaux se nomme aussi puissance de l'un de ces facteurs; le nombre des facteurs égaux indique le degré de la puissance. Ainsi 4^2 ou 4×4 est la deuxième puissance de 4; 8^4 ou $8\times8\times8\times8$ est la quatrième puissance de 8.

147. Pour faire facilement la multiplication, il est essentiel de savoir par cœur la table suivante :

TABLE DE MULTIPLICATION.

Sens horizontal.

1	2	3	4	5	6	7	8	9
2	4	6	8	10	12	14	16	18
3	6	9	12	15	18	21	24	27
4	8	12	16	20	24	28	32	36
5	10	15	20	25	30	35	40	45
6	12	18	24	30	36	42	48	54
7	14	21	28	35	42	49	56	63
8	16	24	32	40	48	56	6	72
9	18	27	36	45	54	63	72	81

Sens vertical.

La première bande horizontale de cette table se forme en ajoutant 1 à lui-même successivement, jusqu'à ce qu'on soit parvenu au nombre 9.

La seconde, en ajoutant 2 à lui-même; la troisième en ajoutant 3, et ainsi de suite.

On pourrait aussi dresser cette table par colonnes verticales ; car chaque colonne verticale se compose des mêmes nombres que la bande horizontale de même numéro. Ainsi la cinquième bande horizontale contenant les nombres 5, 10, 15, ... 45, la cinquième colonne verticale renferme les mêmes nombres 5, 10, 15, ... 45.

148. Pour trouver, au moyen de cette table, le produit de deux nombres d'un seul chiffre, on cherche le multiplicande dans la première bande horizontale, et on descend verticalement jusqu'à ce qu'on soit vis-à-vis du multiplicateur, qui se trouvera dans la première colonne verticale : le nombre contenu dans la case correspondante, sera le produit.

Par exemple, pour trouver le produit de 7 par 6, on descend depuis 7, pris dans la première bande horizontale, jusque vis-à-vis de 6 pris dans la première colonne verticale ; et le nombre 42 contenu dans la petite case, est le produit demandé.

149. Il peut se présenter trois cas dans la multiplication.

1° Les deux facteurs peuvent n'être composés l'un et l'autre que d'un seul chiffre.

2° Un des facteurs peut contenir plusieurs chiffres et l'autre n'en avoir qu'un.

3° Les deux facteurs peuvent être l'un et l'autre formés de plusieurs chiffres.

1er CAS.

150. Lorsque les deux facteurs ne sont composés

que d'un seul chiffre chacun, il n'y a aucune difficulté, leur produit s'obtient par le procédé du n° 140, ou par le moyen de la table précédente, qui renferme tous les produits de deux nombres d'un seul chiffre.

2me CAS.

151. Pour obtenir le produit lorsque le multiplicande est formé de plusieurs chiffres et le multiplicateur d'un seul, on écrit le multiplicateur sous le multiplicande, puis on souligne. Ensuite, commençant par la droite, on multiplie successivement les unités, les dizaines, etc. du multiplicande par le chiffre du multiplicateur. Si les produits ne dépassent pas 9, on les écrit au-dessous ; si un produit surpasse 9, on n'écrit que les unités et l'on retient les dizaines pour les joindre au produit suivant. On écrit le dernier produit tel qu'on le trouve.

Soit à multiplier 7546 par 6.

Opération.

$$\begin{array}{r} 7546 \\ 6 \\ \hline 45276 \end{array}$$

On dispose les nombres comme ci-dessus et l'on dit : 6 fois 6 unités font 36 unités ou 3 dizaines et 6 unités ; on pose 6 au rang des unités et l'on retient 3. 6 fois 4 dizaines font 24 dizaines et 3 de retenue font 27 dizaines ou 2 centaines et 7 dizaines ; on pose les 7 dizaines au rang des dizaines et l'on retient les 2 centaines. 6 fois 5 centaines et 2 de retenue font 32 centaines ou 3 mille et 2 centaines ; on écrit 2 au rang des centaines et l'on retient 3 mille. 6 fois 7 mille font 42 et 3 de retenue font 45 mille ou 4 dizaines de mille et 5 mille, on pose 5 au rang de mille et l'on avance 4 au rang des dizaines de mille, parce qu'il n'y a plus de chiffres à multiplier dans le multiplicande.

Dans la pratique on dit pour abréger : 6 fois 6 font 36 ; je pose 6 et je retiens 3. 6 fois 4 font 24 et 3 de retenue font 27 ; je pose 7 et je retiens 2, etc.

Le résultat 45276 contient évidemment 6 fois le multiplicande 7546, puisqu'on a successivement pris 6 fois les unités, 6 fois les dizaines, 6 fois les centaines, etc., de ce nombre.

152. Lorsque c'est le multiplicateur qui a plusieurs chiffres et le multiplicande un seul, on peut ramener l'opération au cas précédent en plaçant le multiplicande sous le multiplicateur ; car le produit de deux nombres ne change pas quel que soit l'ordre dans lequel on les multiplie.

Ainsi $7 \times 5 = 5 \times 7$.

En effet, supposons cinq lignes horizontales contenant chacune 7 unités.

$$1 \quad 1 \quad 1 \quad 1 \quad 1 \quad 1 \quad 1$$
$$1 \quad 1 \quad 1 \quad 1 \quad 1 \quad 1 \quad 1$$
$$1 \quad 1 \quad 1 \quad 1 \quad 1 \quad 1 \quad 1$$
$$1 \quad 1 \quad 1 \quad 1 \quad 1 \quad 1 \quad 1$$
$$1 \quad 1 \quad 1 \quad 1 \quad 1 \quad 1 \quad 1$$

En comptant les unités de ce tableau par lignes horizontales, on trouve 7 unités répétées 5 fois, ou le produit de 7 par 5. Au contraire en les comptant par lignes verticales on trouve 5 unités répétées 7 fois ou le produit de 5 par 7. Puisque toutes les unités de ce tableau sont comprises dans les deux calculs, il faut en conclure que $7 \times 5 = 5 \times 7$.

153. D'après cela on voit qu'il est indifférent d'écrire le multiplicateur sous le multiplicande, ou le multiplicande sous le multiplicateur; le produit sera toujours le même quel que soit le nombre qu'on place le premier. Afin d'abréger l'opération, on multiplie ordinairement le plus grand nombre par le plus petit. Le vrai multiplicande ne change pas pour cela; c'est toujours le nombre que le sens de la question indique devoir être multiplié.

154. Pour multiplier un nombre par un produit de deux ou plusieurs facteurs, on peut multiplier ce nombre successivement par chaque facteur.

$$\text{Ainsi } 12 \times 6 = 12 \times 3 \times 2.$$

En effet, multiplier 12 par 6 revient à faire la somme de 6 nombres égaux à 12. Mais il est évident que ces 6 nombres écrits les uns sous les autres forment deux tranches de trois nombres égaux à 12.

Donc, après avoir multiplié 12 par 3, il faut prendre ce produit 2 fois.

155. Lorsque l'un des facteurs de la multiplication devient 2, 3, 4, ... fois plus grand ou plus petit, le produit devient également 2, 3, 4, ... fois plus grand ou plus petit.

Soit à multiplier 6 par 4.

Le produit est 6 pris 4 fois ou 24. Supposons qu'on double le multiplicateur, il devient 8. Le produit, dans ce cas, au lieu d'être 6 pris 4 fois ou 24, sera 6 pris 8 fois ou 48, nombre évidemment double du premier produit.

Et parce qu'on peut prendre les deux facteurs de la multiplication l'un pour l'autre sans changer rien

au produit, (n° 153), ce qu'on dit ici du multiplicande peut s'appliquer également au multiplicateur.

156. Le multiplicateur et le multiplicande étant
multipliés chacun par un nombre quelconque, le
produit deviendra plus grand un nombre de fois exprimé par le produit de ces deux nombres.

Par exemple, si le multiplicande est multiplié par
3 et le multiplicateur par 5, le produit sera multiplié par 3 fois 5 ou 15.

$$4 \times 3 = 12 \text{ multiplicande 3 fois plus grand.}$$
$$2 \times 5 = 10 \text{ multiplicateur 5 fois plus grand.}$$

Produit 8   120 produit 15 fois plus grand.

En effet, en multipliant le multiplicande par 3,
on rend le produit 3 fois plus grand ; et en multipliant pareillement le multiplicateur par 5, le produit, qui était déjà rendu trois fois plus grand, se
trouve encore multiplié par 5 ; donc il devient en
tout trois fois 5 ou 15 fois plus grand.

3me CAS.

157. Pour faire la multiplication lorsque les deux
facteurs ont chacun plusieurs chiffres, on dispose les
nombres comme il est dit pour le 2me cas. On multiplie d'adord tous les chiffres du multiplicande par le
chiffre des unités du multiplicateur, suivant la règle
du n° 151. On multiplie de la même manière le
multiplicande successivement par le chiffre des dizaines, par celui des centaines, etc. du multiplicateur, considérés comme des unités simples. On place
les produits partiels les uns sous les autres, ayant
soin de les avancer chacun d'un rang vers la gauche

par rapport au produit précédent. On additionne ensuite tous ces produits partiels et on a le produit demandé.

Exemple. On demande le produit de 358 par 234.

Opération.

$$358$$
$$234$$

1432   Produit des unités.
1074   Produit des dizaines.
716   Produit des centaines.

83772   Produit total.

Après avoir multiplié par les unités comme dans l'exemple du n° 151, on passe aux dizaines. On multiplie également le multiplicande 358 par 3, mais on avance le produit d'un rang vers la gauche, c'est-à-dire qu'on l'écrit sous les dizaines. On multiplie ensuite par les centaines, ayant soin d'avancer encore le produit qui en résulte d'un rang plus à gauche que le précédent. Faisant alors la somme des trois produits partiels, on trouve pour le produit total demandé 83772.

158. On avance d'un rang vers la gauche le produit des dizaines, de deux celui des centaines, etc. parce qu'en multipliant des unités par des dizaines on ne peut avoir moins que des dizaines, et en multipliant des unités par des centaines on ne peut avoir moins que des centaines, etc.

En effet, 10, plus petit nombre qui puisse exprimer des dizaines, multiplié par 1, plus petit nombre qui puisse exprimer des unités, donne pour produit 10. De même 100 plus petit nombre de centaines multiplié par 1 , plus petit nombre d'unités, donne 100 pour produit.

Autre démonstration du procédé de la multiplication, lorsque les deux facteurs renferment plusieurs chiffres.

Soit à multiplier 5632 par 342.

Opération.

$$
\begin{array}{r}
5632 \\
342 \\
\hline
\end{array}
$$

$$
\begin{array}{lll}
11264 &= \;\;\;\;2 \text{ fois} \ldots\ldots & 5632 \\
225280 &= \;\;40 \text{ fois} \ldots\ldots & 5632 \\
1689600 &= 300 \text{ fois} \ldots\ldots & 5632 \\
\hline
1926144 &= 342 \text{ fois} \ldots\ldots & 5632
\end{array}
$$

L'opération se réduit à prendre le multiplicande 2 fois, plus 40 fois, plus 300 fois, et à réunir ces divers produits partiels.

Par la règle du n° 151 on peut trouver le produit du multiplicande par 2, ce qui donne 11264.

40 égalant 4×10, il sera facile d'avoir le produit de 5632 par ce nombre, en multipliant d'abord par 4, et ensuite ce premier produit par 10 en ajoutant un 0 à sa droite ; (n°° 24 et 154). Le produit sera 225280.

Quant au produit du multiplicande par 300, on l'obtiendra par la même règle, en mulipliant par 3 et ajoutant deux zéros au produit, ce qui fait 1689600. La somme de ces trois produits partiels sera le produit demandé.

Dans la pratique on ne met point les zéros à la droite des produits partiels par le chiffre des dizaines, des centaines, etc. ; mais on a soin de faire occuper au premier chiffre à droite de chacun de ces propuits le même rang qu'il aurait si les zéros y étaient, c'est-à-dire celui du chiffre par lequel on multiplie.

159. Lorsqu'il se trouve un ou plusieurs zéros entre deux chiffres significatifs du multiplicateur, on ne s'y arrête pas, on passe de suite à la multiplication du chiffre significatif qui suit ; mais il faut avoir soin d'avancer le produit de ce chiffre d'autant de rangs plus un vers la gauche, par rapport au produit précédent, qu'il y a de zéros intermédiaires.

Exemple. Soit à multiplier 36972 par 30024.

Opération.

36972
30024
____

147888
73944
11091600
____

1110047328

On muliplie par le chiffre des unités et par celui des dizaines comme dans l'exemple précédent. N'y ayant point de centaines ni de mille, on passe de suite à la multiplication par le chiffre des dizaines de mille ; mais on avance le produit de trois rangs vers la gauche, par rapport au produit prédèdent, parce qu'il y a deux zéros intermédiaires.

160. Si un des facteurs ou tous les deux sont terminés par des zéros, on opère comme si ces zéros n'y étaient pas, et ensuite on les écrit à la droite du produit.

Exemple. Faire le produit de 6700 par 30.

Opération.

6700
30

—————

201000

On multiplie 67 par 3 ce qui donne pour produit 201, à la suite duquel on écrit trois zéros, parce qu'il y en a trois à la fin des deux facteurs.

En effet, en opérant sans faire attention aux deux zéros qui sont à la droite du multiplicande, on multiplie un nombre cent fois trop petit. De même en négligeant le zéro qui termine le multiplicateur, ce nombre est rendu 10 fois moins grand.

Le produit sera donc dix fois 100 ou 1000 fois trop faible; par conséquent, pour le rendre exact, il faudra le multiplier par 1000; c'est-à-dire, écrire trois zéros à sa droite (n° 24).

161. Lorsque les facteurs ont des chiffres décimaux, on opère sans faire attention à la virgule; puis on sépare sur la droite du produit autant de décimales qu'il y en a dans les deux facteurs.

On demande le produit de 153,75 par 14,25.

Opération.

153,75
14,25

—————

76875
30750
61500
15375

—————

2190,9375

La multiplication étant terminée, on sépare 4 chiffres à droite du produit, parce qu'il y en a 4 dans les 2 facteurs. En voici la raison :

En opérant sans faire attention à la virgule, le multiplicande est rendu 100 fois plus grand, il en est de même du multiplicateur ; mais si chaque facteur est multiplié par 100, le produit sera multiplié par 100 fois 100, il sera donc 10000 fois trop grand, et pour le rendre à sa juste valeur, il faudra le diviser par 10000, c'est-à-dire séparer 4 chiffres sur sa droite (n° 24), précisément autant qu'il y a de décimales dans les deux facteurs.

162. Si le produit ne contenait pas autant de chiffres qu'il a de décimales dans les deux facteurs, on écrirait à gauche un nombre suffisant de zéros, puis on mettrait la virgule précédée d'un autre zéro.

Exemple. 0,05 à multiplier par 0,02.

Opération

0,05

0,02
___

0,0010

On multiplie 5 par 2, ce qui donne 10. Comme il doit y avoir 4 chiffres décimaux au produit, on ajoute 2 zéros à gauche du nombre obtenu, ensuite on met la virgule puis un autre zéro pour tenir lieu des entiers.

163. Les retenues qu'on fait presque continuellement en multipliant, nécessitent de commencer par la droite chaque multiplication particulière (1) ;

____

(1) Nous disons chaque multiplication particulière, car rien n'empêcherait de multiplier d'abord par le chiffre des plus hautes

autrement on serait souvent dans la nécessité de rectifier un chiffre déjà écrit.

164. Pour faire la preuve de la multiplication, on peut renverser l'ordre des facteurs, et multiplier de nouveau, le produit doit être le même.

Si les facteurs étaient égaux ce procédé ne pourrait pas être employé.

On peut aussi doubler, tripler, etc. l'un des facteurs et prendre la $\frac{1}{2}$, le $\frac{1}{3}$, etc. de l'autre, le produit des deux nouveaux nombres doit être égal au premier produit, si les opérations sont exactes.

On verra (n° 191), que cette vérification peut aussi se faire par la division.

N. B. — Pour la multiplication des nombres complexes, voir le n° 194.

Principaux usages de la multiplication.

165. La multiplication sert :

1° A effectuer le produit de deux nombres quelconques.

---

unités du multiplicateur et successivement par tous les autres chiffres jusqu'au dernier à droite ; mais alors, au lieu de reculer d'un rang vers la gauche chaque produit partiel, ce serait vers la droite qu'il faudrait l'avancer.

EXEMPLE.

7876
324
———
23628
15752
31504
———
2551824

C'est l'usage qui veut qu'on forme les produits en allant de droite à gauche.

2° A faire connaître le prix de plusieurs unités ou parties d'unité lorsqu'on sait le prix de l'unité.

3° A réduire des entiers en leurs parties.

QUESTIONNAIRE.

Qu'est-ce que la mutiplication ? 138. — Que suit-il de cette définition? 139. — Comment se nomment le multiplicande et le multiplicateur ? 142. — Combien peut-il se présenter de cas dans la multiplication ? 149. — Nommez les cas qui peuvent se présenter dans la multiplication? 149. — Lorsque les deux facteurs ne sont composés que d'un seul chiffre, que fait-on pour obtenir leur produit? 150. — Que fait-on lorsque le multiplicande est formé de plusieurs et le multiplicateur d'un seul? 151. — Comment fait-on la multiplication lorsque les deux facteurs ont chacun plusieurs chiffres? 157. — Si un des facteurs ou tous les deux sont terminés par des zéros, comment opère-t-on? 160. — Comment fait-on lorsque les deux facteurs ont des chiffres décimaux? 161. — Comment la preuve de la multiplication se fait-elle? 164. — A quoi sert la multiplication? 165.

(Problèmes 214 et suivants.)

DIVISION.

Une personne a dépensé 91 francs pour acheter 7 mètres de drap ; combien lui coûte le mètre ?

Il est évident que si l'on connaissait le prix d'un mètre et qu'on le prît 7 fois, ou qu'on le multipliât par 7, on aurait un résultat égal à 91 francs prix total des 7 mètres. L'opération consiste donc à trouver un troisième nombre qui, étant multiplié par le second, 7, reproduise le premier, 91 francs. Cette opération se nomme division ; par conséquent :

166. La division est une opération par laquelle deux nombres étant donnés, on en détermine un troisième qui, étant multiplié par le second, reproduise le premier.

Le premier nombre se nomme dividende, le second diviseur, et le troisième quotient.

Le dividende peut donc être considéré comme un produit dont le diviseur et le quotient sont les facteurs.

167. On définit encore la division, une opération par laquelle on cherche combien de fois un nombre appelé dividende en contient un autre appelé diviseur pour avoir un résultat qu'on nomme quotient ; mais cette définition suppose que le dividende est toujours plus grand que le diviseur, ce qui n'est pas.

168. Pour indiquer une division, on écrit d'abord le dividende, puis à sa droite on écrit le diviseur, en les séparant par deux points.

Ainsi 18 : 6, signifie 18 divisé par 6.

On écrit souvent le diviseur sous le dividende en les séparant par un trait ; ainsi $\frac{15}{5}$ veut dire 15 divisé par 5.

169. Nous avons vu (n° 140) que la multiplication peut s'exécuter par l'addition ; de même aussi, la division peut s'effectuer par des soustractions successives.

En effet, s'il s'agit, par exemple, de diviser 45 par 9, il est clair qu'autant de fois on pourra soustraire 9 de 45, autant de fois aussi 9 sera contenu dans 45 ; ainsi le quotient sera égal au nombre de soustractions qu'on pourra faire avant que le dividende soit épuisé,

Opérations.

$$45$$
$$9$$

$$\overline{36} \quad \text{1}^{\text{re}} \text{ Soustraction.}$$
$$9$$

$$\overline{27} \quad \text{2}^{\text{me}} \text{ Soustraction.}$$
$$9$$

$$\overline{18} \quad \text{3}^{\text{me}} \text{ Soustraction.}$$
$$9$$

$$\overline{09} \quad \text{4}^{\text{me}} \text{ Soustraction.}$$
$$9$$

$$\overline{0} \quad \text{5}^{\text{me}} \text{ Soustraction.}$$

Comme dans cet exemple on est obligé de faire 5 soustractions, il s'en suit que le quotient est 5.

Mais cette manière d'opérer deviendrait fort longue si le dividende était très-grand par rapport au diviseur. D'ailleurs elle ne peut avoir lieu que lorsque le dividende est plus grand que le diviseur, ce qui n'existe pas toujours, comme on l'a déjà dit.

170. Connaissant de mémoire le produit de deux nombres d'un seul chiffre, il est facile de déterminer le quotient d'une division lorsque le dividende n'a qu'un ou deux chiffres, et le diviseur qu'un seul.

Ainsi, le quotient de 24 divisé par 4 est 6, parce que 4 fois 6 font 24. 56 divisé par 7 donne 8 pour quotient, parceque 7 fois 8 font 56. Ceci est clair par la définition même de la division.

On dit ordinairement en 56 combien de fois 7, il y est 8 fois ou le 7me de 56 est 8.

De même, le quotient de 75 divisé par 9 est 8 plus une fraction. En effet, il est plus fort que 8, car 9 fois 8 font 72; il est moins fort que 9, car 9 fois 9 font 81, il est donc entre 8 et 9, par conséquent 8 plus une fraction.

171. RÈGLE GÉNÉRALE. Pour diviser un nombre par un autre, on écrit le diviseur à droite du dividende et sur une même ligne horizontale, on les sépare par un trait vertical, puis on souligne le diviseur, au-dessous duquel on écrit le quotient.

On sépare ensuite sur la gauche du dividende, par une virgule ou un point, le plus petit nombre de chiffres nécessaires pour que le diviseur y soit contenu, ce qui forme le premier dividende partiel.

On cherche combien le premier chiffre à gauche du diviseur est contenu de fois dans le premier chiffre à gauche du dividende partiel, ou dans les deux premiers, si le dividende partiel a un chiffre de plus que le diviseur.

Le chiffre que l'on trouve exprime les plus hautes unités du quotient, on l'écrit sous le diviseur. On fait ensuite le produit du diviseur par ce chiffre et on le soustrait du dividende partiel.

A côté du reste, on abaisse le chiffre suivant du dividende général et on a le second dividende partiel.

On cherche de la même manière combien ce nouveau dividende contient de fois le diviseur, et on a le second chiffre du quotient, que l'on écrit à droite du premier. On multiplie le diviseur par ce second chiffre, et on ôte le produit du 2ᵉ dividende partiel.

A droite du second reste, on abaisse le chiffre suivant du dividende général ce qui donne le 3ᵉ dividende partiel sur lequel on opère comme sur les précédents.

On continue ainsi jusqu'à ce qu'on ait abaissé tous les chiffres du dividende général.

Exemple. Soit proposé de diviser 288 par 12.

Opération.

```
28.8 | 12
24   | 24
048
 48
 00
```

Le premier dividende partiel 28, contient 2 fois le diviseur 12, on pose 2 au quotient, ensuite on multiplie le diviseur par ce quotient, on porte le produit 24 sous le dividende, et on l'en soustrait; il reste 4. On abaisse le 8 à la droite de ce 4 et l'on a 48 pour deuxième dividende partiel; ensuite on dit : en 48 combien de fois 12? il y est 4 fois; multipliant 12 par ce chiffre, il vient 48 à soustraire de 48. L'opération étant finie, on trouve 24 pour quotient.

172. Si après la dernière soustraction il ne reste rien, la division est dite exacte; s'il y a un reste, on l'écrit à la suite du quotient, on souligne et on place le diviseur au-dessous du trait. Ou bien, après avoir mis une virgule à la droite du dernier chiffre du quotient, on réduit le reste en dixièmes en le multipliant par 10 ou en ajoutant un zéro à la droite, puis on divise; on obtient un chiffre qui exprime des dixièmes que l'on écrit au quotient, à la droite de la virgule. Si après la soustraction faite il y a encore un reste, on le réduit en centièmes en plaçant un zéro à sa droite, et l'on continue la division en transformant successivement les restes en millièmes, dix-millièmes, etc., en mettant un zéro à la droite de chaque nouveau reste, jusqu'à ce que la division se fasse exactement, ou jusqu'à ce qu'on ait au quotient autant de décimales qu'on désire en avoir.

Soit par exemple, 984 à diviser par 28.

Opération.

$$
\begin{array}{r|l}
98.4 & 28 \\
144 & \overline{35,142} \\
040 & \\
120 & \\
080 & \\
24 &
\end{array}
$$

Après la division il reste 4 ; on réduit ce reste en dixièmes en écrivant un zéro à sa droite, et l'on place une virgule au quotient ; après quoi on dit : Combien de fois 28 est-il contenu dans 40 ? il y est 1 une fois ; on écrit ce chiffre au quotient, et l'on fait les opérations ordinaires. Mais il reste 12 dixièmes ; on réduit ce nombre en centièmes en mettant un zéro à sa droite, et on dit : en 120 combien de fois 28, ou en 12 combien de fois 2 ? Il y est 4 fois ; on écrit ce chiffre au quotient, et l'on fait ensuite la multiplication et la soustraction ; il reste 8 centièmes qu'on réduit en millièmes en écrivant un zéro à la droite, et l'on dit : En 80 combien de fois 28 ? Il y est 2 fois ; on écrit ce chiffre au quotient ; on opère comme on a fait précédemment et il reste 24. Si l'on voulait continuer la division on n'aurait qu'à ajouter au reste un zéro, afin de le réduire en dix-millièmes et opérer après comme on a fait sur les millièmes, et ainsi de suite.

REMARQUES IMPORTANTES.

173. Voici un moyen facile de s'assurer si le chiffre que l'on vient d'écrire au quotient est le véritable.

Ce moyen indiqué par M. QUERRET, consiste à diviser mentalement le dividende partiel par ce chiffre, et à comparer chaque chiffre du quotient au chiffre correspondant du diviseur. Si l'on trouve un seul chiffre du quotient plus petit que son correspondant dans le diviseur, c'est que le chiffre essayé est trop fort; on le diminue d'une unité et l'on commence la vérification. Si aucun chiffre du quotient n'est plus petit que le chiffre correspondant du dividende, le chiffre essayé peut être bon, et dès qu'on trouve un seul chiffre du quotient plus grand que son correspondant dans le diviseur, on est sûr, sans qu'il soit besoin d'aller plus loin, que le chiffre essayé est bon.

174. On reconnaît aussi que le chiffre qu'on a mis au quotient est trop fort, lorsque le produit du diviseur par ce chiffre ne peut pas être soustrait du dividende partiel correspondant; il faut alors diminuer ce chiffre d'une ou plusieurs unités.

175. On reconnaît au contraire que le chiffre qu'on vient d'écrire au quotient est trop faible, lorsque, après avoir soustrait le produit du diviseur par ce chiffre, du dividende partiel, le reste est supérieur, ou seulement égal au diviseur. Car alors le diviseur est au moins contenu une fois de plus dans le dividende partiel. Il faut donc augmenter ce chiffre.

Ainsi, pour être sûr que le chiffre placé au quotient est bon, il faut 1° que le produit du diviseur par ce chiffre puisse être soustrait du dividende partiel; 2° que le reste de la soustraction soit moindre que le diviseur.

176. Dans chaque division partielle on ne peut jamais avoir plus de 9 au quotient; car si l'on avait seulement 10 on aurait une unité de l'ordre supé-

rieur, ce qui prouverait que le chiffre trouvé auparavant serait trop faible.

177. Le diviseur multiplié par le quotient donnant un produit égal au dividende, il s'en suit que, pour reconnaître combien il doit y avoir de chiffres au quotient d'une division, il suffit d'examiner si le nombre par lequel on doit multiplier le diviseur, pour que le produit égale le dividende, est compris dans les dizaines, dans les centaines, etc. Ainsi, pour savoir combien il y aura de chiffres au quotient de la division de 2790 par 18, on multiplie d'abord 18 par 10, ce qui donne 180 ; ce nombre est plus petit que 2790. Multipliant 18 par 100 on a 1800, nombre encore plus petit que 2790 ; on multiplie 18 par 1000 et on a 18000, nombre plus grand que 2790. Par là on voit que le nombre par lequel on doit multiplier 18, pour que le produit égale 2790, est compris entre 100 et 1000 ; et, comme tous les nombres compris entre 100 et 1000 s'écrivent par 3 chiffres, on en conclut que le quotient aura 3 chiffres.

178. On peut obtenir le même résultat par un moyen mécanique fort simple : en séparant sur la gauche du dividende autant de chiffres qu'il en faut pour que le diviseur y soit contenu ; le nombre de chiffres qui restent au dividende plus un, marque combien il y aura de chiffres au quotient.

179. Lorsque, après avoir abaissé un chiffre à côté du reste, le dividende partiel ne contient pas le diviseur, cela indique que le quotient ne contient pas de chiffre significatif de l'ordre qui suit ; on met alors un zéro au quotient pour tenir lieu de l'ordre d'unités qui manque, et l'on abaisse le chiffre suivant du dividende général pour former un nouveau dividende partiel.

180. Au lieu d'écrire sous le dividende partiel le produit du diviseur par le chiffre qu'on vient de mettre au quotient, on peut soustraire à mesure qu'on multiplie et écrire seulement le reste, ce qui abrège beaucoup l'opération.

Un exemple rendra ceci sensible.

Soit à diviser 4789 par 38 :

Opération.

$$
\begin{array}{r|l}
47.89 & 38 \\
098 & \overline{126\frac{1}{38}} \\
229 & \\
1 &
\end{array}
$$

Les deux premiers chiffres à gauche du dividende contenant le diviseur, on les sépare par un point et l'on dit : En 4 combien de fois 3? il y est une fois, on écrit 1 au quotient, 1 fois 8 c'est 8, mais 8 ne pouvant être retranché de 7, on ajoute 10 à ce dernier nombre, ce qui donne 17; 8 ôtés de 17, il reste 9, que l'on écrit sous le 7 et l'on retient une dizaine pour la joindre au produit du chiffre suivant; 1 fois 3 c'est 3 et 1 de retenue font 4, lesquels ôtés de 4, il reste zéro.

A côté du reste 9, on abaisse le chiffre suivant du dividende total et l'on cherche combien le 2ᵉ dividende partiel 98 contient de fois 38 ou combien 9 contient de fois 3, il vient 2. On dit ensuite 2 fois 8 font 16; 16 ne pouvant se soustraire de 8, on ajoute une dizaine à 8 et l'on a 18, d'où ôtant 16, il reste 2, et l'on retient 1. 2 fois 3 font 6 et 1 de retenue font 7; 7 ôtés de 9, il reste 2. On descend le chiffre suivant et l'on continue de la même manière.

181. Lorsque le diviseur n'a qu'un chiffre, on

peut, non-seulement faire la multiplication et la soustraction tout à la fois, mais encore on peut écrire immédiatement le quotient sous le dividende sans poser
le diviseur.

Soit à diviser 96450 par 5 :

Opération.

96450 dividende.

Le $\frac{1}{5}$ = 19290 quotient.

Après avoir écrit le dividende, on dit en commençant par la gauche : En 9 combien de fois 5 ou pour
se conformer à l'usage lorsque le diviseur n'a qu'un
chiffre, le 5° de 9 est 1 pour 5 ; on écrit 1 sous le
9, il reste 4 ; ces quatre unités sont des dizaines par
rapport au chiffre qui suit. Ainsi, les joignant à ce
chiffre ou à 46, le 5° de 46 est 9 pour 45, on pose 9,
il reste 1, qui est une dizaine de l'ordre inférieur
suivant ; 10 et 4 font 14. Le 5° de 14 est 2 pour
10 ; on écrit 2, il reste 4 unités qui valent 4 dizaines
de l'ordre suivant ; 4 dizaines et 5 unités font 45,
dont le 5° est 9 exactement. On écrit 9 et il ne
reste rien.

182. Le quotient d'une division ne change pas si
l'on multiplie ou si l'on divise le dividende et le diviseur par un même nombre.

En effet, si l'on rend le dividende trois fois plus grand
sans changer le diviseur, le dividende contiendra le
diviseur trois fois plus, et le quotient sera trois fois
plus fort ; mais si l'on multiplie le diviseur par 3, on
le rend 3 fois plus grand, de sorte qu'il sera contenu
3 fois moins dans le dividende, et le quotient sera par
là 3 fois plus petit.

Par conséquent, en multipliant le dividende par 3,

on rend le quotient 3 fois plus grand ; mais en multipliant le diviseur par 3 aussi, on rend le quotient 3 fois plus petit ; ainsi il y a compensation et le quotient ne change pas.

On prouverait par un raisonnement analogue que le quotient reste le même, lorsqu'on divise le dividende et le diviseur par le même nombre.

183. Lorsque le dividende et le diviseur sont terminés par des zéros, on abrége l'opération, en supprimant de part et d'autre un même nombre de zéros. Par cette suppression, le dividende et le diviseur deviennent un même nombre de fois plus petits, et alors le quotient reste le même (n° 182.)

Si l'on avait par exemple 4500 à diviser par 900, cela reviendrait à diviser 45 par 9 et le quotient 5 serait celui qu'on aurait en divisant 4500 par 900.

184. Pour diviser un nombre par 10, 100, 1000, etc., il suffit de séparer par une virgule sur la doite du dividende 1, 2, 3, etc. chiffres (n° 24.) Ainsi le quotient de 864 divisé par 100 est 8,64.

185. Lorsque le dividende et le diviseur ont l'un et l'autre des décimales, il faut rendre le nombre des chiffres décimaux le même de part et d'autre, en ajoutant des zéros à droite de celui des deux nombres qui en a le moins, puis supprimer les virgules et faire l'opération comme si les nombres étaient entiers.

Pour diviser par exemple 24,155 par 7,8, on ajoute deux zéros à la fraction du diviseur, ce qui n'en change pas la valeur (n° 37.) On supprime ensuite la virgule, ce qui ne change point la valeur du quotient (n° 182), et on a 24155 à diviser par 7800.

186. Si le dividende seul avait des chiffres décimaux, on pourrait se dispenser d'ajouter des zéros au diviseur. On diviserait d'abord la partie entière du

dividende, puis, après qu'on aurait abaissé à côté du dernier reste le chiffre des dixièmes du dividende, on placerait une virgule au quotient et l'on continuerait l'opération jusqu'à ce qu'on eût abaissé tous les chiffres décimaux.

187. Il peut arriver dans une division que le dividende ne contienne pas le diviseur; alors le quotient n'a pas d'entiers. On écrit zéro au quotient pour tenir lieu de la partie entière qui manque, et à la suite de ce zéro on met une virgule. Ensuite on réduit les entiers du dividende en dixièmes en écrivant un zéro à leur droite, s'il n'y a pas de décimales, ou, en transportant la virgule après les dixièmes s'il y a une fraction, puis on divise. On obtient de la sorte des dixièmes qu'on écrit à la suite de la virgule. On continue l'opération en réduisant le reste en centièmes, en plaçant un zéro à sa droite ou en y abaissant le chiffre des centièmes, s'il y en a au dividende; puis divisant, et ainsi jusqu'à ce qu'on ait un quotient exact ou autant de chiffres décimaux qu'on désire en avoir.

Exemple : 48 à diviser par 246.

Opération.

$$
\begin{array}{r|l}
480 & 246 \\ \cline{2-2}
2340 & 0,195 \\
1260 & \\
30 &
\end{array}
$$

48 ne contenant pas 246, il n'y aura pas d'entiers au quotient. On y écrit donc un zéro pour en tenir la place, puis une virgule. On réduit ensuite les 48 entiers en dixièmes et l'on divise; il vient 1 pour quotient et pour reste 234, qu'on réduit en centièmes en

écrivant un zéro à droite. Continuant l'opération, on trouve 195 millièmes et un reste de 30 millièmes.

188. Pour diviser par un produit on peut diviser successivement par les divers facteurs de ce produit.

Ainsi, pour diviser 168 par 24, on pourrait diviser par 6, puis ensuite par 4; le quotient serait le même que si l'on avait d'abord divisé par 24.

189. On dit qu'on a le quotient exactement lorsqu'il est complet, c'est-à-dire, qu'il n'y manque rien. On dit qu'on a le quotient à moins d'une unité, d'un dixième, d'un centième près, etc. lorsqu'il manque à ce quotient moins d'une unité, d'un dixième, d'un centième, etc. pour qu'il soit complet.

Par exemple, en divisant 21 par 5 on a 4 pour quotient, à moins d'une unité près, et $4\frac{1}{5}$ ou 4,2 pour quotient exact.

190. La preuve de la division se fait en multipliant le diviseur par le quotient et ajoutant au produit le reste de la division, s'il y en a un. On doit reproduire le dividende.

Ceci résulte de la définition même de la division.

191. De même que la multiplication sert à prouver la division, la division sert aussi à prouver a multiplication.

Pour faire la preuve de la multiplication par la division, il faut diviser le produit par l'un des facteurs; le quotient doit égaler l'autre facteur.

Démonstration du procédé de la division.

192. Nous avons vu (n° 166) que la division a pour but, deux nombres étant donnés, d'en trouver un troisième qui, étant multiplié par le second, puisse reproduire le premier. Autrement : Un produit de

deux facteurs étant donné, et l'un de ces facteurs, on se propose par la division de découvrir l'autre facteur. Ainsi, la division n'est autre chose que la décomposition d'une multiplication effectuée.

Pour nous former une juste idée de la manière dont on opère cette décomposition, voyons d'abord comment, dans une multiplication, le produit total se forme au moyen des produits partiels.

Proposons-nous de multiplier 357 par 236 :

Opération.

$$357$$
$$236$$

    2142   Produit du chiffre des unités.
    1071   Produit du chiffre des dizaines.
     714   Produit du chiffre des centaines.

   84252   Produit total.

Le produit 84252 se compose évidemment de trois produits partiels, 1° du produit de 357 par le chiffre 6 des unités ; 2° du produit de 357 par le chiffre 3 des dizaines ; 3° du produit de 357 par le chiffre 2 des centaines. Remarquons maintenant que le produit partiel 2142 du chiffre des unités se trouve confondu à-peu-près dans tout le produit total 84252 ; que le produit partiel 1071 du chiffre des dizaines se trouve seulement dans les 8425 dizaines du produit total ; que le produit partiel 714 du chiffre des centaines est renfermé tout entier dans les 842 centaines du produit total. Ainsi, le produit des centaines n'a pas pu, dans l'addition, donner les deux premiers chiffres du produit total ; ils proviennent évidemment des deux autres produits partiels ; de même le premier chiffre 2, du produit total, provient exclusivement du produit des unités.

Soit maintenant le nombre 80964 qu'il s'agit de diviser par 234.

Opération.

$$\begin{array}{r|l} 809,64 & 234 \\ 702 & \overline{} \\ \hline 1076,4 & 346 \\ 936 & \\ \hline 1404 & \\ 000 & \end{array}$$

80964 est un produit de deux facteurs ; 234 est l'un de ces facteurs, l'autre facteur est inconnu ; il s'agit de le déterminer. Il faut voir d'abord combien ce facteur inconnu doit avoir de chiffres. En suivant la marche indiquée (nº 177), on trouvera qu'il doit en avoir trois ; il y aura donc trois chiffres au quotient. S'il y a trois chiffres au quotient, le dividende 80964 est composé de trois produits partiels, 1º du produit du diviseur par le chiffre des unités du quotient ; 2º du produit du diviseur par le chiffre des dizaines ; 3º du produit du diviseur par le chiffre des centaines.

Mais, comment faire pour découvrir chaque produit partiel ? lequel des trois chiffres du quotient cherchera-t-on d'abord ? Nous allons tâcher de faire voir qu'il faut chercher premièrement le chiffre des plus hautes unités.

D'après la remarque que nous avons faite plus haut, il est facile de voir 1º que le produit du diviseur par le chiffre des unités du quotient se trouve confondu dans presque tout le dividende ; 2° que le produit du diviseur par le chiffre des dizaines du quotient est encore répandu dans les 8096 dizaines du dividende ; 3° que le produit du diviseur par le chiffre des centaines du quotient se trouve tout entier dans les 809 centaines du dividende. Ainsi, on est certain que le nombre 809 renferme entièrement le produit du diviseur par le chiffre des centaines du quotient, plus quelques centaines seulement, provenant des autres produits ; tandis que pour les produits partiels des dizaines et des unités il y a incertitude.

Si donc nous pouvons déterminer le nombre qui, étant multiplié par 234, donne 809 ; ou le nombre qui en approche le plus, nous aurons le chiffre des centaines du quotient. Essayons 4 ; $234 \times 4 = 936$; ce nombre est plus grand que 809, le chiffre 4 est donc trop fort. Essayons le chiffre 3 ; $234 \times 3 = 702$, nombre moins fort que 809, et que l'on écrit au-dessous de ce dernier nombre. 3 est donc le chiffre des centaines du quotient. Ce chiffre, en effet, n'est pas trop fort, puisque son produit par le diviseur peut être ôté de 809 ; il n'est pas trop faible non plus, car, si on l'augmentait d'une unité, le produit ne pourrait pas être soustrait de 809.

On écrit donc 3 au quotient, et après avoir soustrait 702, produit du diviseur par ce chiffre, des 809 centaines du dividende, on abaisse, à côté du reste 107, les chiffres suivants du dividende. On a alors 10764, nombre qui se compose encore des produits partiels du diviseur par les dizaines et par les unités du quotient.

Pour obtenir le chiffre des dizaines du quotient, on raisonne comme ci-dessus. Le produit du diviseur par le chiffre des unités se trouve confondu dans tout le nombre 10764, au lieu que le produit du diviseur par le chiffre des dizaines est tout entier dans les 1076 dizaines du nouveau dividende. Cherchons donc quel est le chiffre qui, multiplié par 234, donne 1076 pour produit, ou autrement combien 234 est contenu de fois dans 1076. On trouve 5, $234 \times 5 = 1170$, nombre plus grand que 1076; ainsi 5 est trop fort; essayant 4, on a pour produit 936, nombre plus petit que 1076, et que l'on écrit au-dessous. Le chiffre des dizaines du quotient est donc 4. Ce chiffre, en effet, n'est pas trop fort, puisque son produit par le diviseur peut être soustrait des 1076 dizaines du dividende partiel 10764; il n'est pas trop faible non plus, car si on l'augmentait d'une unité la soustraction ne serait plus possible.

Après avoir soustrait 936 de 1076, et abaissé à côté du reste le chiffre 4 du dividende, on a un nouveau produit qui ne contient plus qu'un seul produit partiel : celui du diviseur par le chiffre des unités du quotient.

Cherchant enfin combien 1404 contient de fois 234, ou en 14 combien il y a de fois 2, il vient 7; mais ce chiffre est trop fort, comme il est facile de le voir; essayons 6; $234 \times 6 = 1404$, nombre qui, étant ôté de la partie restante du dividende, donne pour reste 0. Ainsi 6 est le chiffre des unités du quotient.

Le nombre 346 est donc le quotient cherché, c'est-à-dire le facteur inconnu.

En effet, $234 \times 346 = 80964$.

193. Les raisonnements qui précèdent font comprendre pourquoi on commence la division par la gauche, tandis qu'on commence les trois premières opérations de l'arithmétique par la droite. En effet, le dividende étant, comme nous l'avons dit, le total des

produits particuliers du diviseur par les divers chiffres du quotient, ces produits se trouvent tellement fondus les uns dans les autres, qu'il est impossible ne découvrir le produit partiel du diviseur par le chiffre des unités du quotient, le produit du diviseur par le chiffre des dizaines ; etc., au lieu que par le procédé que nous avons indiqué on arrive, sinon à mettre parfaitement en évidence le produit du diviseur par les plus fortes unités du quotient, du moins à déterminer dans quelle partie du dividende il se trouve.

Division des nombres complexes.

194. Pour faire la division des nombres complexes, voici comment il faut procéder : Nous supposerons d'abord que le dividende seul contient des subdivisions.

Soit à diviser 26 jours 18 heures 40 minutes par 8.

Opération.

$$26^j. \; 18^h. \; 40^m. \; | \; 8$$
$$\underline{ 2 }$$
$$\times 24 \; | \; 3^j. \; 8^h. \; 20^m.$$
$$\overline{}$$
$$48$$
$$+18$$
$$\overline{}$$
$$66^h.$$
$$2$$
$$\times 60$$
$$\overline{}$$
$$120$$
$$+40$$
$$\overline{}$$
$$160^m.$$
$$00$$

On divise d'abord les jours, ensuite on réduit les 2 jours qui restent après la soustraction, en heures, en les multipliant par 24, parce qu'il y a 24 heures dans un jour ; on ajoute au produit les 18 heures qui sont au dividende total, et l'on a un nouveau dividende partiel. On divise, et il vient pour quotient des heures qu'on écrit à droite des jours, ayant soin de les en séparer. Il reste 2 après la soustraction. Ce sont 2 heures qu'on multiplie par 60 pour les réduire en minutes, et au produit on ajoute les 40 minutes du dividende total, ce qui forme le 3e dividende partiel. On divise, et il vient juste 20 minutes. Le quotient est donc 3 jours 8 heures 20 minutes.

195. Lorsque le diviseur seul a des subdivisions, il faut le réduire tout en entier en la plus petite espèce énoncée, puis multiplier le dividende par les mêmes nombres par lesquels on aura multiplié le diviseur, ce qui ne changera rien au quotient, puis diviser.

Exemple : Un voyageur fait 205352 mètres en 38 h. 36 m., combien fait-il de chemin par heure ?

Opération.

$$38^{h}. 36^{m}.$$
$$\times 60$$
$$\begin{array}{r} 2280 \\ +36 \\ \hline 2316 \end{array}$$

$$205352$$
$$\times 60$$

$$12321,1,2,0$$
$$07411$$
$$04632 \qquad 5320 \qquad \text{mètres par heure.}$$
$$00000$$

On réduit d'abord les 38 heures en minutes, en les multipliant par 60, puis on ajoute au produit les

36 m. qui suivent les heures. Le diviseur a été par là rendu 60 fois plus fort ; il faut donc, pour que le quotient ne change pas (n° 182), rendre aussi le dividende 60 fois plus fort. Cela fait on divise, et le quotient exprime les unités principales de la réponse ; s'il y a un reste on suit la marche indiquée n° 194.

196. Si le dividende et le diviseur ont l'un et l'autre des subdivisions, on peut se contenter de faire disparaître les subdivisions dans le diviseur, et multiplier ensuite le quotient par le produit des nombres par lesquels on aura multiplié le diviseur. On pourrait également faire disparaître les subdivisions dans les deux nombres de la règle ; mais il faudrait avoir soin que le dividende et le diviseur fussent multipliés par les mêmes nombres, sans quoi le quotient ne serait pas exact.

Exemple : Dans $8^h 7^m 5^s$ le soleil parcourt $121° 46' 15''$, trouver ce qu'il parcourt de degrés par heure ?

Opération.

$121° 46' 15''$	$8^h 7^m 5^{second.}$
$\times 60$	$\times 60$
7260	480
$+46$	$+ 7$
7306	487
$\times 60$	$\times 60$
438360	29220
$+15$	$+5$
438375	29225
146125	
00000	15 degrés.

On a réduit le dividende et le diviseur à leur plus petite espèce ; et, comme ils ont été multipliés par les mêmes nombres, le rapport qui existait entre eux n'a point été interrompu. Le quotient est donc 15 degrés.

Multiplication des nombres complexes.

197. Pour faire la multiplication des nombres complexes, la méthode qui paraît la plus simple consiste à réduire chaque facteur en la plus petite espèce énoncée, et à les multiplier comme des nombres entiers. Le produit sera évidemment trop grand ; pour le ramener à sa juste valeur, on le divisera par le produit de tous les nombres par lesquels on aura multiplié les facteurs. Le quotient exprimera les unités principales du produit demandé.

S'il y a un reste, on le multipliera par le nombre qui marque combien il faut d'unités de l'espèce immédiatement inférieure pour composer une unité de l'espèce trouvée au quotient, puis on divisera le nouveau produit par le même diviseur. Le quotient qu'on obtiendra par cette nouvelle division exprimera des unités de l'espèce immédiatement inférieure à celles qui étaient d'abord au quotient dont il faudra les séparer.

S'il y a encore un reste, on opérera d'une manière analogue.

Nous allons éclaircir ceci par deux exemples.

1er Exemple : Soit à multiplier 9^h 45^m 35^s par 8.

Opération.

$$9 \times 60$$

$$540 + 45$$

$$585' \times 60''$$

$$35100 + 35''$$

$$35135'' \times 8$$

281080	36000
29080	
0280	78ʰ 4' 40"
×60	
16800	
246000	
144000	
00000	

On réduit les heures, minutes et secondes en secondes, ce qui donne 35135, qu'on multiplie par 8;
le produit est 281080.

Le multiplicande ayant été multiplié par 60 d'a-
bord, puis ce premier produit par 60 encore, il
s'ensuit que le produit est 60 × 60 ou 3600 fois trop
grand ; pour le rendre exact, il faut donc le diviser
par 60 × 60 ou 3600.

Le quotient 78 exprime des heures, unités principales du produit demandé. Comme il y a un reste, on le multiplie par 60, nombre de minutes qu'il faut pour faire une heure, puis on divise. Il vient 4 minutes; on multiplie le nouveau reste par 60 encore, parce qu'il faut 60 secondes pour faire une minute, et l'on divise. Il vient 40 secondes. Le produit cherché est donc 78ʰ 4′ 40″.

2ᵉ Exemple. : La terre parcourt 11 signes 29 degrés 45 minutes dans un an, notre planète recommence sa course le même jour tous les 28 ans : combien parcourt-elle de minutes de degrés dans ce laps de temps, plus 4 mois?

Solution. $11 \times 30 = 330 + 29 = 359$ degrés; $359° \times 60 = 21540 + 45' = 21585$ minutes; $21585 \times 28 = 604380$; pour 4 mois, le tiers de $21585 = 7195$; $604380 + 7195 = $ réponse 611575 minutes de degrés.

Pour effectuer cette opération, on multiplie les 11 signes par 30 pour avoir des degrés, et on obtient 330 degrés; on ajoute les 29 degrés du problème, cela fait 359 degrés; on multiplie ce dernier nombre par 60, et il vient 21540, y ajoutant les 45 minutes du problème, on trouve 21585 minutes de degrés parcourues dans un an; multipliant ensuite ce dernier nombre par 28, on obtient 604380 minutes que parcourt la terre dans un cycle solaire ou 28 ans; pour les 4 mois, on prend le tiers des minutes parcourues dans un an qui est 7195, et l'additionnant avec 604380, on a pour réponse 611575 minutes de degrés.

Usages de la division.

198. La division sert 1° à trouver le facteur in-

connu d'un produit, lorsqu'on connaît ce produit et l'un des facteurs. Pour cela il n'y a qu'à diviser le produit par le facteur connu, ceci résulte de la définition même de la division ; 2° à trouver combien de fois un nombre en contient un autre ; 3° à partager un nombre en parties égales ; 4° à convertir des unités d'une certaine espèce en unités d'une espèce supérieure ; 5° à trouver la valeur d'un objet quand on connaît la valeur de plusieurs.

QUESTIONNAIRE.

Qu'est-ce que la division ? 166. — Comment indique-t-on la division ? 168. — Que faut-il faire pour diviser un nombre par un autre ? 171. — Quel est le moyen facile de s'assurer si le chiffre que l'on vient de mettre au quotient est le véritable ? 173. — Comment reconnaît-on qu'un chiffre placé au quotient est trop fort ? 174. — Quand est-il trop faible ? 175. — Quand est-on sûr que le chiffre placé au quotient est bon ? 175. — Pourquoi ne peut-on jamais trouver plus de 9 dans chaque division partielle ? 176. — Comment connaît-on combien il y aura de chiffres au quotient d'une division ? 177. — Comment le reconnaît-on mécaniquement ? 178. — Lorsque après avoir abaissé un chiffre à côté du reste, le dividende partiel ne contient pas le diviseur, que cela indique-t-il ? 179. — Comment fait-on la division lorsque le diviseur n'a qu'un seul chiffre ? 181. — Si l'on multiplie ou si l'on divise le dividende et le diviseur par un même nombre, le quotient change-t-il ? 182. — Lorsque le dividende et le diviseur sont terminés par des zéros, comment abrège-t-on l'opération ? 183. — Que faut-il faire lorsque le dividende et le diviseur ont l'un

et l'autre des décimales ? 185. — Si le dividende
seul avait des chiffres décimaux, que ferait-on alors?
186. — Comment fait-on la division lorsque le dividende est plus petit que le diviseur? 187. — Quand
dit-on que le quotient est exact? 189. — Comment
fait-on la preuve de la division ? 190. — Comment
fait-on la preuve de la multiplication par la division?
191. — Comment fait-on la division des nombres
complexes lorsque le dividende seul contient des subdivisions? 194. — Que fait-on lorsque le diviseur
seul a des subdivisions? 195. — Et lorsque le dividende et le diviseur ont l'un et l'autre des subdivisions, que faut-il faire? 196. — Comment fait-on la
multiplication des nombres complexes? 197. — A
quoi sert la division? 198.

(Problèmes 316 et suivants.)

FRACTIONS ORDINAIRES.

199. Pour se former l'idée d'une fraction, il faut
supposer l'unité divisée en plusieurs parties égales;
une ou plusieurs de ces parties est ce qu'on appelle
fraction. Une fraction est donc une ou plusieurs
parties égales de l'unité.

Si l'on partageait un objet quelconque, une poire,
par exemple, en 6 parties égales, chaque partie serait
une fraction de la poire, et se nommerait un sixième.

200. Pour exprimer une fraction, il faut qu'il y
ait deux nombres, l'un qui indique en combien de
parties l'unité est divisée; il se nomme dénominateur,
et l'autre qui marque combien l'on a de ces parties;
on l'appelle numérateur.

201. Pour représenter une fraction, on écrit le

dénominateur sous le numérateur en les séparant par un trait.

Ainsi, pour exprimer qu'on a 3 parties d'une unité divisée en 5, on écrit $\frac{3}{5}$, et sept neuvièmes se représentent par $\frac{7}{9}$.

202. Réciproquement, pour lire une fraction écrite en chiffres, on énonce d'abord le numérateur, puis le dénominateur en donnant à ce dernier la terminaison *ième*. Ainsi $\frac{2}{5}$ s'énoncent deux cinquièmes, $\frac{7}{18}$ se lisent sept dix-huitièmes. Il n'y a d'exception que pour les fractions dont le dénominateur est 2, 3, 4; alors au lieu de deuxième, troisième, quatrième, on dit demi, tiers, quart.

203. Le numérateur et le dénominateur se nomment les deux termes de la fraction.

204. Une fraction peut être considérée comme une division qui aurait pour dividende le numérateur et pour diviseur le dénominateur.

En effet, soit à diviser 4 par 5, l'opération revient évidemment à prendre la 5ᵉ partie de 4 entiers; mais la 5ᵉ partie d'un entier s'écrit $\frac{1}{5}$, la cinquième partie de 4 entiers s'écrira donc $\frac{4}{5}$; ce qui démontre que le numérateur représente le dividende et le dénominateur le diviseur.

Une fraction est donc une division indiquée; elle représente aussi le reste d'une division.

205. Si l'on multiplie le numérateur d'une fraction par 2, 3, 4, etc., sans toucher au dénominateur, la fraction devient 2, 3, 4 fois plus grande.

Soit par exemple la fraction $\frac{2}{5}$.

Si l'on multiplie le numérateur 2 par 3, on aura $\frac{6}{5}$, fraction trois fois plus grande. En effet, puisque le numérateur indique combien l'on prend de parties, en le multipliant par 3 on prend trois fois plus de parties, et, comme les parties ne changent pas de nature, la fraction est donc trois fois plus forte.

206. Si l'on multiplie le dénominateur d'une fraction par 2, 3, 4 sans toucher au numérateur, la fraction devient 2, 3, 4... fois plus petite.

Soit la fraction $\frac{1}{4}$. En multipliant le dénominateur 4 par 2, on a $\frac{1}{8}$, fraction évidemment deux fois moins grande.

En effet, le dénominateur indique en combien de parties égales l'unité est divisée ; en le multipliant par 2, on divise donc l'unité en deux fois plus de parties : ces parties sont par conséquent deux fois plus petites, et, comme on n'en prend pas un plus grand nombre, la fraction est rendue deux fois moins grande.

Par un raisonnement analogue, il serait facile de prouver qu'en divisant le numérateur par 2, 3, 4... sans toucher au dénominateur, on rendrait la fraction 2, 3, 4... fois plus petite, et qu'en divisant le dénominateur par 2, 3, 4... sans toucher au numérateur, la fraction deviendrait 2, 3, 4... fois plus grande. Nous laissons à l'instituteur le soin de démontrer ces deux propositions.

207. Une fraction ne change pas de valeur lorsqu'on multiplie ou lorsqu'on divise ses deux termes par un même nombre.

1° Soit la fraction $\frac{2}{3}$; si l'on multiplie les deux termes, c'est-à-dire le numérateur et le dénominateur par 4, l'on aura $\frac{2\times4}{3\times4} = \frac{8}{12}$; nous disons que $\frac{8}{12}$ égalent $\frac{2}{3}$. En effet, en multipliant le dénominateur 3 de la fraction proposée par 4, on partage l'unité en 4 fois plus de parties, puisque au lieu de 3 on en a 12 ; les parties sont par conséquent 4 fois plus petites ; mais au lieu de n'en prendre que 2, on en prend 4 fois plus, c'est-à-dire 8 ; l'égalité est donc rétablie.

Ainsi d'un côté les parties deviennent 4 fois plus petites; mais de l'autre côté on en prend 4 fois plus; il y a compensation; la fraction doit donc conserver la même valeur.

2° Soit $\frac{3}{6}$; si l'on divise les deux termes par 3, l'on aura $\frac{3:3}{6:3} = \frac{1}{2}$.

Nous disons qu'une $\frac{1}{2}$ égale $\frac{3}{6}$. En effet, en divisant le dénominateur 6 par 3, l'on partage l'unité en trois fois moins de parties, les parties sont par conséquent trois fois plus grandes; mais aussi au lieu d'en prendre 3, on n'en prend plus que 1; il y a donc compensation.

208. Par ce qui précède on voit que :

1° Plus le numérateur d'une fraction est petit, le dénominateur restant le même, plus la fraction est petite. Ainsi $\frac{4}{7}$ est plus petit que $\frac{5}{7}$.

2° Plus le dénominateur d'une fraction est petit, le numérateur restant le même, plus la fraction est grande. $\frac{6}{9}$ est moins grand que $\frac{6}{8}$.

3° Lorsque le numérateur et le dénominateur sont égaux, la fraction égale l'unité, ou un entier $\frac{4}{4}$, $\frac{6}{6}$.

4° Lorsque le dénominateur est plus grand que le numérateur, la fraction est moins grande que l'unité; $\frac{3}{5}$, $\frac{6}{9}$ ne valent pas une unité.

5° Lorsque le numérateur est plus grand que le dénominateur, la fraction est plus grande que l'unité; $\frac{8}{6}$, $\frac{9}{5}$.

209. Lorsque le numérateur contient le dénominateur, ce n'est plus à proprement parler une fraction. On appelle alors ces nombres des expressions fractionnaires ou des nombres fractionnaires.

210. Plusieurs fractions exprimées par des nombres différents peuvent avoir la même valeur; il suffit

5

que le rapport soit le même entre les deux termes de chaque fraction.

Par exemple, les fractions $\frac{1}{2}$, $\frac{2}{4}$, $\frac{3}{6}$, $\frac{4}{8}$ sont équivalentes, parce que le rapport est le même entre les deux termes de chacune.

En effet, 1 est la moitié de 2, 2 est la moitié de 4, 3 est la moitié de 6, 4 est la moitié de 8 : chacune de ces fractions exprime donc la moitié de l'unité.

QUESTIONNAIRE.

Comment se forme-t-on l'idée d'une fraction? 199. — Qu'est-ce qu'une fraction? 199. — Comment représente-t-on une fraction? 201. — Comment lit-on une fraction ? 202. — Comment une fraction peut-elle être considérée? 204. — Si l'on multiplie le numérateur d'une fraction sans toucher à son dénominateur, que résulte-t-il? 205. — Que résulte-t-il lorsqu'on multiplie son dénominateur par un nombre sans toucher à son numérateur? 206. — Une fraction change-t-elle de valeur lorsqu'on multiplie ses deux termes par un même nombre? 207. — Plusieurs fractions peuvent-elles avoir la même valeur quoique exprimées par des nombres différents? 210.

Réductions des Fractions.

211. On appelle réductions divers changements que l'on fait éprouver aux fractions, sans que leur valeur soit changée.

Voici les principales :

1° Réduire un nombre entier en fraction ou des entiers accompagnés de fraction en une seule fraction.

2° Réduire des fractions en entiers lorsqu'elles en contiennent.

3° Réduire une fraction à sa plus simple expression.

4° Réduire plusieurs fractions au même dénominateur.

Première Réduction.

212. Pour réduire un nombre entier en fraction, il faut multiplier ce nombre par le dénominateur de la fraction proposée, et donner au produit ce même dénominateur.

Soit, par exemple, 3 entiers à réduire en quarts : on multiplie 3 par 4, dénominateur de la fraction proposée, et l'on donne au produit 12 ce même nombre pour dénominateur : on trouve ainsi $\frac{12}{4}$.

En effet, on a vu que chaque unité vaut 4 quarts, 3 unités vaudront donc 3 fois 4 quarts ou $\frac{12}{4}$.

213. Pour réduire des entiers accompagnés de fraction en une seule fraction, on multiplie le nombre entier par le dénominateur de la fraction, puis on ajoute au produit le numérateur, et l'on donne à la somme le dénominateur de cette même fraction.

Exemple. Soit $7\frac{3}{4}$ à réduire en une seule expression fractionnaire ; les 7 entiers valent 7 fois 4 quarts ou $\frac{28}{4}$. En ajoutant les $\frac{3}{4}$, on aura pour réponse $\frac{31}{4}$.

Deuxième Réduction.

214. Pour réduire des fractions en entiers lorsqu'elles en contiennent, c'est-à-dire extraire les entiers contenus dans une expression fractionnaire, il faut diviser le numérateur par le dénominateur, le quotient donne les entiers : s'il y a un reste, ce sera le numérateur d'une fraction qui aura pour dénomina-

teur le diviseur, et qu'on écrira à la suite du quotient.

On propose d'extraire les entiers contenus dans l'expression fractionnaire $\frac{17}{5}$. En divisant 17 par 5 on a 3 pour quotient et 2 pour reste; c'est-à-dire que $\frac{17}{5} = 3$ unités et $\frac{2}{5}$.

En effet, une unité vaut 5 cinquièmes, il y a donc dans $\frac{17}{5}$ autant d'unités que 17 contient de fois 5; il faut conséquemment diviser le numérateur par le dénominateur.

Troisième Réduction.

215. Une fraction est à sa plus simple expression lorsque ses deux termes ne peuvent être divisés par un nombre entier autre que l'unité.

216. Une fraction irréductible est celle qui ne peut être exprimée avec des termes plus petits.

Ainsi une fraction irréductible est à sa plus simple expression.

Réciproquement une fraction réduite à sa plus simple expression est irréductible.

217. Il y a deux méthodes pour réduire une fraction à sa plus simple expression :

218. La première méthode consiste à diviser les deux termes de la fraction successivement par les nombres premiers (1) jusqu'à ce qu'on arrive à un diviseur plus grand que le numérateur de la première fraction, alors l'opération est terminée.

Soit à réduire à sa plus simple expression la fraction $\frac{60}{180}$. Les deux termes sont divisibles par 2 (n° 223),

______

(1) On appelle nombre premier celui qui ne peut être divisé sans reste que par lui-même ou par l'unité. Ainsi 2, 3, 5, 7, 11, 13, 17, 19, etc. sont des nombres premiers; 4, 6, 9, 12, 14, 15, etc. n'en sont pas.

effectuant la division, il vient $\frac{30}{90}$, dont les deux termes sont également divisibles par 2, divisant donc encore par 2, on aura $\frac{15}{45}$; la division par 2 n'étant plus possible, divisons par 3; le nouveau résultat est $\frac{5}{15}$; divisant maintenant par 5, on obtient $\frac{1}{3}$ pour la plus simple expression de $\frac{60}{480}$.

219. La deuxième méthode consiste à trouver le plus grand commun diviseur entre les deux termes de la fraction, et à les diviser par ce plus grand commun diviseur.

220. On appelle diviseur commun de deux nombres, un nombre qui divise l'un et l'autre sans reste.

Le plus grand commun diviseur de deux nombres est le plus grand nombre qui puisse les diviser exactemen. Par exemple : 2, 3, 6 sont diviseurs communs de 12 et 18, et 6 en est le plus grand commun diviseur.

Pour bien comprendre la théorie de la recherche du plus grand commun diviseur que nous allons donner, la connaissance des notions qui suivent est indispensable.

221. 1° Un nombre est dit multiple d'un autre nombre lorsqu'il le contient un nombre de fois exactement. Et réciproquement le second est dit sous-multiple ou diviseur du premier. Ainsi, 18 est multiple de 6, parce que 6 fois 3 font 18; et 6 est sous-multiple de 18, parce qu'il le divise sans reste.

222. 2° Deux nombres sont dits premiers entre eux lorsqu'ils ne peuvent être divisés par un même nombre autre que l'unité. Ainsi, 4 et 9 sont premiers entre eux; en effet, 2 qui divise 4, ne divise pas 9, et 3 qui divise 9 ne peut pas diviser 4; ils n'ont donc pas de diviseur commun; 7 et 12 sont dans le même cas; 8 et 12 ne sont pas premiers entre eux, car ils

peuvent être divisés l'un et l'autre par 2 ou par 4.

223. 3° Tout nombre dont le premier chiffre à droite est pair ou zéro, est divisible par 2. Ainsi 12, 28, 130, 7684 sont divisibles par 2.

224. 4° Tout nombre dont la somme des chiffres considérés comme des unités est divisible par 3, est lui-même divisible par 3. Ainsi les nombres 21, 42, 174 sont divisibles par 3.

225. 5° Un nombre est divisible par 4, lorsque les deux premiers chiffres à droite forment un nombre divisible par 4.

226. 6° Tout nombre dont le premier chiffre à droite est 0 ou 5, est divisible par 5. Ainsi 85, 240, 785 sont divisibles par 5.

227. 7° Tout nombre dont la somme des chiffres considérés comme des unités simples égale 9 ou un multiple de 9, est divisible par 9. Ainsi 4563 est divisible par 9, parce que la somme des chiffres 4,5,6,3 est 18, nombre divisible par 9. 1476, 1242 sont également divisibles par 9.

228. 8° Un nombre est divisible par 11, quand la somme des chiffres de rang pair égale la somme des chiffres de rang impair, partant de la droite, ou quand la différence entre ces deux sommes est un multiple de 11.

229. 1er *principe.* Un nombre qui divise sans reste un autre nombre, divise aussi un multiple de ce second nombre. Ainsi 15 étant divisible par 5 et donnant pour quotient 3, 3 fois 15 ou 45 sera divisible également par 5 et donnera pour quotient 3 fois 3 ou 9; ceci est une conséquence du principe établi (n° 182.)

230. 2° *principe.* Tout nombre qui en divise deux autres, divise aussi leur somme. 6 divise 24, il divise

aussi 18 ; il doit par conséquent diviser 42, somme de 24 et de 18. En effet, 24 contient 6 un certain nombre de fois exactement, 18 contient aussi 6 un certain nombre de fois exactement ; donc 42 ou 24 + 18 est égal à 6, pris autant de fois qu'il entre dans 24, plus autant de fois qu'il entre dans 18 ; par conséquent 42 est divisible par 6.

231. *3ᵉ principe.* Un nombre qui en divise deux autres, divise aussi leur différence. Les deux nombres 24 et 42 sont divisibles séparément par 6 ; leur différence 18 doit aussi être divisible par 6 : car, si de 42 qui contient 6 un certain nombre de fois exactement, on retranche 24 qui contient aussi 6 un certain nombre de fois exactement, le reste 18 se composera évidemment d'un nombre exact de fois 6, et sera conséquemment divisible par 6.

232. *4ᵉ principe.* Tous les diviseurs communs à deux nombres sont aussi diviseurs communs entre le plus petit de ces nombres et le reste de leur division. Qu'on divise par exemple 195 par 75, on obtiendra 2 pour quotient et 45 pour reste ; nous disons que tous les nombres qui diviseront 195 et 75 exactement diviseront aussi 45.

$$\begin{array}{c|c} 195 & 75 \\ \hline 45 & 2 \end{array}$$

En effet, $195 = 75 \times 2 + 45$: or, tout nombre qui divise 195 et 75, divise également 75×2 (n° 229), et par conséquent 45, qui est la différence entre 95 et 75×2 ; donc tous les diviseurs communs à 195 et à 75 sont aussi diviseurs communs entre 75 et 45. De même aussi tous les nombres qui divisent 45 et 75 divisent 75 multiplié par 2, et par consé-

quent 195, qui est la somme de 75 × 2 et de 45
(n° 230); donc tous les diviseurs communs à 75 et à
45 sont aussi diviseurs communs à 75 et à 195. D'où
l'on voit que le plus grand commun diviseur entre 195
et 75 est le même que le plus grand commun diviseur
entre 75 et 45, reste de la division de 195 par 75.

*Théorie de la recherche du plus grand commun
diviseur.*

233. Soit maintenant à trouver le plus grand commun diviseur entre 120 et 75 (1).

120 45	1 75 — 30	1 45 — 15	1 30 — 00	2 15

Le plus grand commun diviseur ne peut surpasser
75, cela est évident; mais il peut lui être égal. En
effet, 75 se divisant lui-même, s'il divise 120 il est
évidemment le plus grand commun diviseur demandé.
Divisant donc 120 par 75 on a 1 pour quotient et
45 pour reste. Ainsi 75 n'est pas le plus grand commun diviseur. Le plus grand commun diviseur divisant 120 et 75 exactement, doit diviser aussi 45,
reste de leur division; par conséquent il ne peut être
plus grand que ce nombre. Voyons si ce serait 45, et
pour cela divisons 75 par 45. Le quotient est 1 et il
reste 30. Ainsi 45 n'est pas le nombre cherché. Mais
de même que ce plus grand commun diviseur divise

____

(1) Dans ces sortes d'opérations on écrit le quotient au-dessus
du diviseur.

75 et 45, il doit diviser aussi le reste 30 de leur division ; il ne peut donc être plus grand que 30. Divisons donc 45 par 30 pour voir si ce ne serait point ce nombre qui serait plus grand commun diviseur ; on trouve 1 pour quotient et 15 pour reste ; 30 n'est donc pas le plus grand commun diviseur cherché. Ce plus grand commun diviseur divisant 45 et 30 exactement, doit aussi diviser 15, reste de leur division ; par conséquent il ne peut être plus grand que 15. Voyons s'il est 15, en divisant 30 par 15. Le quotient est 2, et il ne reste rien. On en conclut que 15 est le plus grand commun diviseur de 120 et 75.

En effet, puisque 15 divise exactement 30, il divise également 45, qui est 30 plus 15. Puisqu'il divise sans reste 45 et 30, il divise aussi 75, qui égale 45 + 30. Puisqu'il divise 75 et 45, il divise de même 120, qui égale 75 + 45. Ainsi il divise exactement les deux nombres proposés ; et, comme nous avons prouvé que le plus grand commun diviseur cherché ne peut être plus grand que 15, 15 est donc ce plus grand commun diviseur.

De ce qui précède on déduit la règle générale suivante :

234. Pour trouver le plus grand commun diviseur de deux nombres, on divise le plus grand par le plus petit. S'il y a un reste, on divise le plus petit nombre par ce reste. Si cette seconde division donne encore un reste, on divise le premier reste par le second ; on continue ainsi à diviser l'avant-dernier reste par le dernier jusqu'à ce que la division se fasse exactement ; le dernier nombre qui aura servi de diviseur sera le plus grand commun diviseur cherché. Si le dernier diviseur est l'unité, cela prouve que les deux nombres proposés n'ont point d'autre diviseur

commun que l'unité, et que par conséquent ils sont premiers entre eux.

Exemple : Réduire à sa plus simple expression la fraction $\frac{72}{135}$.

Opération.

$$
\begin{array}{c|c|c|c}
 & 1 & 1 & 7 \\\hline
135 & 72 & 63 & 9 \\
63 & & & \\\hline
 & 09 & 00 & \\
\end{array}
\qquad
72 \begin{cases} \dfrac{9}{8} \end{cases}
\qquad
135 \atop 45 \; 0 \begin{cases} \dfrac{9}{15} \end{cases}
$$

Le plus grand commun diviseur est ici 9 ; divisant donc les deux termes de la fraction par 9, on a pour la plus simple expression $\frac{8}{15}$.

Quatrième Réduction.

235. Pour réduire deux fractions au même dénominateur, on multiplie les deux termes de la première par le dénominateur de la seconde, et les deux termes de la seconde par le dénominateur de la première.

Prenons les deux fractions $\frac{9}{13}$ et $\frac{7}{9}$: on multiplie 9 et 13, termes de la première fraction par 9, dénominateur de la seconde, et l'on a $\frac{81}{117}$ pour la première fraction. On multiplie de même les deux termes 7 et 9 de la seconde par 13, dénominateur de la première, ce qui donne $\frac{91}{117}$ pour la deuxième fraction.

Ainsi les deux fractions deviennent $\frac{81}{117}$ et $\frac{91}{117}$, d'où l'on voit que la seconde surpasse la première.

La valeur des fractions reste la même, puisqu'on multiplie les deux termes par un même nombre (n° 207); le dénominateur des deux nouvelles fractions doit être le même; car il est le produit des mêmes facteurs multipliés seulement dans un ordre différent (n° 152.)

236. Si l'on a plus de deux fractions, on les réduit au même dénominateur, en multipliant les deux termes de chacune par le produit des dénominateurs de toutes les autres.

Pour réduire, par exemple, au même dénominateur les fractions $\frac{2}{3}$, $\frac{4}{5}$, $\frac{5}{8}$, on multiplie les deux termes 2 et 3 de la première fraction par le produit des dénominateurs 5 et 8 des deux autres. Ce produit est 40. Effectuant la multiplication, on obtient $\frac{80}{120}$ pour fraction équivalente. On multiplie également les deux termes 4 et 5 de la seconde par 24, produit des dénominateurs 3 et 8 des deux autres, et l'on a $\frac{96}{120}$, fraction égale à $\frac{4}{5}$. Enfin, pour la troisième on multiplie les nombres 5 et 8 chacun par 15, produit de 3 et 5, dénominateurs des deux premières fractions, et l'on trouve $\frac{75}{120}$. Les fractions $\frac{2}{3}$, $\frac{4}{5}$, $\frac{5}{8}$ sont par là changées en $\frac{80}{120}$, $\frac{96}{120}$ et $\frac{75}{120}$, moins simples, il est vrai, mais de même valeur et susceptibles d'addition et de soustraction.

237. On peut également employer la marche suivante pour réduire plusieurs fractions au même dénominateur.

Il faut choisir un nombre tel qu'il puisse être divisé sans reste par chaque dénominateur des fractions proposées. Ce sera le dénominateur commun. Diviser ensuite ce nombre par chaque dénominateur particulier, et multiplier les deux termes de chaque fraction par le quotient provenant de la division par son dénominateur.

Soit, par exemple, les fractions $\frac{3}{4}$, $\frac{4}{6}$, $\frac{7}{8}$. Tout d'abord on voit que 24 peut être divisé par 4, par 6 et par 8 : 24 peut donc être dénominateur commun.

Divisant ce nombre par 4, dénominateur de la première fraction, on a 6 pour quotient ; multipliant 3 et 4 par 6, on a $\frac{18}{24}$ pour fraction équivalente à $\frac{3}{4}$; divisant de même 24 par 6, dénominateur de la seconde fraction, et multipliant les deux termes par le quotient, on obtient $\frac{16}{24}$ pour fraction équivalente à $\frac{4}{6}$.

Pour la troisième, il vient $\frac{21}{24}$. Les trois fractions équivalentes à $\frac{3}{4}$, $\frac{4}{6}$, $\frac{7}{8}$ sont donc $\frac{18}{24}$, $\frac{16}{24}$, $\frac{21}{24}$.

238. Si on ne peut de mémoire trouver un nombre qui soit exactement divisible par tous les dénominateurs des fractions proposées, on fait le produit de tous ces dénominateurs, et ce produit est le dénominateur commun. On peut se dispenser de multiplier par les dénominateurs qui sont sous-multiples de quelque autre.

Soit, par exemple, les fractions $\frac{4}{5}$, $\frac{5}{7}$, $\frac{7}{9}$, $\frac{2}{3}$, comme il est difficile à la seule inspection des dénominateurs de déterminer un nombre qui les contienne tous sans reste, on les multiplie les uns par les autres, et le produit est le dénominateur commun. Comme 3, dénominateur de la quatrième fraction est sous-multiple de 9, dénominateur de la troisième, on se dispense de le multiplier. Effectuant l'opération, on a $5 \times 7 \times 9 = 315$. Ainsi le dénominateur commun est 315. En opérant comme dans l'exemple précédent, on trouve que les fractions $\frac{4}{5}$, $\frac{5}{7}$, $\frac{7}{9}$, $\frac{2}{3}$ équivalent à $\frac{252}{315}$, $\frac{225}{315}$, $\frac{245}{315}$, $\frac{206}{315}$.

On voit que la première manière d'opérer donne des résultats plus simples ; on doit donc la préférer toutes les fois qu'on peut à la seule inspection trouver un nombre qui soit multiple des dénominateurs de toutes les fractions porposées.

(*Problèmes 416 et suivants.*)

Addition des fractions.

239. Pour additionner plusieurs fractions, il faut d'abord les réduire au même dénominateur, si elles n'y sont pas; ajouter ensemble tous les numérateurs et donner à cette somme le dénominateur commun. Si la somme est un nombre fractionnaire, on extrait les entiers par la méthode du n° 214.

240. On réduit d'abord les fractions au même dénominateur, parce qu'on ne peut additionner que des parties de même dénomination, et on donne à la somme le dénominateur commun, parce qu'il est évident que la somme est de même espèce que les quantités additionnées.

1er Exemple : Soit à additionner les fractions $\frac{3}{8}, \frac{4}{8}, \frac{2}{8}, \frac{6}{8}$. Comme elles ont le même dénominateur, on additionne de suite les numérateurs : $3+4+2+6=15$, la somme est donc $\frac{15}{8}$; ou en extrayant les entiers, 1 entier $\frac{7}{8}$.

Il est évident que 3 huitièmes + 4 huitièmes + 2 huitièmes + 6 huitièmes doivent donner pour somme 15 huitièmes ou 1 entier 7 huitièmes.

2e Exemple : Soit à faire le total des fractions suivantes : $\frac{3}{5}, \frac{4}{8}, \frac{9}{11}$. Les fractions réduites au même dénominateur deviennent $\frac{264}{440}, \frac{220}{440}, \frac{360}{440}$. La somme des numérateurs $264+220+360=844$; donnant à cette somme le dénominateur commun 440, on obtient pour total des 3 fractions $\frac{844}{440}$ ou $1\frac{404}{440}=1\frac{101}{110}$.

241. S'il y avait des entiers joints aux fractions, on additionnerait d'abord les fractions, et on reporterait aux entiers les unités que cette addition pourrait donner.

On propose d'ajouter ensemble les nombres $4\frac{2}{12}$, $6\frac{4}{9}$, $7\frac{4}{6}$. Après avoir réduit les trois fractions au même dénominateur, on additionne les numérateurs $6+12+24=42$, on donne à ce nombre le dénominateur 36 et l'on a $\frac{42}{36}$ ou 1 entier $\frac{6}{36}=1\frac{1}{6}$; on écrit la fraction $\frac{1}{6}$ sous les fractions, et l'on porte l'unité à la colonne des unités; on achève l'opération qui donne pour résultat $18\frac{1}{6}$.

Opération.

$$4 \quad \frac{2}{12} = \frac{6}{36}$$
$$6 \quad \frac{3}{9} = \frac{12}{36}$$
$$7 \quad \frac{4}{36} = \frac{24}{36}$$

18 entiers $\frac{1}{6}$

242. La preuve de cette règle peut se faire ainsi : On forme de nouvelles fractions auxquelles on donne les mêmes dénominateurs que ceux de la question, et pour numérateurs ce qui manque aux numérateurs de la règle pour qu'ils égalent les dénominateurs. On additionne ensuite ces fractions et l'on joint le total à celui de la règle ; si la somme contient autant d'entiers qu'il y a de fractions dans la règle, l'opération est bonne.

Ainsi, pour faire la preuve dans le 2e exemple, on prendrait les fractions $\frac{2}{5}$, $\frac{4}{8}$, $\frac{2}{11}$. Ces fractions, réduites au même dénominateur, donnent $\frac{176}{440}$, $\frac{220}{440}$, $\frac{80}{440}$, dont la somme est $\frac{476}{440}$, laquelle étant jointe à $\frac{844}{440}$, donne $\frac{1320}{440}$ ou 3 entiers.

Soustraction des fractions.

243. Si les fractions ne sont pas réduites au même dénominateur, il faut les y réduire ; ensuite on re-

tranche le petit numérateur du plus grand, et l'on donne au reste le dénominateur commun.

On ne peut pas faire la soustraction lorsque les fractions n'ont pas le même dénominateur, parce qu'on ne peut soustraire l'un de l'autre que des nombres de même espèce. Voilà pourquoi il faut les réduire au même dénominateur lorsqu'elles n'y sont pas. On donne au reste le dénominateur commun, parce qu'il est évident que le reste doit avoir le même dénominateur que les quantités sur lesquelles on a opéré.

1er Exemple : Soustraire $\frac{3}{9}$ de $\frac{7}{9}$.

Les fractions ayant le même dénominateur, on ôte de suite le numérateur 3 du numérateur 7 et l'on a pour la différence $\frac{4}{9}$.

Il est clair, en effet que, si de $\frac{7}{9}$ on retranche $\frac{3}{9}$, il ne doit rester que $\frac{4}{9}$.

2e Exemple : $\frac{3}{4}$ à ôter de $\frac{9}{11}$.

Les fractions réduites au même dénominateur donnent $\frac{33}{44}$, $\frac{36}{44}$; effectuant la soustraction, il vient pour reste $\frac{3}{44}$.

244. Lorsqu'il y a des entiers joints aux fractions, on soustrait d'abord la fraction qui accompagne le plus petit nombre entier de celle qui est jointe au plus grand, ensuite on soustrait les entiers. Si la fraction inférieure est plus grande que la fraction supérieure, on augmente celle-ci d'une unité que l'on réduit en fraction de même espèce; mais on a soin, pour ne pas changer la différence, d'ajouter une unité au nombre entier inférieur.

Exemple : De 25$\frac{2}{3}$ ôtez 19$\frac{4}{5}$.

Opération.

$$25\tfrac{2}{5}$$
$$19\tfrac{4}{5}$$
$$\overline{5\tfrac{3}{5}}$$

Ne pouvant ôter $\tfrac{4}{5}$ de $\tfrac{2}{5}$, on augmente la fraction $\tfrac{2}{5}$ d'une unité ou de $\tfrac{5}{5}$, ce qui donne $\tfrac{7}{5}$; retranchant alors $\tfrac{4}{5}$, on obtient pour différence $\tfrac{3}{5}$.

Afin que le résultat ne change pas, on ajoute une unité au nombre entier inférieur 19, et l'on a pour différence totale 5 entiers $\tfrac{3}{5}$.

Multiplication des fractions.

245. D'après la définition de la multiplication, il suit que multiplier un nombre quelconque par une fraction, c'est prendre de ce nombre la partie indiquée par la fraction. Ainsi, multiplier 4 par $\tfrac{2}{5}$ c'est prendre les $\tfrac{2}{5}$ du nombre 4, et faire le produit de $\tfrac{2}{3}$ par $\tfrac{2}{7}$ revient à prendre les $\tfrac{2}{7}$ de $\tfrac{2}{3}$.

246. Pour multiplier une fraction par une fraction, il faut multiplier les deux numérateurs l'un par l'autre, multiplier de même les deux dénominateurs entre eux et donner le second produit pour dénominateur au premier.

Soit à multiplier $\tfrac{3}{4}$ par $\tfrac{2}{3}$.

Le produit des deux numérateurs est 6.

Le produit des deux dénominateurs est 12.

Le produit des deux fractions est par conséquent $\tfrac{6}{12}$ ou $\tfrac{1}{2}$. En effet, multiplier $\tfrac{3}{4}$ par $\tfrac{2}{3}$ c'est prendre les $\tfrac{2}{3}$ de $\tfrac{3}{4}$; or, pour prendre le $\tfrac{1}{3}$ de $\tfrac{3}{4}$, il suffit de multiplier le dénominateur 4 par 3, ce qui donne $\tfrac{3}{12}$ ou une fraction 3 fois plus petite; pour en avoir les $\tfrac{2}{3}$, il faut donc rendre la fraction $\frac{3}{12}$ 2 fois plus forte, ce qui revient à multiplier le numérateur 3 par 2, et on a pour produit $\frac{6}{12}$ ou $\frac{1}{2}$, par où l'on voit que l'opération revient à multiplier les numérateurs entre eux et les dénominateurs aussi entre eux.

247. Si l'on a un nombre entier à multiplier par une fraction, ou une fraction par un nombre entier, il faut mettre le nombre entier sous la forme de fraction en lui donnant l'unité pour dénominateur, puis opérer comme ci-dessus.

1er Exemple : Soit à multiplier 4 par $\frac{3}{4}$.

Opération.

$$\frac{4}{1} \times \frac{3}{4} = \frac{4 \times 3}{1 \times 4} = \frac{12}{4} = 3 \text{ entiers.}$$

2e Exemple : Soit à multiplier $\frac{4}{5}$ par 7.

Opération.

$$\frac{4}{5} \times \frac{7}{1} = \frac{4 \times 7}{5 \times 1} = \frac{28}{5} = 5\frac{3}{5}.$$

Il suit de là que, pour multiplier un entier par une fraction, ou une fraction par un entier, il suffit de multiplier le numérateur de la fraction par l'entier sans changer le dénominateur.

248. S'il y a des entiers joints aux fractions, il faut d'abord réduire chaque nombre entier et la fraction qui l'accompagne en une seule expression fractionnaire, ensuite opérer comme dans le cas précédent.

Soit à multiplier $4\frac{3}{5}$ par $7\frac{6}{8}$.

$4\frac{3}{5}$ réduits en une seule fraction donnent $\frac{23}{5}$; $7\frac{6}{8}$ réduits de même en un seul nombre fractionnaire, égalent $\frac{62}{8}$; multipliant $\frac{23}{5}$ par $\frac{62}{8}$, on obtient pour produit $\frac{1426}{40}$ ou, en symplifiant, $35\frac{13}{20}$.

Fractions de fractions.

249. On appelle fractions de fractions une suite de fractions dépendantes les unes des autres et liées entre elles par les mots *de, du, des*.

Par exemple les $\frac{3}{4}$ du $\frac{1}{3}$ de 6. Autrement c'est une ou plusieurs parties d'une fraction divisées en parties égales.

250. Pour évaluer des fractions de fractions, il faut multiplier tous les numérateurs les uns par les autres, et donner, pour dénominateur au produit, le produit de tous les dénominateurs particuliers.

On demande les $\frac{2}{5}$ des $\frac{3}{4}$ de $\frac{5}{7}$.

Pour résoudre ce problème on opère comme il suit :

$$\frac{2\times3\times5}{5\times4\times7} = \frac{30}{140}.$$

En effet, on prend les $\frac{3}{4}$ de $\frac{5}{7}$ en multipliant $\frac{5}{7}$ par $\frac{3}{4}$; le produit est $\frac{5}{7}\times\frac{3}{4}$ dont il faut prendre encore les $\frac{2}{5}$, ce qui revient à multiplier par $\frac{2}{5}$; l'on obtient ainsi pour résultat $\frac{2}{5}\times\frac{3}{4}\times\frac{5}{7} = \frac{30}{140}$. Donc, pour évaluer des fractions de fractions, il suffit de multiplier les numérateurs les uns par les autres et les dénominateurs aussi les uns par les autres.

Division des fractions.

251. Pour diviser une fraction par une fraction, il faut multiplier la fraction dividende par la fraction diviseur renversée.

Soit, par exemple, à diviser $\frac{4}{9}$ par $\frac{3}{5}$.

Renversant les termes de la fraction diviseur $\frac{3}{5}$ on a $\frac{5}{3}$, multipliant $\frac{4}{9}$ par cette fraction renversée $\frac{5}{3}$, on obtient $\frac{4}{9}\times\frac{5}{3} = \frac{20}{27}$; cette dernière fraction est le quotient cherché.

En effet, supposons qu'on eût à diviser $\frac{4}{9}$ par 3 entiers; d'après la définition de la division, le quotient devrait être trois fois moins grand que $\frac{4}{9}$, il suffirait donc pour le connaître de multiplier le dénominateur de la fraction par 3 (n° 206), et l'on aurait $\frac{4}{9\times3}$, tel serait le quotient si l'on divisait $\frac{4}{9}$ par 3 entiers; mais c'est par $\frac{3}{5}$ qu'on divise, c'est-à-dire par un nombre 5 fois plus petit que trois entiers : en divisant par 3 entiers, on divise par un nombre 5 fois trop grand, et le quotient qu'on obtient de la sorte est 5 fois trop petit; pour avoir le quotient véritable, il faut multiplier ce premier résultat $\frac{4}{9\times3}$ par 5, et l'on a $\frac{4\times5}{9\times3} = \frac{20}{27}$ pour quotient exact. Par où l'on voit que l'opération revient à multiplier la fraction dividende par la fraction diviseur renversée.

252. Si l'on a un nombre entier à diviser par une fraction, ou une fraction à diviser par un nombre entier, il faut mettre le nombre entier sous la forme de fraction, en lui donnant l'unité pour dénominateur, puis opérer comme ci-dessus.

Soit à diviser 5 par $\frac{3}{4}$.

L'opération se réduit à diviser $\frac{5}{1}$ par $\frac{3}{4}$, ce qui donne, en suivant la marche marquée plus haut, $\frac{5\times4}{1\times3} = \frac{20}{3} = 6\frac{2}{3}$.

253. S'il y a des entiers joints aux fractions, il faut d'abord réduire chaque nombre entier et la fraction qui l'accompagne en une seule expression fractionnaire, puis ensuite opérer comme dans le cas de deux fractions.

Soit $3\frac{2}{5}$ à diviser par $6\frac{3}{4}$.

3 entiers 2 cinquièmes réduits en cinquièmes égalent $\frac{17}{5}$ et $6\frac{3}{4}$ réduits en quarts égalent $\frac{27}{4}$. Multipliant $\frac{17}{5}$ par la fraction $\frac{27}{4}$ renversée, c'est-à-dire par $\frac{4}{27}$, on obtient pour quotient $\frac{68}{135}$.

Réduction des décimales en fractions ordinaires, et réciproquement.

254. Pour réduire une fraction décimale en fraction ordinaire, il faut supprimer la virgule et le zéro qui la précède, puis donner pour dénominateur aux décimales l'unité suivie d'autant de zéros qu'il y a de chiffres décimaux.

Ainsi, on trouve que 0,25 réduits en fraction ordinaire égalent $\frac{25}{100}$, et 0,034 égalent $\frac{34}{1000}$.

255. Pour réduire une fraction ordinaire en fraction décimale, il faut diviser le numérateur par le dénominateur, en suivant la marche marquée (n° 187) pour une division dans laquelle le dividende est plus petit que le diviseur.

Soit la fraction $\frac{2}{8}$ à réduire en décimales.

Opération.

$$\left.\begin{array}{r}20\\40\\0\end{array}\right|\begin{array}{l}8\\\hline 0{,}25\end{array}$$

2 ne pouvant contenir 8, on écrit 0 au quotient puis une virgule à sa droite; on met ensuite un zéro à droite du 2, ce qui donne 20, et l'on cherche combien ce nouveau dividende contient de fois 8, l'on trouve 2, que l'on écrit au rang des dixièmes. A droite du reste 4 on place un 0, ensuite on divise de nouveau, on trouve 5, que l'on met au rang des centièmes; la soustraction donnant 0 pour reste, l'opération est terminée. La fraction décimale 0,25 est donc équivalente à $\frac{2}{8}$.

Il arrive souvent qu'une fraction ordinaire ne peut pas être exprimée exactement en fraction décimale, on se contente alors d'une approximation. (Voir le n° 187, dont celui-ci n'est qu'une répétition.)

QUESTIONNAIRE.

Qu'appelle-t-on réductions de fractions? 211. — Quelles sont les principales réductions de fractions? 211. — Comment réduit-on les entiers en fractions? 212. — Que faut-il faire pour réduire des entiers accompagnés de fractions en une seule fraction? 213. — Que faut-il faire pour réduire des fractions en entiers lorsqu'elles en contiennent? 214. — Que fait-on pour réduire une fraction à sa plus simple expression? 218, 219. — Que faut-il faire pour trouver le plus grand commun diviseur des deux termes d'une fraction? 234. — Que faut-il faire pour réduire des fractions au même dénominateur? 235. — S'il y a plusieurs fractions que faut-il faire? 236. — Comment fait-on l'addition des fractions? 239. — Comment fait-on la preuve de l'addition des fractions? 242. — Comment fait-on la soustraction des fractions? 243. — Que faut-il faire lorsqu'il y a des entiers joints aux fractions? 244. — Que faut-il faire pour multiplier une fraction par une fraction? 246. — Que faut-il faire pour multiplier un nombre entier par une fraction, ou une fraction par un nombre entier? 247. — Qu'appelle-t-on fractions de fractions? 249. — Que faut-il faire pour diviser une fraction par une fraction? 251. — Que faut-il faire si on a un nombre entier à diviser par une fraction, ou une fraction à diviser par un nombre entier? 252. — Que faut-il faire pour réduire une fraction décimale en fraction ordinaire? 254. — Que faut-il faire pour réduire une fraction ordinaire en fraction décimale? 255.

(Problèmes 416 et suivants.)

DEUXIÈME PARTIE.

Rapports et Proportions, Règles qui en dépendent, etc.

RAPPORTS.

1. On appelle rapport le résultat de la comparaison de deux nombres ; ce rapport se nomme aussi raison.

2. Il y a deux sortes de rapports : 1° le rapport par différence ou par soustraction, qu'on nomme aussi rapport arithmétique ; 2° le rapport par quotient ou par division, appelé aussi rapport géométrique.

3. Le rapport par soustraction est la différence de deux nombres ; par exemple, le rapport de 7 à 13 est 6, parce que la différence de 7 à 13 est 6.

4. Le rapport par division est le quotient du premier nombre divisé par le second. Ainsi, le rapport de 24 à 6 est 4, parce que 24 divisé par 6 donne pour quotient 4. $\frac{1}{3}$ est le rapport de 5 à 15, parce qu'en divisant 5 par 15 on a $\frac{1}{3}$ pour quotient.

5. On écrit un rapport en mettant le second nombre à droite du premier, et les séparant par un point, s'il s'agit d'un rapport par différence : 9.12 ; et par

deux points, s'il s'agit d'un rapport par quotient :
6 : 18. Ces points se prononcent *est à*.

6. Les deux nombres dont on prend le rapport se nomment termes du rapport ; le premier s'appelle antécédent et le second conséquent.

7. Le rapport par quotient peut s'exprimer par une fraction qui aurait pour numérateur l'antécédent, et pour dénominateur le conséquent.

Par exemple : le rapport 15 : 5 vaut $\frac{15}{5}$ ou 3, et le rapport de 30 : 4 vaut $\frac{30}{4}$ ou $7\frac{1}{2}$.

8. Pour trouver le rapport par quotient qui existe entre deux nombres, il suffit de diviser le premier par le second.

9. On peut augmenter ou diminuer d'un même nombre les deux termes d'un rapport par différence, sans changer ce rapport. En effet, le rapport par soustraction de deux nombres est égal à la différence de ces deux nombres ; or, nous avons vu (1re partie, n° 131), qu'en augmentant ou en diminuant deux nombres d'une même quantité on ne change pas leur différence.

10. On peut multiplier ou diviser par un même nombre les deux termes d'un rapport par quotient sans changer ce rapport.

En effet, le rapport par division de deux nombres est le quotient du premier divisé par le second ; on a vu (n° 182, 1re partie), qu'on ne change pas le quotient d'une division en multipliant ou divisant le dividende et le diviseur par un même nombre.

PROPORTIONS.

11. Une proportion est la réunion de deux rap-

ports égaux. Si les rapports sont par soustraction, la proportion s'appelle équidifférence, ou proportion arithmétique. Si les rapports sont par division, elle prend le nom de proportion par quotient, ou proportion géométrique.

Nous ne parlerons ici que des proportions par quotient.

12. Quatre nombres sont en proportion lorsque le premier divisé par le second donne le même quotient que le troisième divisé par le quatrième. Ainsi 24, 8, 18, 6, forment une proportion, parce que 24 divisé par 8 donne le même quotient ou rapport que 18 divisé par 6.

13. Pour écrire une proportion, on place les deux rapports sur une même ligne, en les séparant par 4 points qui s'énoncent comme, et on sépare les termes de chaque rapport par deux points qu'on énonce est à. Ainsi, pour écrire la proportion formée par les quatre nombres 24, 8, 18, 6, on écrit 24 : 8 :: 18 : 6, et l'on prononce 24 est à 8 comme 18 est à 6.

Les quatre nombres qui forment la proportion s'appellent termes de la proportion.

14. Dans une proportion il y a deux antécédents et deux conséquents ; cela est évident, puisqu'il y a deux rapports. Les antécédents sont le premier et le troisième terme ; les conséquents sont le deuxième et le quatrième. Le premier et le quatrième se nomment aussi extrêmes, et le deuxième et le troisième moyens ; ainsi, dans la proportion ci-dessus, 24 et 18 sont les antécédents et 8 et 6 les conséquents ; 24 et 6 sont les extrêmes et 8 et 18 les moyens.

15. Lorsque les moyens sont égaux, comme dans la proportion 9 : 18 :: 18 : 36 la proportion est dite continue.

Pour abréger on écrit ordinairement une proportion continue, en mettant les trois nombres qui la composent sur une même ligne et les séparant par deux points : on met auparavant une barre avec deux points au-dessus et deux au-dessous ; cette barre et ces points signifient que le terme moyen doit s'énoncer deux fois, en le faisant précéder à la seconde du mot *comme* ; ainsi, la proportion ci-dessus 9 : 18 :: 18 : 36 s'écrit $\div$ 9 : 18 : 36 et on l'énonce 9 est à 18 comme 18 est à 36.

Principales Propriétés des proportions par quotient.

16. 1° Dans toute proportion par quotient le produit des extrêmes égale le produit des moyens.

Ainsi, dans la proportion 24 : 8 :: 18 : 6. $24 \times 6 = 144$, de même aussi $18 \times 8 = 144$.

En effet, exprimant chaque rapport par une fraction, l'on aura $\frac{24}{8}, \frac{18}{6}$; si l'on réduit maintenant ces fractions au même dénominateur sans effectuer les calculs, on obtiendra les 2 fractions équivalentes.

$$\frac{24 \times 6}{6 \times 8} = \frac{18 \times 8}{6 \times 8}$$

Ces fractions sont égales, puisqu'il y a proportion ; or, puisque leurs dénominateurs sont égaux, il faut nécessairement que leurs numérateurs soient aussi égaux, autrement les fractions n'auraient pas la même valeur ; donc $24 \times 6 = 18 \times 8$.

Mais 24×6 est le produit des extrêmes, et 18×8 est le produit des moyens.

Par conséquent, dans une proportion par quotient, le produit des extrêmes égale le produit des moyens.

Réciproquement lorsque 4 nombres sont tels que le produit des extrêmes égale le produit des moyens, ils forment une proportion.

Autre Démonstration.

En effet, ceci serait évident si au lieu d'une proportion telle que 24 : 8 :: 18 : 6, on en avait une dont les antécédents fussent égaux aux conséquents.

Par exemple : si l'on avait 24 : 24 :: 18 : 18; mais, pour ramener la première proportion à cet état, il suffit de multiplier chaque conséquent par le rapport 3; or, pour la multiplication, l'un des extrêmes et l'un des moyens sont multipliés par le même nombre; il en est de même du produit des extrêmes et du produit des moyens; et, puisque alors ces produits sont égaux, ils l'étaient donc avant la multiplication. D'où l'on conclut que quatre nombres écrits sur une même ligne forment une proportion, lorsque le produit des extrêmes est égal au produit des moyens.

Il résulte de là que, pour s'assurer si une proportion est exacte, il suffit de voir si le produit des extrêmes est égal au produit des moyens.

17. Cette propriété fournit le moyen de trouver un des termes d'une proportion, lorsque les 3 autres sont connus.

Soit, par exemple, la proportion $6 : 24 :: 9 : x$ (1) dans laquelle le 4ᵉ terme est inconnu.

Puisque le produit des extrêmes est égal au produit des moyens, on a $6 \times x = 24 \times 9$ ou 216; 216 est donc le produit des deux facteurs 6 et x dont l'un est connu et l'autre inconnu. Pour trouver le facteur inconnu, il suffit de diviser le produit 216 par

---

(1) Le terme inconnu d'une proportion se représente ordinairement par x.

le facteur connu, ce qui donne 36. En effet, $6 \times 36 = 24 \times 9$.

18. Si, comme dans l'exemple suivant, $9 : 12 :: x : 44$, le terme inconnu était l'un des moyens, l'on aurait également $12 \times x = 9 \times 44$ ou 396; et 396 produit des deux facteurs 12 et x divisé par 12, facteur connu, donnerait 33 pour le terme cherché. En effet, $12 \times 33 = 9 \times 44$, de là la règle suivante :

19. Pour trouver le terme inconnu d'une proportion, il faut, si le terme inconnu est un extrême, faire le produit des moyens et le diviser par l'extrême connu. Si au contraire le terme inconnu est un moyen, on fait le produit des extrêmes, et on le divise par le moyen connu.

20. On peut disposer les quatre termes d'une proportion de huit manières différentes sans que pour cela ils cessent d'être en proportion.

Ainsi on peut dans la proportion... $9 : 3 :: 15 : 5$

1° Changer les moyens de place... $9 : 15 :: 3 : 5$

2° Changer les extrêmes de place.. $5 : 3 :: 15 : 9$

3° Changer de place les extrêmes et les moyens.... $5 : 15 :: 3 : 9$

4° Mettre chaque antécédent à la place de son conséquent... $3 : 9 :: 5 : 15$

5° Mettre les deux conséquents dans le premier rapport et les deux antécédents dans le deuxième... $3 : 5 :: 9 : 15$

6° Changer les rapports de place. $15 : 5 :: 9 : 3$

7° Mettre les deux antécédents dans le premier rapport, et les deux conséquents dans le second, mais en renversant l'ordre; c'est-à-dire plaçant le deuxième antécédent au premier terme, et le premier antécédent au deuxième, etc... $15 : 9 :: 5 : 3$

Toutes ces proportions sont exactes, car le produit des extrêmes égale constamment celui des moyens. En effet, on a partout $9 \times 5 = 15 \times 3$. On doit remarquer que, dans ces diverses transformations, le rapport est différent quoiqu'il y ait toujours proportion.

21. On peut multiplier ou diviser les deux premiers termes ou les deux derniers par un même nombre, sans que la proportion cesse d'exister.

En effet, chaque rapport peut être représenté par une fraction (n° 7), et l'on sait qu'en multipliant ou divisant les deux termes d'une fraction par le même nombre, on n'en altère pas la valeur.

22. On peut également multiplier ou diviser les deux antécédents ou les deux conséquents par un même nombre sans altérer la proportion. En effet, par là on multiplie l'un des extrêmes et l'un des moyens par le même nombre; donc le produit des extrêmes reste toujours égal à celui des moyens; donc il y a toujours proportion.

23. Dans toute proportion la somme ou la différence des deux premiers termes est au second, comme la somme ou la différence des deux derniers est au quatrième.

Soit, par exemple, la proportion $9 : 3 :: 12 : 4$. Il s'agit de prouver que $9 + 3 : 3 :: 12 + 4 : 4$.

Écrivons les deux proportions sous la forme de fractions, nous aurons pour la première $\frac{9}{3} = \frac{12}{4}$, et pour la seconde $\frac{9+3}{3} = \frac{12+4}{4}$. On voit que la seconde proportion n'est autre chose que la première, dans laquelle chaque numérateur est augmenté de son dénominateur; c'est-à-dire que les deux rapports se trouvent augmentés chacun d'une unité, et, comme ils étaient égaux dans la première proportion, ils le sont encore dans la seconde. Si au lieu de faire la somme on faisait la différence, la démonstration serait la même. Dans ce cas les rapports seraient diminués chacun d'une unité.

24. La somme ou la différence des antécédents est à la somme ou à la différence des conséquents, comme un antécédent est à son conséquent.

Soit la proportion ci-dessus 9 : 3 :: 12 : 4.

Nous disons que $9 + 12 : 3 + 4 :: 9 : 3$ ou :: 12 : 4.

En effet, dans la proportion proposée, si nous changeons les moyens de place, il viendra 9 : 12 :: 3 : 4.

Appliquons maintenant à cette proportion la transformation du n° précédent, nous aurons $9 + 12 : 12 :: 3 + 4 : 4$.

Changeons de nouveau les moyens de place, nous aurons enfin, $9 + 12 : 3 + 4 :: 12 : 4$ ou :: 9 : 3.

Si on prenait la différence au lieu de la somme il en serait de même.

25. Quand on multiplie par ordre plusieurs proportions, c'est-à-dire les premiers termes entre eux, les seconds termes entre eux ainsi de suite, les 4 produits qui en résultent forment encore une proportion.

Soit, par exemple, les proportions $\begin{cases} 9 : 3 :: 12 : 4 \\ 8 : 4 :: 18 : 9 \end{cases}$

En les multipliant par ordre, on obtient la proportion $9 \times 8 : 3 \times 4 :: 12 \times 18 : 4 \times 9$.

En mettant les deux proportions sous la forme de fractions on a $\begin{cases} \frac{9}{3} = \frac{12}{4} \\ \frac{8}{4} = \frac{18}{9} \end{cases}$

Or, les fractions $\frac{9}{3}$ et $\frac{8}{4}$ étant respectivement égales aux fractions $\frac{12}{4}$ et $\frac{18}{9}$, il est évident que le produit de $\frac{9}{3}$ par $\frac{8}{4}$ doit égaler celui de $\frac{12}{4}$ par $\frac{18}{9}$, c'est-à-dire que $\frac{9 \times 8}{3 \times 4} = \frac{12 \times 18}{4 \times 9}$, ce qui revient comme on le voit à la proportion $9 \times 8 : 3 \times 4 :: 12 \times 18 : 4 \times 9$.

S'il y avait plus de deux proportions le raisonnement serait le même.

QUESTIONNAIRE.

Qu'est-ce qu'un rapport? 1. — Combien y a-t-il de sortes de rapports? 2. — Qu'est-ce que le rapport par soustraction? 3. — Qu'est-ce que le rapport par quotient? 4. — Comment écrit-on un rapport? 5. — Comment se nomment les deux nombres dont on prend le rapport? 6. — Comment peut s'exprimer le rapport par quotient? 7. — Que faut-il faire pour trouver le rapport par quotient qui existe entre deux nombres? 8. — Peut-on augmenter ou diminuer d'un même nombre les deux termes d'un rapport par différence sans en changer la valeur? 9. — Qu'est-ce qu'une proportion? 11. — Comment écrit-on une proportion? 13. — Combien y a-t-il d'antécédents et de conséquents dans une proportion? 14. — Quand est-ce que la proportion est dite continue? 15. — Quelle est la principale propriété des proportions? 16. — Que fait-on pour trouver le terme inconnu d'une proportion? 17. — De combien de manières peut-on disposer les termes d'une proportion? 20. — Peut-on multiplier ou diviser les termes d'une proportion par un même nombre sans en changer la valeur? 21.

(*Problèmes 518 et suivants.*)

RÈGLE DE TROIS.

26. La règle de trois est une opération par laquelle on détermine le terme inconnu d'une proportion dont on connaît trois termes.

Le moyen d'obtenir ce terme inconnu a été exposé (n° 17 et 18.)

Exemple : Lorsque 4 mètres de drap coûtent 76 francs, combien paiera-t-on pour 13 mètres du même drap?

Solution. Puisque 4 mètres coûtent 76 francs, il est clair que 2, 3, 4 fois plus de mètres coûteront 2, 3, 4 fois plus; ainsi il y a proportion entre les deux nombres de mètres, et le prix de ces nombres.

En désignant par x le prix inconnu des 13 mètres, on aura cette proportion $4 : 13 :: 76 : x$, d'où $x = \frac{13 \times 76}{4} = 247$.

En effet, le terme inconnu étant un extrême, il faut pour le trouver (n° 17) faire le produit des moyens et le diviser par l'extrême connu. Le quotient 247 francs est le prix demandé.

27. On distingue deux sortes de règles de trois : la règle de trois simple, et la règle de trois composée.

Règle de trois simple.

28. La règle de trois simple est celle dans laquelle chaque terme n'est formé que d'un seul nombre.

Une règle de trois simple renferme toujours 4 nombres, dont deux sont d'une même espèce et les deux autres d'une espèce différente; ainsi, dans la question ci-dessus 4 et 13 représentent des mètres, et 76 et l'inconnu x expriment des francs.

29. Toute la difficulté des règles de trois consiste à poser convenablement les termes de la proportion. Voici une règle au moyen de laquelle on y parviendra facilement et d'une manière infaillible : Formez le premier rapport avec les deux nombres de même espèce qui sont connus; écrivez ensuite le second rap-

port avec les deux autres nombres d'une manière conforme au premier, c'est-à-dire que si dans le premier rapport le plus petit terme est le premier, on doit mettre aussi dans le second rapport le plus petit terme le premier; si au contraire le plus grand terme est avant le plus petit dans le premier rapport, il faut également dans le second placer le plus grand nombre avant le plus petit. Pour cela il faut examiner si le terme inconnu doit être plus grand ou plus petit que le terme connu de la même espèce, ce que la nature de la question fait connaître tout d'abord.

Exemple : En 27 jours 7 ouvriers ont fait un certain ouvrage, combien 21 ouvriers auraient-ils employé de jours pour faire le même travail?

On écrit d'abord les deux nombres d'ouvriers comme on le voit ci-dessous, ensuite, pour savoir si l'inconnu est plus grand ou plus petit que le nombre connu de même espèce 27, on dit : S'il faut 27 jours à 7 ouvriers, il est évident que 21 ouvriers en emploieront moins; car plus il y a d'hommes pour faire un ouvrage moins il faut de temps, par où l'on voit que le terme inconnu est plus petit que 27; l'on écrira donc conformément à la règle ci-dessus.

$$7 : 21 :: x : 27$$

$$\text{D'où } x = \frac{7 \times 27}{21} = 9.$$

Remarque. Deux quantités sont en rapport direct ou en raison directe, lorsque la première augmentant ou diminuant, la seconde augmente ou diminue proportionnellement; au contraire, deux quantités sont en rapport ou en raison inverse lorsque la première augmentant, la seconde devient plus petite.

La valeur d'une fraction, par exemple, est en raison directe de son numérateur et en raison inverse de son dénominateur ; car plus le numérateur d'une fraction devient grand, le dénominateur restant le même, plus la valeur de la fraction augmente ; au contraire, plus le dénominateur d'une fraction augmente, le numérateur restant le même, plus la fraction devient petite.

D'après cela, il est facile de voir que dans le premier exemple les 4 nombres qui forment la proportion sont en raison directe, parce que plus il y a de mètres de drap, plus il faudra payer pour ce nombre de mètres. Dans le second, au contraire, les nombres sont en raison inverse, parce que plus il y a d'hommes pour faire l'ouvrage, moins il leur faudra de jours.

Les règles de la première sorte sont appelées règles de trois directes, simples. Celle de la seconde sont appelées règles de trois inverses, simples. C'est pour nous conformer à l'usage que nous faisons cette distinction ; elle n'est nullement nécessaire pour bien poser une proportion ; la règle que nous avons établie suffit dans tous les cas, et conduit infailliblement au but.

Manière de résoudre les problèmes sur les règles de trois sans employer les proportions.

30. Ce procédé, appelé ordinairement méthode de l'unité, consiste à ramener certaines conditions de la question à l'unité. Nous allons le développer par deux exemples.

1er Exemple : 4 hommes on fait 15 mètres d'ouvrage ; combien 6 hommes en feront-ils dans le même temps?

Solution. Puisque 4 hommes font 15 mètres, un

seul homme en fera 4 fois moins, c'est-à-dire le $\frac{1}{4}$ de 15 ou $\frac{15}{4}$; or, si un homme fait $\frac{15}{4}$, 6 hommes en feront 6 fois autant, c'est-à-dire $\frac{15 \times 6}{4} = 22^m,50$.

2e Exemple : 6 ouvriers ont fait un ouvrage en 18 jours; combien 9 ouvriers auraient-ils employé de jours à faire le même ouvrage?

Solution. Si 6 ouvriers emploient 18 jours, un seul ouvrier emploierait 6 fois plus de temps ou $18 \times 6 = 108$ jours; or, s'il faut 108 jours à un seul ouvrier, il faudra 9 fois moins de temps à 9 ouvriers, c'est-à-dire $\frac{18 \times 6}{9} = \frac{108}{9} = 12$ jours.

Cette seconde méthode a l'avantage d'habituer les élèves à un raisonnement sévère, propre à développer à la fois leur intelligence et leur sagacité. C'est pourquoi nous engageons à ne pas la négliger.

(*Problèmes 527 et suivants.*)

Règle de trois composée.

31. La règle de trois composée est celle dans laquelle plusieurs nombres concourent à former un seul antécédent, ou un seul conséquent.

Autrement, celle dont l'énoncé renferme plus de 4 nombres ou plus de deux rapports.

Exemple : 3 ouvriers on fait 90 mètres d'ouvrage en 15 jours ; combien 9 ouvriers feront-ils de mètres du même ouvrage en 8 jours?

1re Méthode. Après avoir écrit les uns sous les autres les nombres de même espèce comme ci-après :

$$3^{ouv.} \quad 90^{mèt.} \quad 15^{jours.}$$
$$9 \quad\quad x \quad\quad 8$$

On suppose pour un instant que le nombre de jours est le même dans les deux cas. La question se trouve

par là ramenée à celle-ci : 3 ouvriers ont fait 90 mètres d'ouvrage ; combien 9 ouvriers en feront-ils dans
le même temps? Les ouvriers étant plus nombreux,
ils feront plus d'ouvrage. On aura donc cette proportion $3 : 9 :: 90 : x$.

$$\text{D'où } x = \frac{9 \times 90}{3}$$

Cette expression fractionnaire exprime ce que feraient les 9 ouvriers s'ils travaillaient 15 jours, comme
les premiers ; or, dans un jour ils feraient 15 fois
moins d'ouvrage, cela est évident ; on aura donc leur
travail d'un jour en rendant ce nombre fractionnaire
15 fois plus petit, ce qui revient à multiplier le dénominateur par 15.

Il viendra $\frac{9 \times 90}{3 \times 15}$ pour le travail d'un jour ; mais puisqu'ils ont travaillé pendant 8 jours, il faudra multi-
plier ce dernier nombre fractionnaire par 8, et l'on
aura la réponse dans l'expression suivante : $\frac{9 \times 90 \times 8}{3 \times 1} =$
$\frac{6480}{45} = 144$ mètres.

2ᵉ Méthode. On peut aussi remarquer que 3 ouvriers en 15 jours font 45 journées de travail, et que
9 ouvriers pendant 8 jours font 72 journées. La règle
se réduit donc à celle-ci : En 45 journées on a fait
90 mètres d'ouvrage ; combien en fera-t-on en 72
journées?

Il vient la proportion $45 : 72 :: 90 : x$.

D'où $x = \frac{72 \times 90}{45} = \frac{6480}{45} = 144$ mètres, résultat déjà
trouvé.

3ᵉ Méthode. La méthode de l'unité peut également être employée. Puisque 3 ouvriers font 90 mètres d'ouvrage, 1 ouvrier seul en fera 3 fois moins,
c'est-à-dire $\frac{90}{3}$, mais, si le travail d'un ouvrier est $\frac{90}{3}$,

celui de 9 sera 9 fois plus considérable; c'est-à-dire $\frac{90\times9}{3}$.

Cette dernière fraction serait la réponse, si les ouvriers travaillaient 15 jours dans le second cas comme dans le premier ; mais ils ne travaillent que 8 jours, par conséquent ils feront moins d'ouvrage. Voici comment on raisonne :

Si dans 15 jours ils font $\frac{90\times9}{3}$ mètres, dans un jour ils feront la 15me partie de ce travail, c'est-à-dire $\frac{90\times9}{3\times15}$. Le dernier nombre fractionnaire étant le travail d'un jour, on aura celui de 8 jours en le multipliant par 8, ce qui donne $\frac{90\times9\times8}{3\times15}$. Effectuant les opérations indiquées, on obtiendra 144 mètres, résultat pareil à ceux déjà obtenus.

Autre exemple : 6 ouvriers en 3 jours travaillant 10 heures par jour ont fait 270 mètres d'ouvrage ; combien faudra-t-il de jours à 5 ouvriers qui travaillent 9 heures par jour pour faire 540 mètres du même ouvrage?

1re Méthode. Supposons que l'ouvrage et les heures de travail soient les mêmes, la question sera ramenée à celle-ci : 6 ouvriers on fait un ouvrage en 3 jours ; combien 5 ouvriers mettront-ils de jours à faire le même ouvrage? Étant moins d'ouvriers il faudra plus de jours, on aura la proportion suivante : $6 : 5 :: x : 3$.

$\frac{6\times3}{5}$ exprimerait le nombre de jours nécessaires aux 5 ouvriers s'ils travaillaient 10 heures comme les premiers et qu'ils dussent faire le même nombre de mètres.

Considérant maintenant le nombre d'heures de travail par jour, nous aurons à résoudre cette question : Un certain nombre d'ouvriers ont fait un ouvrage en $\frac{6\times3}{5}$ jours, en travaillant 10 heures par jour;

combien mettraient-ils de jours s'ils ne travaillaient que 9 heures par jour?

Cette règle donnera la proportion $9 : 10 :: \frac{6 \times 3}{5} : x$.

Ainsi l'expression fractionnaire $\frac{6 \times 3 \times 10}{5 \times 9}$ marquerait les jours employés par les 5 ouvriers travaillant 9 heures par jour, pour faire 270 mètres d'ouvrage; mais au lieu de 270 mètres ils en font 540. Il reste donc encore à résoudre cette question : Un certain nombre d'ouvriers ont fait 270 mètres en $\frac{6 \times 3 \times 10}{5 \times 9}$ jours, combien leur faudra-t-il de jours pour faire 540 mètres? Cette question donne lieu à la proportion suivante : $270 : 540 :: \frac{6 \times 3 \times 10}{5 \times 9} : x$.

Le nombre de jours cherché se trouve donc dans l'expression fractionnaire $\frac{6 \times 3 \times 10 \times 540}{5 \times 9 \times 270}$.

Effectuant les opérations indiquées, on trouve 8 jours.

2ᵉ Méthode. 6 ouvriers en 3 jours font 18 journées, et 18 journées à 10 heures par jour font 180 heures; c'est donc en 180 heures qu'ont été faits 270 mètres. Ainsi la question est rappelée à celle-ci : S'il faut 180 heures pour faire 270 mètres, combien en faudra-t-il pour faire 540 mètres? On a la proportion $270 : 540 :: 180 : x$. D'où x heures $= \frac{540 \times 180}{270} = 360$ heures.

Les 5 ouvriers travaillant 9 heures par jour, font chaque jour 5 fois 9 ou 45 heures de travail. On aura donc le nombre de jours qu'il leur faut pour faire 540 mètres, en cherchant combien de fois le nombre 360 contient 45, ou en divisant 360 par 45, ce qui donne $\frac{360}{45} = 8$ jours.

3ᵉ Méthode. Si 6 ouvriers emploient 3 jours, 1 ouvrier en emploiera 6 fois plus, c'est-à-dire 3×6, et en divisant ce dernier nombre par 5 on aura les jours nécessaires à 5 ouvriers; car 5 ouvriers doivent mettre 5 fois moins de jours qu'un seul, ce qui donne l'expression fractionnaire $\frac{6\times 8}{5}$. Nous avons supposé que les 5 ouvriers travaillaient 10 heures par jour comme les premiers; or, s'ils n'avaient travaillé qu'une heure par jour, il leur aurait fallu 10 fois plus de jours, c'est-à-dire $\frac{6\times 3\times 10}{5}$ jours; mais comme ils travaillent pendant 9 heures au lieu d'une heure seulement, il leur faudra 9 fois moins de temps; c'est-à-dire $\frac{6\times 3\times 10}{5\times 9}$ jours.

Voyons maintenant pour l'ouvrage. Nous avons supposé que les 5 ouvriers faisaient 270 mètres comme les premiers, par conséquent pour faire un seul mètre ils auraient mis 270 fois moins de temps ou $\frac{6\times 3\times 10}{5\times 9\times 270}$.

S'ils emploient le temps marqué par l'expression fractionnaire ci-dessus pour faire un mètre, ils devront en mettre 540 fois plus pour faire 540 mètres, c'est-à-dire $\frac{6\times 3\times 10\times 540}{5\times 9\times 270}$. En faisant les opérations indiquées on trouve 8 jours.

QUESTIONNAIRE.

Qu'est-ce que la règle de trois? 26. — Combien distingue-t-on de sortes de règles de trois? 27. — Qu'est-ce que la règle de trois simple? 28. — En quoi consiste la difficulté des règles de trois? 29. — Qu'est-ce que la règle de trois composée? 31.

(*Problèmes 581 et suivants.*)

RÈGLE D'INTÉRÊT.

32. La règle d'intérêt est une opération qui a pour but de déterminer le bénéfice que rapporte une

somme d'argent placée à tant pour cent par an, ou à un denier quelconque.

33. Placer une somme à 4, à 5, etc. pour cent, c'est exiger 4 fr., 5 fr., etc. d'intérêt par an, pour chaque cent francs que l'on place.

34. Placer au denier 20, ou 24, ou 25, etc., c'est exiger 1 franc pour chaque 20 fr., ou 24 fr., ou 25 fr., etc. placés.

35. La somme placée se nomme capital.

L'intérêt de 100 francs pendant un an s'appelle taux de l'intérêt : ainsi, quand on dit qu'une somme est placée à 5 pour cent, c'est-à-dire que chaque centaine de francs de cette somme produit 5 francs par an, 5 est alors le taux de l'intérêt.

Les mots pour cent se représentent en abrégé de cette manière : p %.

Le denier est l'intérêt exigé pour 20, ou 24, etc. fr.

On appelle rente ou revenu l'intérêt annuel de la somme placée.

Dans le commerce, on compte tous les mois de 30 jours, et l'année de 360.

Les règles d'intérêt ne sont qu'un cas particulier des règles de trois; elles s'opèrent également par les proportions ou par la méthode de l'unité.

L'intérêt est simple ou composé.

Intérêt Simple.

36. On dit qu'une somme est placée à intérêt simple, lorsque cet intérêt ne s'ajoute jamais au capital pour porter lui-même intérêt.

37. L'intérêt à tant pour cent se calcule par les proportions en suivant cette formule générale : Cent est à tant pour cent multiplié par le temps comme le capital est à la rente.

1er Exemple : On demande quel sera le revenu annuel de 8971 fr. placés à 5 pour cent.

Solution par les proportions. $100 : 5 :: 8971 : x = 448^f,55$.

Solution par la méthode de l'unité. Puisque 100 fr. produisent 5 fr., 1 fr. donnera 100 fois moins, c'est-à-dire $\frac{5}{100}$; par conséquent 8971 fr. donneront $\frac{5 \times 8971}{100} = 448^f,55$.

2e Exemple : Quelle somme faut-il placer à 5 p % pour avoir un revenu annuel de 675 fr. ?

Solution par les proportions. $100 : 5 :: x : 675 = \frac{675 \times 100}{5} = 13500$ fr.

Solution par la méthode de l'unité. Puisque pour 5 francs de revenu il faut un capital de 100 francs, pour un franc il faudra un capital 5 fois moins fort ou $\frac{100}{5}$; ainsi, pour avoir 675 fr. de revenu, il faudra $\frac{100 \times 675}{5}$ de capital $= 13500$ fr.

3e Exemple : On désire savoir combien produira dans 4 ans la somme de 25445 fr. placée à 5 p %.

Solution par les proportions. $100 : 5 \times 4 :: 25445 : x = \frac{5 \times 4 \times 25445}{100} = 5089$ fr.

Solution par la méthode de l'unité. Puisque 100 fr. donnent 5 fr. d'intérêt par an, ils donneront 5×4 ou 20 fr. dans 4 ans; si 100 fr. produisent 20 fr. dans 4 ans, 1 fr. produira 100 fois moins ou $\frac{20}{100}$; l'intérêt de 25445 fr. pour 4 ans sera donc $\frac{20 \times 25445}{100} = 5089$ fr.

Remarque. On pourrait également chercher d'abord l'intérêt pour un an, et ensuite le multiplier par le nombre d'années.

38. Si l'intérêt était demandé pour un certain nombre de mois, on considérerait les mois comme des

douzièmes d'année, et on les mettrait sous la forme de fraction.

Exemple : On veut connaître l'intérêt de 875 fr. placés à 6 p % pendant 19 mois.

Solution par les proportions. Chaque mois est $\frac{1}{12}$ d'année, par conséquent les 19 mois font $\frac{19}{12}$ d'année. La proportion donne donc $100 : 6 \times \frac{19}{12} :: 875 : x = \frac{6 \times 19 \times 875}{100 \times 12} = 83^f,125$.

Solution par la méthode de l'unité. Puisque 100 fr. donnent 6 fr. d'intérêt dans 12 mois, dans 1 mois ils donneront $\frac{6}{12}$, et 1 fr. donnera la centième partie de $\frac{6}{12}$ ou $\frac{6}{12 \times 100}$, par conséquent 875 francs produiront 875 fois ce dernier nombre, c'est-à-dire $\frac{6 \times 875}{12 \times 100}$ dans un mois, et dans 19 mois $\frac{6 \times 875 \times 19}{12 \times 100} = 83^f,125$.

On pourrait aussi, dans ces sortes de règles, chercher l'intérêt pour un an, puis le diviser par 12, ce qui donnerait l'intérêt d'un mois, qu'on multiplierait ensuite par le nombre de mois marqués dans la question.

39. Si l'intérêt est demandé pour un nombre de jours, on regardera les jours comme des 360mes d'année, et l'on opèrera comme ci-dessus.

Exemple : Soit proposé de trouver l'intérêt de 1200 fr. à 5 p % pendant 15 jours.

Solution par les proportions. Chaque jour est $\frac{1}{360}$ d'année, par conséquent les 15 jours font $\frac{15}{360}$ d'année ; la proportion donne donc $100 : 5 \times \frac{15}{360} :: 1200 : x = \frac{5 \times 15 \times 1200}{360 \times 100} = 2^f,50$.

Solution par la méthode de l'unité. Puisque 100 fr. donnent 5 fr. d'intérêt dans 360 jours, dans un jour ils donneront $\frac{5}{360}$, et un franc donnera la centième partie de $\frac{5}{360}$ ou $\frac{5}{360\times100}$, par conséquent 1200 francs produiront 1200 fois ce dernier nombre, c'est-à-dire $\frac{5\times1200}{360\times100}$ dans un jour, et dans 15 jours $\frac{5\times1200\times15}{360\times100}=2^\text{f},50$.

On pourrait également calculer d'abord l'intérêt pour un an, puis le diviser par 360 ; on aurait alors l'intérêt d'un jour, qu'il faudrait multiplier par le nombre de jours exprimé dans la question.

40. Les règles d'intérêt à un denier quelconque s'opèrent par les proportions en suivant cette formule : Le denier est au temps comme le capital est à la rente.

1$^\text{er}$ Exemple : Combien donnent de revenu 789 fr. placés au denier 20 ?

Solution par les proportions. $20 : 1 :: 789 : x = \frac{789}{20} = 39^\text{f},45$.

Démonstration. En effet, puisque pour 20 fr. on a 1 fr., il est clair qu'on aura autant de francs qu'il y a de fois 20 en 789 ; donc l'opération revient à diviser 789 par 20.

Solution par la méthode de l'unité. Si 20 fr. produisent 1 fr., 1 fr. donnera 20 fois moins ou $\frac{1}{20}$; l'intérêt de 789 francs sera donc $\frac{1\times789}{20}=39^\text{f},45$.

2$^\text{e}$ Exemple : Quel capital placé au denier 25 donnerait 132$^\text{f}$,50 de revenu ?

Solution par les proportions. $25 : 1 :: x : 132, 50 = \frac{25\times132,50}{1} = 3312^\text{f},50$.

Solution par la méthode de l'unité. Puisque pour avoir 1 franc de rente il faut un capital de 25 fr., pour avoir 132$^\text{f}$,50 de rente, il faudra donc un capital 132,50 fois plus fort ou égal à $25\times132,50 = 3312^\text{f},50$.

41. Les intérêts que l'on retire d'une somme placée

sur l'État se nomment rentes. Le cours des fonds publics indique quelle somme il faut placer pour avoir un intérêt déterminé. Cet intérêt se nomme taux de la rente ; la somme qu'il faut donner pour l'obtenir est le cours de la rente ou des fonds.

Quand on dit que les rentes 5 p % se paient 97 fr., cela signifie que 97 francs produisent 5 francs d'intérêt, ou que les rentes 5 p % sont au cours de 97 fr. De même cette expression, les rentes 3 p % au cours de 65 francs, veut dire que pour avoir trois francs de rente il faut un capital de 65 francs. Dans le premier cas, 5 est le taux de la rente et 97 fr. le cours ; dans le second, 65 fr. est le cours de la rente, et trois francs le taux.

Le 5 p % est dit au pair quand il est au cours cent ; de même le 3 p % est au pair quand il est au cours 60, etc.

On peut avoir à calculer le cours ou le taux de la rente, le capital ou la rente du capital ; trois de ces choses étant données, on trouve la quatrième en suivant cette formule : Le cours : taux :: le capital : la rente.

1er Exemple : Si 64 fr. donnent 3 fr., combien donneront 4520 fr. ?

Solution par les proportions. $64 : 3 :: 4520 : x = \frac{3 \times 4520}{64} = 211^f,875$.

Solution par la méthode de l'unité. Puisque 64 fr. donnent 3 fr. de rente, 1 fr. donnera évidemment $\frac{3}{64}$, par conséquent 4520^f donneront $\frac{3 \times 4520}{64} = 211^f,875$.

2e Exemple : On a payé 4716 fr. pour avoir 225 fr. de rente, à 5 p %, quel était le cours de la rente ?

Solution par les proportions. $x : 5 :: 4716 : 225 = \frac{4716 \times 5}{225} = 104^f,80$.

Solution par la méthode de l'unité. Si pour avoir 225 fr. on a payé 4716 fr., pour avoir 1 fr. on paierait 225 fois moins, c'est-à-dire $\frac{4716}{225}$; par conséquent pour avoir 5 fr., somme égale au taux de la rente, il faudra payer 5 fois ce dernier nombre ou $\frac{4716\times5}{225} =$ 104^f,80.

QUESTIONNAIRE.

Qu'est-ce que la règle d'intérêt? 32. — Qu'est-ce que placer une somme à 4, à 5, etc. p %? 33. — Qu'est-ce que placer au denier 20, 24, etc.? 34. — Comment se nomme la somme placée? 35. — Comment s'appelle l'intérêt de 100 fr. pendant un an? 35. — Qu'est-ce que le denier? 35. — Comment compte-t-on l'année dans le commerce? 35. — Lorsqu'on ne retire pas l'intérêt de l'intérêt, comment la somme est-elle placée? 36. — Comment calcule-t-on l'intérêt à tant p %? 37. — Si l'intérêt est demandé pour un certain nombre de mois, comment faut-il faire? 38. — Comment s'opère la règle d'intérêt à un denier quelconque? 40. — Comment se nomment les intérêts d'une somme placée sur l'État? 41.

Intérêts composés, ou Intérêts des intérêts.

42. La règle d'intérêt composé est celle qui apprend à trouver ce que devient, au bout d'un certain nombre d'années, une somme prêtée, lorsque, au lieu d'en compter l'intérêt chaque année, l'emprunteur le retient, à condition d'en payer un intérêt égal à celui qu'il paie pour le capital.

43. Il y a plusieurs manières d'opérer ces sortes de règles.

On peut chercher d'abord l'intérêt que la somme

prêtée produirait pendant la première année (n° 37 et 40), puis l'ajouter à cette somme, ce qui formera le capital pour la seconde année ; chercher l'intérêt pour cette seconde année, et l'ajouter au capital de cette même année, on aura de la sorte le capital pour la troisième année, etc. On fera autant d'opérations qu'il y aura d'années. Cette marche est longue, mais elle est sans contredit la plus simple.

Exemple : Une personne prête 2000 fr. pour 4 ans, à 5 p % par an, à condition qu'on lui paiera les intérêts composés, combien recevra-t-elle au bout de ce temps ?

Opération.

$100 : 5 :: 2000 : x = 100$ fr., intérêt de la 1re année.
$+ 100$

$100 : 5 :: 2100 : x = 105$ —   2e année.
$+ 105$

$100 : 5 :: 2205 : x = 110,25$ —   3e année.
$+ 110,25$

$100 : 5 :: 2315,25 : x = 115,7625$ —   4e année.
$+ 115,7625$

Total......   2431,0125

44. On abrégerait un peu l'opération, en cherchant d'un seul coup le capital et l'intérêt réunis pour chaque année, résultat qu'on obtiendrait pour une des proportions suivantes :

Le denier : denier + 1 :: le capital : capital + l'intérêt, ou bien cent : cent + tant p % :: le capital : capital + l'intérêt, selon qu'on cherche l'intérêt pour un denier quelconque, ou à tant p %.

Solution de l'exemple ci-dessus.

$100 : 105 :: 2000 \quad : x = 2100$ fr., capital et intérêt au bout d'un an.
$100 : 105 :: 2100 \quad : x = 2205 \qquad\qquad —\qquad 2$ ans.
$100 : 105 :: 2205 \quad : x = 2315,25 \qquad —\qquad 3$ ans.
$100 : 105 :: 2315,25 : x = 2431,0125 \qquad —\qquad 4$ ans.

45. On peut aussi obtenir le même résultat par une seule proportion, en suivant une des formules ci-dessous :

Cent élevé à la puissance marquée par le nombre d'années : cent + tant p°/₀ élevé à la même puissance :: le capital : capital + l'intérêt composé. Ou bien : Le denier élevé à la puissance marquée par le nombre d'années : denier + 1 élevé à la même puissance :: le capital : capital + l'intérêt composé.

Solution du même exemple que dessus.

$100^4 : 105^4 :: 2000 : x = 2431^r,0125.$

46. Mais plus ordinairement on multiplie le capital donné par le capital et l'intérêt composé de 1 fr., calculé pour le temps marqué.

On obtient le capital et l'intérêt composé réunis de 1 fr. pour un certain nombre d'années, en élevant 1 fr., plus l'intérêt de 1 fr. pour un an, à la puissance marquée par le nombre d'années.

Exemple : Quelqu'un place 6000 fr. pour 3 ans à 4 p %, à condition qu'on lui paiera l'intérêt des intérêts ; quelle somme doit-il toucher après ce temps ?

Solution. Puisque 100 fr. rapportent 4 fr. dans un an, 1 fr. rapportera la 100ᵉ partie de 4 fr. ou $\frac{4}{100} = 0^r,04$; ainsi le capital et l'intérêt de 1 fr. pour un an sera $1^r,04$; élevant ce nombre à sa troisième puissance, on aura $1^r,04^3$ ou $1,04 \times 1,04 \times 1,04 = 1^r,124864$; multipliant ce nombre par le capital donné 6000 fr., il viendra $1,124864 \times 6000 =$ R. $6749^r,184.$

Démonstration. On trouve le capital et l'intérêt réunis de 1 fr. au bout d'un an par la proportion suivante :

$$100 : 104 :: 1 : x = 1,04$$

On aura ce que deviennent 1,04 pendant la 2e année par celle-ci.............. $1 : 1,04 :: 1,04 : x = 1,04^2$ ou $1,04 \times 1,04$

On trouvera ce que deviennent $1,04^2$ pendant la 3e année par cette autre.... $1 : 1,04 :: 1,04^2 : x = 1,04^3$ ou $1,04 \times 1,04 \times 1,04$

Ainsi on voit que le capital et l'intérêt composé de 1 fr. au bout de 3 ans égale 1 fr. plus l'intérêt de 1 fr., élevé à sa troisième puissance. Par conséquent le capital et l'intérêt composé de 6000 fr. au bout d'un temps égal sera $1,04^3 \times 6000 = 6749^f,184$.

(*Problèmes* 611 *et suivants.*)

RÈGLE D'ESCOMPTE.

47. On appelle escompte la diminution qu'éprouve la valeur d'un billet lorsqu'on en touche le montant avant l'échéance du terme.

La règle d'escompte a pour but de chercher quelle doit être cette diminution, calculée à tant pour cent.

On distingue deux sortes d'escomptes : 1° l'escompte dit en dedans, 2° l'escompte dit en dehors.

Escompte en dedans.

48. Lorsqu'en faisant escompter un billet on ne paie l'intérêt que de la somme qu'on reçoit comptant,

et non de toute la somme portée au billet, l'escompte est dit *en dedans*. Dans ce cas la somme portée au billet contient la valeur actuelle du billet plus l'intérêt de cette valeur.

49. On sait que 100 fr. placés à 5 p % pendant un an produisent 5 fr., et deviennent 105 fr.; par conséquent un billet de 105 fr., payable dans un an, ne vaut réellement aujourd'hui que 100 fr. Ce billet éprouve donc une diminution de l'intérêt p %.

Mais si un billet de 100 fr. + l'intérêt p % se réduit à 100 fr., il sera facile de trouver la diminution que doit éprouver toute autre somme. On y parviendra en suivant cette formule : $100 +$ escompte p % $\times$ le temps : escompte p % $\times$ le temps :: la somme portée au billet : son escompte ; ou bien, ce qui est évidemment la même chose, en calculant d'abord, selon l'intérêt p % donné, l'escompte de 100 fr. pour le temps qui reste encore à s'écouler jusqu'à l'échéance du billet, puis faisant cette proportion : $100 +$ escompte p % calculé : escompte p % calculé :: la somme donnée : son escompte.

Exemple : On demande combien doit retenir un banquier qui escompte à 5 p % un billet de 986 fr. payables dans 18 mois.

Solution. $100 + 5 \times 1\frac{1}{2} : 5 \times 1\frac{1}{2} :: 986 : x = 68^f,79$.

Autrement : 100 fr. placés à 5 p % rapportent 5 fr. dans un an, et dans 6 mois $2^f,50$; par conséquent ils rapportent dans 18 mois 5 fr. $+ 2^f,50 = 7^f,50$. Établissant maintenant la proportion, l'on aura :

$$107,50 : 7,50 :: 986 : x = 68^f,79$$

Escompte en dehors.

50. Lorsqu'en escomptant un billet on retient l'intérêt de toute la somme portée sur ce billet, l'escompte est dit en dehors. Dans ce cas le porteur du billet est censé en recevoir la valeur nominale, et payer ensuite l'intérêt de cette valeur.

51. D'après cela on doit comprendre que l'escompte en dehors n'est autre chose que l'intérêt simple de la somme énoncée au billet, calculé pour le temps qui reste à s'écouler jusqu'à l'échéance. Ainsi tous les problèmes sur l'escompte en dehors se résoudront en suivant cette formule : 100 : escompte p % × le temps :: la somme à escompter : son escompte. Ou bien, ce qui est la même chose, en calculant d'abord l'intérêt de 100^f pour le temps que le billet a encore à courir, d'après l'intérêt donné, puis faisant ensuite cette proportion : 100^f : escompte p % calculé :: la somme donnée : son escompte.

Reprenons l'exemple précédent et cherchons l'escompte en dehors du billet de 986 fr. payable dans 18 mois.

Solution. 100 : 5 × 1 $\frac{1}{2}$ :: 986 : x = 73,95.

Autrement, 100 fr. placés à 5 p % rapportent 5 fr. dans 1 an, et dans 6 mois 2^f,50 ; ils rapporteront donc 7^f,50 dans 18 mois, d'où on a cette proportion : 100 : 7^f,50 :: 986 : x = 73^f,95, escompte en dehors cherché.

52. On voit que, par cette seconde méthode, le banquier fait une retenue plus considérable qu'en suivant la première. Pour comprendre cette différence, il faut observer que le banquier, en suivant la deuxième méthode, retient l'intérêt que toute la

7

somme portée au billet rapporterait durant le temps qui reste encore à s'écouler ; tandis que, rigoureusement parlant, il ne devrait retenir que l'intérêt de la somme qui revient au possesseur du billet, condition que la première méthode remplit. Ainsi, en escomptant un billet en dehors, on retient non seulement l'intérêt de la valeur actuelle du billet, mais encore l'intérêt de cet intérêt. Pour nous en convaincre il suffit de comparer les résultats trouvés par les deux méthodes dans l'exemple ci-dessus.

Par la première méthode, c'est-à-dire en prenant l'escompte en dedans, nous avons trouvé, pour la retenue que doit faire le banquier en escomptant le billet de 986 fr. à 5 p % 18 mois avant l'échéance, la somme de 68^f,79.

Par la deuxième méthode nous avons trouvé 73^f,95.

Nous disons que cette dernière somme contient l'intérêt de la valeur actuelle du billet ou 68,79, plus l'intérêt de cet intérêt.

Cherchons l'intérêt de 68,75 à 5 p % durant 18 mois. Nous l'aurons par la proportion 100 : 7,50 :: 68,79 : x qui donne $x = \dfrac{7,50 \times 68,79}{100} = 5^f,15925$,

c'est-à-dire 5^f,16 à un centième près. Réunissant maintenant les deux intérêts, nous aurons :

Intérêt de la valeur actuelle du billet . . 68,79
Intérêt de cet intérêt. 5,16
____

Escompte trouvé par la 2de méthode. . . . 73,95

Donc en prenant l'escompte en dehors on retient, outre l'intérêt de la valeur actuelle du billet, l'intérêt de cet intérêt.

53. Ce qui précède fait voir que la seconde manière d'escompter est moins rationnelle et moins juste que la première; cependant, comme elle est plus expéditive et que la différence de l'intérêt n'est pas très-considérable, elle a prévalu sur la première manière, et elle est généralement reçue dans le commerce.

54. Très-souvent les commerçants ont besoin de connaître l'intérêt ou l'escompte d'une somme pour un certain nombre de jours, au taux de 6 p %, qui est le taux ordinaire dans le commerce. Voici la marche que suivent généralement les négociants et les banquiers :

Règle. Pour avoir l'escompte d'une somme à 6 p %, il faut multiplier la somme par le nombre de jours qui restent à s'écouler jusqu'à l'échéance, et diviser le produit par 6000 ; le quotient est l'escompte en dehors cherché.

On trouve l'intérêt à 6 p % de la même manière en multipliant la somme donnée par le nombre de jours qu'elle porte intérêt, et divisant le produit par 6000, le quotient donne l'intérêt.

Exemple : Un banquier escompte à 6 p %, et 5 mois 4 jours avant son échéance, un billet de 1890 fr., combien doit-il retenir?

Solution. 5 mois et 4 jours $= 154$ jours; $\dfrac{154 \times 1890}{6000} = 46^{f},84$.

Démonstration. Puisque pour avoir l'intérêt d'une somme pour un an ou 360 jours il faut la multiplier par le taux de l'intérêt et diviser le produit par 100, l'intérêt ou l'escompte pour un an de 1890 fr. à 6 p % sera donc $\dfrac{1890 \times 6}{100}$, et l'escompte d'un jour en sera la 360e partie, ou $\dfrac{1890 \times 6}{100 \times 360}$; par conséquent l'escompte cherché sera $\dfrac{189 \times 6 \times 154}{100 \times 360}$.

Si maintenant l'on fait disparaître dans le numérateur et dans le dénominateur le facteur commun 6, on aura l'expression fractionnaire $\dfrac{1890 \times 154}{100 \times 60} = \dfrac{1890 \times 154}{6000}$.

(*Problèmes* 635 *et suivants.*)

RÈGLE DE SOCIÉTÉ.

55. La règle de société est une opération qui a pour but de partager proportionnellement entre plusieurs associés le profit ou la perte qui résulte de leur association.

Lorsque toutes les mises restent dans la société un temps égal, la règle est dite simple ; si au contraire les mises ne restent pas dans la société pendant le même temps, la règle est dite composée.

Ces sortes de règles, comme les règles de trois, peuvent se résoudre par les proportions ou par la méthode de l'unité.

56. Pour résoudre par les proportions les règles de société, lorsque les temps sont égaux, il faut d'abord additionner toutes les mises particulières, puis faire cette proportion :

La somme des mises est à la perte ou au gain total :: chaque mise particulière : la perte ou au gain qui y correspond.

On voit qu'il faut faire autant de règles de trois simples qu'il y a de mises particulières.

Exemple : Trois personnes se sont associées, la première a mis 1890 fr., la seconde 1560 fr., la troisième 2400 fr. ; elles ont gagné 1462^f,50, quelle doit être la part de chacune proportionnellement à sa mise ?

Solution.   Mise de la première personne. 1890^f
             Mise de la deuxième. 1560
             Mise de la troisième. 2400
                                           ———
             Somme des mises. 5850

$$5850 : 1462,50 :: \begin{cases} 1890 : x = 472^f,50 \\ 1560 : x = 390 ,00 \\ 2400 : x = 600 ,00 \end{cases}$$

Les opérations étant exécutées, on trouve que la
première personne doit avoir 472^f,50, la deuxième
390 fr., et la troisième 600 fr.

57. La preuve de ces sortes de règles se fait en
additionnant toutes les parts particulières; la somme
doit reproduire le nombre à partager.

Preuve de l'exemple ci-dessus. 472,50 + 390 +
600 = 1462,50, somme égale au nombre à partager.

58. Pour résoudre ces mêmes règles par la méthode de l'unité, on cherche d'abord le bénéfice ou la
perte pour 1 franc, en divisant le nombre à partager
par la somme des mises; pour avoir ensuite la part de
chaque associé, on multiplie la perte ou le bénéfice
que 1 fr. a produit par chaque mise particulière.

Reprenons le même exemple :

La somme des mises particulières est 5850^f,00
Le gain total est . . . . 1462 ,50

Il est clair que c'est avec 5850 fr. qu'on a gagné
1462^f,50, donc avec 1 fr. on n'aurait gagné que la
5850e partie de 1462^f,50 ou $\frac{1462,50}{5850} = 0^f,25$.

Puisque le bénéfice pour un fr. est 0^f,25, chaque

personne a donc gagné autant de fois 0^f,25 qu'elle a
mis de francs dans la société ; donc la

1re pers. doit avoir gagné 0^f,25 × 1890 = 472^f,50
La 2e. . . . . 0 ,25 × 1560 = 390
La 3e. . . . . 0 ,25 × 2400 = 600

59. Si les mises ne restent pas dans la société pendant le même temps, on commence par multiplier
chaque mise par le temps qu'elle est restée dans la
société, et l'on considère les produits obtenus par ces
multiplications, comme des mises particulières placées pour un même temps. On opère ensuite comme
dans le cas précédent.

Exemple : Trois négociants se sont associés, le premier a mis 1975 fr. qui ont été 16 mois dans la société ; le deuxième a mis 3650 fr. pour 9 mois ; le
troisième a mis 4825 fr. pour 19 mois ; ils ont gagné
23418^f,75, combien revient-il à chacun ?

Solution. Mise du 1er 1975^f × 16 = 31600^f
          Mise du 2e..   3650 × 9 = 32850
          Mise du 3e..   4825 × 19 = 91675

            Somme des mises. . .   156125

$$156125 : 23418,75 :: \begin{cases} 31600 : x = & 4740^f \\ 32850 : x = & 4927,50 \\ 91675 : x = & 13751,25 \end{cases}$$

               Preuve... 23418,75

Voici la raison de cette règle :

Une somme quelconque placée pendant 4 ans, produit autant qu'une somme 4 fois plus forte placée
pendant un an seulement aux mêmes conditions. Ceci

est incontestable. Ainsi 1975 fr., mise du premier associé, placés pendant 16 mois, produisent autant qu'une somme 16 fois plus forte, c'est-à-dire 1975 × 16 = 31600 fr., laissée pendant 1 mois seulement. La mise du second associé, 3650 fr., placée pendant 9 mois, rapporte un bénéfice aussi considérable qu'une mise 9 fois plus forte ou 3650 × 9 = 32850, qui ne serait placée que pendant un mois, etc. Par conséquent, après avoir multiplié chaque mise par le temps qu'elle est restée dans la société, on peut donc considérer les nouveaux nombres comme les mises particulières des associés, placées pour un temps égal ; de la sorte la question est ramenée au cas précédent.

Solution par la méthode de l'unité :

Les nouveaux nombres 31600 fr., 32850 fr. et 91675 fr. étant considérés comme les mises des associés placées pour le même temps, c'est donc avec la somme de ces nombres, c'est-à-dire 156125 fr., qu'on a gagné 23418,75 ; par conséquent, en divisant cette dernière somme par 156125 on aura le gain pour 1 fr. qu'on trouvera être 0,15. Multipliant alors ce gain de 1 fr. par chaque mise, il viendra :

Pour la part du 1er   0,15 × 31600 = 4740,
Pour celle du 2e..   0,15 × 32850 = 4927,50.
Pour celle du 3e..   0,15 × 91675 = 13751,25

60. Les règles qui ont pour but de partager un nombre proportionnellement à des nombres donnés, et que l'on appelle pour cette raison règles de répartition proportionnelle, se rattachent naturellement à la règle de société, et se résolvent d'une manière analogue ; c'est pourquoi nous n'en ferons point un article séparé.

Voici un problème de ce genre :

Exemple : On veut partager le nombre 2400 en trois parties qui soient entre elles comme les nombres 5, 4 et 3.

Solution. Si l'on considère les nombres 5, 4 et 3 comme des sortes de mises, et 2400 comme un gain, on aura

$$
\begin{array}{r}
5 \\
+4 \\
+3 \\
\hline
12 : 2400
\end{array}
\quad :: \quad
\left\{
\begin{array}{l}
5 : x = 1000 \quad \text{1}^{\text{re}} \text{ partie.} \\
4 : x = 800 \quad \text{2}^{\text{e}} \text{ partie.} \\
3 : x = 600 \quad \text{3}^{\text{e}} \text{ partie.}
\end{array}
\right.
$$

Preuve.   2400

(Problèmes 645 et suivants.)

RÈGLE DES MOYENNES.

61. La règle des moyennes a pour but de trouver un nombre moyen entre plusieurs nombres donnés.

Pour résoudre les problèmes de ce genre il faut additionner les quantités données, et diviser la somme par le nombre de ces quantités ; le quotient sera la moyenne cherchée.

Exemple : Trois personnes reçoivent les sommes suivantes : la 1re 255 fr., la 2e 318 fr., et la 3e 336 fr., si ces trois sommes eussent dû leur être partagées également, combien chacune aurait-elle reçu ?

Solution. $255 + 318 + 336 = 909$, divisant cette somme par trois, on trouvera que chaque personne aurait reçu 303 fr.

(Problèmes 667 et suivants.)

RÈGLE D'ALLIAGE OU DE MÉLANGE (1).

62. La règle d'alliage a pour but 1° de trouver la valeur moyenne de diverses choses mélangées ensemble, connaissant le nombre et la valeur de chacune d'elles ; 2° de déterminer dans quelles proportions on doit mélanger plusieurs substances de différents prix pour que l'unité du mélange ait un prix déterminé.

1er CAS.

63. S'il n'y a qu'une seule unité de chaque espèce de substance qui entre dans le mélange, il faut additionner les prix, et diviser la somme par le nombre des diverses substances mélangées.

Exemple : On mélange du blé de 3 fr., de 4 fr. et de 4ᶠ,55 le double décalitre ; quel est le prix d'un double décalitre de ce mélange ?

Solution. $3 + 4 + 4,55 = \frac{11,55}{3} = 3^f,85$.

On voit que ce cas n'est autre chose que la règle des moyennes dont nous venons de nous occuper.

64. S'il y a dans le mélange plusieurs unités de chaque espèce, il faut d'abord multiplier chaque espèce d'unités par la valeur d'une unité ; faire ensuite la somme des divers produits et la diviser par la totalité des unités qui composent le mélange.

Exemple : On veut mélanger ensemble 20 litres de vin à 0ᶠ,50 le litre ; 35 litres à 0ᶠ,40 ; 60 litres à 0ᶠ,75 ; 25 litres à 0ᶠ,60 ; quel sera le prix d'un litre de ce mélange ?

---

(1) L'opération prend le nom de règle d'alliage seulement lorsqu'il s'agit de la combinaison des métaux entre eux ; dans tous les autres cas, elle prend celui de règle de mélange.

Solution. $20 \times 0,50 = 10^r$
    $35 \times 0,40 = 14$
    $60 \times 0,75 = 45$
    $25 \times 0,60 = 15$

Nomb. de lit. 140 Tot. des prod. 84

Divisant maintenant 84 par 140, on trouve pour le prix d'un litre du mélange $\frac{84}{140} = 0,60$.

Démonstration :

 20 litres à $0^r,50$ coûtent 20 fois $0^r,50$ ou 10^r
 35 litres à $0,40$ coûtent 35 fois $0,40$ ou 14
 60 litres à $0,75$ coûtent 60 fois $0,75$ ou 45
 25 litres à $0,60$ coûtent 25 fois $0,60$ ou 15

   La dépense totale est donc. . . . 84

Mais en tout il y a 140 litres dans le mélange, par conséquent le prix d'un litre du mélange est la 140e partie de 84 fr. ou $\frac{84}{140} = 0^r,60$.

65. La preuve de ces sortes de règles se fait en multipliant le nombre des unités qui entrent dans le mélange par le prix d'une unité du mélange ; le produit doit égaler la somme des produits particuliers de toutes les sortes de substances qui entrent dans le mélange, multipliées par leurs prix respectifs.

Ainsi pour faire la preuve de l'opération ci-dessus on multiplie 140, nombre de litres qui forment le mélange, par $0^r,60$, prix d'un litre de ce mélange, il vient 84 fr., produit égal au total des prix particuliers des diverses sortes de substances mélangées.

Autre exemple : On fait fondre ensemble 3 kilog. d'argent au titre $\frac{900}{1000}$, et 2 kilog. d'argent au titre $\frac{825}{1000}$; quel sera le titre de cet alliage?

Solution. 3 kil. $\times \frac{900}{1000}$ ou 0,9 $= 2^k,70$ d'arg. pur

2 kil. $\times \frac{825}{1000}$ ou 0,825 $= 1,65$ d'arg. pur

5 kil.   contiennent   4,35 d'arg. pur

Puisque 5 kilog. ne contiennent que $4^k,35$ d'argent pur, 1 kilog. en contiendra 5 fois moins, ou $\frac{4,35}{5} = $ 0,87. Le titre de l'alliage est donc à $\frac{870}{1000}$.

2e. CAS.

66. Pour résoudre les problèmes qui se rapportent à ce deuxième cas, voici la marche qu'on doit suivre :

1° Ecrire sur une ligne horizontale tous les prix supérieurs au prix du mélange.

2° Au-dessous, et aussi sur une ligne horizontale, mettre tous les prix inférieurs au prix du mélange, de manière que chaque prix inférieur soit vis-à-vis un prix supérieur.

Si une des lignes contient plus de nombres que l'autre, on place un nombre de celle qui en a le moins en regard de plusieurs nombres de celle qui en a le plus.

On écrit le prix donné du mélange un peu en avant et à gauche des autres nombres, dont on le sépare par un trait vertical ou une accolade.

3° Comparer ensuite chaque prix supérieur au prix moyen, et écrire la différence sous le prix inférieur correspondant. Cette différence indique la quantité qu'il faut prendre de ce prix inférieur. Comparer de même chaque prix inférieur au prix du mélange, et porter la différence au-dessus du prix supérieur correspondant, cette différence marque combien il faut prendre de ce prix supérieur.

Si un prix est comparé à plusieurs, on prendra de ce prix une quantité indiquée par la somme des différences des divers prix qui lui sont comparés, au prix du mélange.

Exemple : Dans quelle proportion faut-il mélanger deux farines qui valent l'une 0^f,80 le kilog., l'autre 0^f,54, afin d'obtenir un mélange qu'on puisse vendre 0^f,70 ?

Opération.

Prix du mélange 70
{
16, diff. du prix inférieur au prix moyen.
80, prix supérieur.
54, prix inférieur.
10, diff. du prix sup. au prix moyen.

On aura donc le mélange demandé en prenant 16 kilog. à 0^f,80 et 10 kilog. à 0^f,54.

En effet,   16 kil. à 0^f,80 = 12^f,80
            10 kil. à 0 ,54 = 5 ,40
            ————
26 kil. valent donc 18 ,20

Par conséquent, supposant tous les kilog. au même prix, 1 kilog. vaudra $\frac{18^f,20}{26} = 0^f,70$.

Autre exemple : On veut faire un mélange avec du vin à 0^f,30, à 0^f,45, à 0^f,50, à 0^f,60, à 0^f,75, à 0^f,80 et à 0^f,95 le litre ; combien faut-il en prendre de chaque qualité pour que le mélange puisse être vendu à 0^f,55 le litre ?

Opération.

Prix moy. 55
{
25 10   5   5   diff. des prix inf. au p. moy.
60 75 80   95   prix sup. au prix moyen.
30 45   50   prix inf. au prix moyen.
 5 20 25+40   diff. des prix sup. au p. moy.

Il y a 4 prix supérieurs au prix moyen, tandis qu'il n'y a que 3 prix inférieurs; c'est pourquoi on a mis un prix inférieur en regard de deux prix supérieurs.

On satisfera donc à la question en prenant :

$$
\begin{array}{rll}
25 \text{ litr.} & \text{à } 0^\text{f},60 = 15^\text{f},00 \\
10 \text{ litr.} & \text{à } 0,75 = 7,50 \\
5 \text{ litr.} & \text{à } 0,80 = 4,00 \\
5 \text{ litr.} & \text{à } 0,95 = 4,75 \\
5 \text{ litr.} & \text{à } 0,30 = 1,50 \\
20 \text{ litr.} & \text{à } 0,45 = 9,00 \\
25+40 = 65 \text{ litr.} & \text{à } 0,50 = 32,50 \\
\hline
135 \text{ litr.} & \text{à } 0,55 = 74,25
\end{array}
$$

Les résultats que nous venons d'obtenir sont exacts, mais on pourrait en obtenir d'autres qui fussent également bons.

Les problèmes de ce genre sont indéterminés, c'est-à-dire qu'on peut y donner plusieurs solutions différentes.

67. Si le nombre des unités qui doivent composer le mélange était déterminé, il faudrait, après avoir opéré comme ci-dessus, partager le nombre donné en parties proportionnelles aux nombres trouvés par l'opération, et les nouveaux nombres satisferaient à la question.

Exemple : On a du blé à 12 fr., à 14 fr., à 16 fr. et à 18 fr. l'hectolitre; combien faut-il en prendre de chaque sorte pour avoir 120 hectolitres à 15 fr?

Opération.

$$
\text{Prix moyen 15}
\begin{cases}
3 \quad 1 \\
16 \; 18 \quad \text{prix supérieurs.} \\
12 \; 14 \quad \text{prix inférieurs.} \\
1 \quad 3
\end{cases}
$$

Si la quantité d'hectolitres qui doivent former le mélange n'était pas donnée, on répondrait à la question en prenant 3 hectol. à 16 fr., 1 hectol. à 18 fr., 1 hectol. à 12 fr. et 3 hectol. à 14 fr.

Mais le mélange devant se composer de 120 hectolitres, il faut maintenant partager ce nombre en parties proportionnelles aux nombres trouvés, 3, 1, 1 et 3, en suivant la marche indiquée (n° 60.)

$$
3+1+1+3 = 8 : 120 ::
\begin{cases}
3 : x = 45 \text{ hectol. à } 16^f = 720^f \\
1 : x = 15 \text{ hectol. à } 18 = 270 \\
1 : x = 15 \text{ hectol. à } 12 = 180 \\
3 : x = 45 \text{ hectol. à } 14 = 630 \\
\hline
120 \text{ hectol. à } 15 = 1800
\end{cases}
$$

68. Il peut arriver que la quantité de l'une des substances qui doivent former le mélange soit donnée; on commence alors par opérer comme si aucune quantité n'était déterminée, puis on fait ensuite cette proportion :

Le nombre trouvé pour l'espèce dont la quantité est déterminée : cette quantité déterminée :: chacun des autres nombres trouvés : la quantité cherchée de l'espèce correspondante. Ainsi, il faut faire autant de proportions qu'il y a d'espèces dont la quantité est indéterminée.

Exemple : On a de la farine à trois prix différents :

à 58 fr., à 75 fr. et à 80 fr. le sac; on veut en faire un mélange qu'on puisse vendre 70 fr. le sac; mais on ne met dans ce mélange que 2 sacs à 80 fr., combien en faut-il des autres prix?

Opération.

$$70 \left\{ \begin{array}{l} 12 : 12 \\ 75 : 80 \\ 58 \\ 5+10 \end{array} \right. \quad 12 : 2 :: \left\{ \begin{array}{l} 12 : x = 2 \text{ sacs à } 75^f \\ 15 : x = 2\tfrac{1}{2} \text{ sacs à } 58 \end{array} \right.$$

On opère comme si aucune quantité n'était donnée, puis ayant trouvé qu'on aurait un mélange à 70 fr. en prenant 12 sacs à 75 fr., 12 à 80 fr., et 15 à 58 fr., on cherche combien il faudrait prendre de sacs à 75 fr. lorsqu'on n'en prend que 2 à 80 fr., ce qu'on découvre par la proportion $12 : 2 :: 12 : x = 2$. Reste encore à connaître combien il faudrait de sacs à 58 fr. La proportion $12 : 2 :: 15 : x$ fait connaître qu'il en faudrait $2\tfrac{1}{2}$.

En effet,

$$
\begin{array}{l}
2 \quad\ \text{sacs à } 80^f \text{ valent } 160^f \\
2 \quad\ \text{sacs à } 75 \quad = \quad 150 \\
2\tfrac{1}{2} \text{ sacs à } 58 \quad = \quad 145 \\
\hline
6\tfrac{1}{2} \text{ sacs à } 70 \quad = \quad 455
\end{array}
$$

Si le nombre des unités qui doivent composer le mélange était déterminé, il faudrait, après avoir opéré comme ci-dessus, retrancher du nombre des unités qui doivent former le mélange, les unités de l'espèce déterminée, puis partager le reste en parties proportionnelles aux nombres trouvés par l'opération, autres que celui qui correspond à l'espèce dont la quantité est déterminée, et les nouveaux nombres satisferaient à la question.

69. Si la quantité, non seulement d'une, mais de plusieurs espèces composant le mélange est donnée, on multipliera d'abord chaque quantité donnée par le prix de l'unité de cette quantité, ensuite on fera 1° la somme des quantités déterminées, 2° la somme des produits particuliers de chaque quantité déterminée par le prix de l'unité de cette quantité, puis on divisera cette seconde somme par la première. Le quotient donnera le prix moyen de l'unité des quantités données.

Considérant alors les quantités données comme ne formant qu'un seul tout dont le prix de l'unité est le nombre trouvé par la division qu'on vient de faire, l'opération se trouve ramenée au cas précédent.

Exemple : On demande combien il faut prendre d'hectol. de blé à 14 fr. et à 17 fr. l'hectol. pour mêler avec 25 hectol. à 13 fr. et 35 hectol. à 19 fr., afin d'avoir un mélange de 15 fr. l'hectol. ?

1re Opération.

25 hectol. à 13^f = 325^f
35 hectol. à 19 = 665

____

60 hectol. valent 990

Divisant maintenant 990 par 60 on aura le prix moyen d'un hectol. des quantités données = 16^f,50.

La question est alors ramenée à celle-ci :

Combien faut-il mettre d'hectol. de blé à 14 fr. et à 17 fr. avec 60 hectol. à 16^f,50 pour avoir un mélange à 15 fr. ?

4° Opération.

$$15 \begin{cases} \begin{array}{cc} 1 & 1 \\ 16,5 & 17 \end{array} \\ \hline -14 \\ 1\frac{1}{2}+2 \end{cases} \qquad 1 : 60 :: \begin{cases} 1 \quad : x = 60 \text{ hectol. à } 17^f \\ 3\frac{1}{2} \; x = 210 \text{ hectol. à } 14 \end{cases}$$

Ainsi, on aura le mélange demandé en prenant 60 hectol. à 17 fr. et 210 à 14 fr.

Preuve.

25	hectol.	à	13^f	valent	325^f
35		à	19		665
60		à	17		1020
210		à	14		2940
330	hectol.	à	15	valent	4950

Si le nombre des unités, etc. (n° 68.)
(*Problèmes 682 et suivants.*)

RÈGLE DES ÉPOQUES POUR LES PAIEMENTS.

70. Cette règle sert 1° à trouver l'époque où l'on doit faire un paiement unique qui tienne lieu de plusieurs autres qui devaient être faits à différentes époques, afin qu'il y ait compensation ; 2° à découvrir combien de temps on doit garder le reste d'une somme qu'on devait donner à une époque déterminée, pour compenser l'intérêt d'une partie de cette somme qu'on a comptée avant le terme fixe.

1er CAS.

71. Pour le premier cas voici la règle qu'on peut suivre : Multiplier chaque somme par le temps de son crédit ; faire ensuite la somme des divers produits, et la diviser par le total de la dette : le quotient indiquera le temps moyen du paiement.

Exemple. Une personne doit 1800 fr. payables à trois époques, savoir : 400 fr. dans 7 mois, 800 fr. dans 8 mois, et le reste dans un an ; si elle convenait avec son créancier de ne faire qu'un seul paiement, à quelle époque devrait-il avoir lieu pour qu'il y eût compensation ?

Opération.

$$400 \times 7 \text{ mois} = 2800$$
$$800 \times 8 = 6400$$
$$600 \times 12 = 7200$$

$$1800 \qquad 16400 \;|\; 1800$$
$$ 200 \;|\; \overline{9\frac{1}{9}}$$

Ce sera donc au bout de 9 mois et $\frac{1}{9}$ de mois que le paiement devra se faire.

Démonstration. On sait qu'une somme quelconque placée pendant un certain temps rapporte autant qu'une somme double, placée aux mêmes conditions, pendant un temps moitié moins long. Ainsi, dans le cas présent, la somme de 400 fr. produirait autant pendant les 7 mois qu'on peut la garder, qu'une somme 7 fois plus considérable ou 400×7 dans un mois seulement. Les 800 fr. rapporteraient autant pendant 8 mois qu'une somme 8 fois plus forte ou 800×8 pendant 1 mois. Il en est de même des 600 fr. Par conséquent 400 fr. pendant 7 mois $+$ 800 fr. pendant 8 mois $+$ 600 fr. pendant 12 mois rapporteraient autant que $(400 \times 7) + (800 \times 8) + (600 \times 12) = 16400$ fr. pendant un mois.

On doit donc garder les trois sommes $400 + 800 + 600 = 1800$ un temps tel que le bénéfice soit égal à celui que rapporteraient 16400 fr. dans un mois.

Ainsi, on doit retenir cette somme d'autant plus long-temps qu'elle est moins considérable.

La division de 16400 fr. par 1800 faisant connaître que cette dernière somme est 9 fois $\frac{1}{9}$ moins forte que la première, on en conclut qu'il faudra la garder 9 mois $\frac{1}{9}$ pour qu'elle rapporte le même bénéfice que la première rapporterait en 1 mois.

2° CAS.

72. Pour le deuxième cas, la règle suivante mène au but : Multipliez la somme due par le temps de son crédit ; multipliez de même chaque somme avancée par le temps qui s'est écoulé jusqu'au moment où vous l'avez comptée ; faites 1° le total des produits des sommes avancées, multipliez par le temps que vous les avez gardées, et le retranchez du produit de la somme entière due multipliée par son crédit ; 2° le total des sommes avancées et l'ôtez de la somme due. Divisez ensuite le premier reste par le second ; le quotient marquera le temps du paiement du reste de la somme.

Exemple : Un négociant achète pour 3600 fr. de marchandise à 9 mois de terme. Au bout de 4 mois il compte 1600 fr. à son créancier, et 2 mois après il lui donne encore 800 fr. ; combien de temps doit-il garder le reste de la somme pour compenser les avances qu'il a faites ?

Opération.

```
Somme due ......  3600 × 9 = 32400    Sommes avancées.
Somme avancée.  2400          11200    1600 × 4 =  6400
                ————          —————      880 × 6 =  4800
Reste à payer....  1200        21200              ————
                                         2400          11200

              21200 | 1200
               9200 | ————
                800 |  17 2/3
```

Ainsi le paiement du reste de la somme se fera au bout de 17 mois $\frac{2}{3}$, par conséquent $11^{m}\frac{2}{3}$ après le second paiement.

Démonstration. En avançant le paiement de la première somme 1600 fr. de 5 mois, on perd les intérêts que cette somme aurait produits pendant ces 5 mois ; de même en avançant de 3 mois le paiement des 800 fr., on se prive du bénéfice de cette somme pendant 3 mois. Il faut donc qu'avec les 1200 fr. qui restent à payer on se dédommage de cette perte.

1600 fr. pendant 5 mois auraient produit autant que 1600 fr. × 5 = 8000 pendant 1 mois.

800 fr. pendant 3 mois auraient rapporté autant que 800 fr. × 3 = 2400 pendant 1 mois. Ces deux sommes auraient donc produit ensemble pendant le temps qu'on pouvait encore les garder autant que 8000 fr. + 2400 = 10400 fr. pendant 1 mois. Ainsi il faut retarder le paiement des 1200 fr. qui restent à payer le temps nécessaire pour qu'ils rapportent un intérêt égal à celui de 10400 fr. pendant 1 mois. Le quotient de 10400 fr. divisé par 1200 fr. fait voir que cette dernière somme est 8 fois $\frac{2}{3}$ plus petite que la première, par conséquent il faudra la garder 8

mois $\frac{2}{3}$ pour qu'elle rapporte un bénéfice égal à celui que rapporteraient 10400 fr. durant 1 mois. Donc au lieu de payer le reste de la dette au bout de 9 mois, il ne faudra le payer qu'au bout de 9 mois $+$ 8 mois $\frac{2}{3}$, c'est-à-dire au bout de 17 mois $\frac{2}{3}$.

(*Problèmes* 1357 *et suivants.*)

EXTRACTION DE LA RACINE CARRÉE.

73. Le carré, ou la seconde puissance d'un nombre quelconque, est le produit de ce nombre par lui-même.

Le carré d'un nombre peut donc s'indiquer en donnant à ce nombre 2 pour exposant. Ainsi 5^2 signifie le carré de 5.

74. Le nombre qui étant multiplié par lui-même reproduit un nombre donné, est la racine carrée ou deuxième de ce nombre. Ainsi la racine carrée de 9 est 3, parce que $3 \times 3 = 9$; celle de 49 est 7, parce que $7 \times 7 = 49$.

75. Pour indiquer qu'il faut extraire la racine carrée d'un nombre, on place avant ce nombre le signe $\sqrt{\ }$: ainsi $\sqrt{64}$ désigne la racine carrée de 64 qui est 8.

76. Si la racine carrée d'un nombre entier n'est pas elle-même un nombre entier, on ne peut l'exprimer exactement par aucun nombre.

On dit qu'on a la racine carrée d'un nombre à moins d'une unité près, d'un dixième près, etc., lorsque l'erreur est moindre qu'une unité, qu'un dixième, etc.

77. Pour former le carré d'un nombre quelcon-

que, il n'y a aucune difficulté, il suffit de multiplier
ce nombre par lui-même, selon les règles ordinaires ;
mais pour revenir d'un nombre donné à sa racine
carrée, il n'est pas aussi facile ; il y a pour cela des
règles spéciales que nous allons faire connaître.

Racine carrée des nombres entiers.

78. Les carrés des 10 premiers nombres
$$1, 2, 3, 4, 5, 6, 7, 8, 9, 10$$
sont évidemment.. 1, 4, 9, 16, 25, 36, 49, 64, 81, 100
car 1 fois 1 est 1, 2 fois 2 font 4, 3 fois 3 font 9, etc.
Réciproquement les nombres 1, 4, 9, etc. de la seconde ligne ont pour racine carrée ceux de la première 1, 2, 3, etc.

On peut donc au moyen de ces deux lignes trouver
la racine carrée d'un nombre quelconque moindre
que 100. Ainsi la racine carrée de 25 est 5 ; celle de
de 36 est 6. Si l'on avait à déterminer celle de 59,
on observerait que 59 étant compris entre 49, carré
de 7, et 64, carré de 8, sa racine est nécessairement
comprise entre 7 et 8, c'est-à-dire qu'elle est 7 plus
une fraction.

79. Lorsque le nombre donné a plus de deux
chiffres, il faut le partager, par des points, en tranches de deux chiffres chacune, en partant de la droite.
(Il y a toujours à la racine un nombre de chiffres
égal au nombre des tranches. La première tranche à
gauche peut n'avoir qu'un chiffre.) On prend alors
la racine du plus grand carré contenu dans la première tranche à gauche et on l'écrit à droite du nombre proposé, ayant soin de l'en séparer par un trait
vertical ; on retranche ensuite le carré de cette racine
de la première tranche à gauche.

A côté du reste de la soustraction on abaisse la tranche suivante, dont on sépare par un point le dernier chiffre à droite. On divise ensuite la partie qui reste à gauche du point par le double de la racine trouvée, et l'on écrit le quotient, qui est le deuxième chiffre de la racine, à droite du chiffre déjà obtenu. On l'écrit aussi à droite du double de la racine, et l'on multiplie le nombre ainsi formé par ce même quotient, puis on ôte le produit du premier reste suivi de la 2e tranche.

A côté du nouveau reste on descend la troisième tranche dont on sépare encore le dernier chiffre à droite. On divise la partie à gauche du point par le double de la racine obtenue et l'on écrit le quotient, qui est le 3e chiffre de la racine à la droite des chiffres déjà déterminés. On l'écrit de même à droite du double de la racine, et l'on multiplie le nombre ainsi formé par ce quotient, puis on soustrait le produit du 2e reste suivi de la 3e tranche. L'on continue ainsi jusqu'à ce que toutes les tranches aient été abaissées.

Exemple : Extraire la racine carrée de 1849.

Opération.

18.49	43
16	83
24.9	3
249	249

Le nombre proposé renfermant deux tranches de deux chiffres chacune, on en conclut qu'il y aura deux chiffres à la racine.

Pour les déterminer on dit : La racine carrée de 18, première tranche à gauche, à moins d'une unité près, ou bien la racine du plus grand carré contenu dans 18 est 4 pour 16. 4 est le premier chiffre de la racine ; on l'écrit à droite du nombre proposé, et on ôte son carré, c'est-à-dire 16 de 18. A côté du reste 2, on abaisse la tranche suivante 49, ce qui donne le nombre 249, dont on sépare, par un point, le dernier chiffre à droite. Divisant ensuite 24 par 8, double du chiffre 4, trouvé à la racine, on obtient pour quotient 3, qui est le 2e chiffre de la racine, et que l'on écrit à la droite de 4. On l'écrit aussi à droite du chiffre 8, double de la racine, ce qui donne 83 ; puis on multiplie ce nombre par 3, et l'on ôte le produit de 249. La soustraction ne donnant aucun reste, la racine carrée de 1849 est exactement 43.

Autre exemple : Evaluer $\sqrt{10530025}$.

Opération.

10.53.00.25	3245		
9			
	62	644	6485
1 5.3	2	4	5
1 2 4	124	2576	32425
2 900			
2 576			
32425			
32425			
. . . . .			

Après avoir partagé le nombre en tranches de deux chiffres, en commençant par la droite, on dit : La racine carrée de 10, première tranche à gauche à moins d'une unité près, est 3 pour 9 ; ainsi 3 est le premier chiffre de la racine. Otant son carré 9 de 10, on a 1 pour reste à côté duquel on abaisse la tranche suivante 53, ce qui donne le nombre 153, dont on sépare le dernier chiffre à droite. On divise ensuite 15 par 6, double de la racine trouvée, et le quotient 2 est le 2ᵉ chiffre de la racine. On écrit ce chiffre à droite de 6, double de la racine obtenue, ce qui donne le nombre 62. A côté du nouveau reste 29, on abaisse la tranche suivante, ce qui forme le nombre 2900, dont on sépare la dernière figure à droite par un point, puis divisant 290 par 64, double de la racine, on obtient pour quotient 4, qui est le 3ᵉ chiffre de la racine. On place ce chiffre à droite de 64, double de la racine obtenue, et on multiplie le nombre 644, ainsi formé par 4; on retranche ensuite le produit de 2900, et à côté du reste 324, on descend la dernière tranche 25, dont on sépare le dernier chiffre à droite. Divisant 3242 par 648, double de la racine, on a pour quotient 5, qui est le dernier chiffre de la racine. On place ce chiffre à droite du double de la racine, l'on multiplie et l'on soustrait comme ci-dessus. La soustraction se faisant sans reste, on conclut que 3245 est la racine exacte de 10530025. En effet, 3245 × 3245 = 10530025.

80. Si après qu'on a descendu une tranche à côté d'un reste et séparé, par un point, le dernier chiffre à droite, la partie du nombre qui est à gauche du point ne contient pas le double de la racine déjà obtenue, on met un 0 à la racine, puis on abaisse la tranche suivante, et l'on continue l'opération.

Exemple : Extraire la racine carrée de 41616.

Opération.

$$
\begin{array}{c|c}
4.16.16 & 204 \\
4 & \overline{404} \\
\hline
1.61.6 & 4 \\
1\ 61\ 6 & \overline{1616}
\end{array}
$$

On sépare le nombre en tranches de deux chiffres comme plus haut, ensuite on dit la racine carrée de 4 est 2; ôtant de 4 le carré de 2, il reste 0. On descend la tranche suivante 16 dont on sépare le chiffre à droite; mais comme 1 ne contient pas 4, double de la racine trouvée, on écrit 0 à la racine, et l'on abaisse la dernière tranche, ce qui donne le nombre 1616. Après avoir séparé le dernier chiffre à droite de ce nombre, on divise 161 par 40, double de la racine; le quotient 4 est le troisième chiffre de la racine. Plaçant ce chiffre à droite du double de la racine et multipliant par 4 le nombre ainsi formé, on obtient un produit égal à 1616, ce qui prouve que la racine de 41616 est exactement 204.

En effet, $204 \times 204 = 41616$.

Il faut remarquer qu'un reste ne doit jamais surpasser le double de la racine obtenue; si cela arrivait, ce serait une preuve que le dernier chiffre mis à la racine serait trop faible, il faudrait l'augmenter.

81. La preuve de cette règle se fait en carrant la racine trouvée, et ajoutant au produit le reste, s'il y en a un; on doit reproduire le nombre donné.

Racine carrée par approximation.

82. Il arrive souvent que le nombre, soit entier

soit décimal, dont on cherche la racine, n'est pas un carré parfait ; dans ce cas la racine est un nombre incommensurable ou irrationnel ; c'est-à-dire qu'on ne peut l'exprimer exactement par aucun nombre. Toutefois on peut approcher aussi près qu'on veut de la valeur réelle de cette racine.

83. Pour obtenir la racine carrée d'un nombre entier à moins d'un dixième, ou d'un centième, ou d'un millième près, etc., il faut mettre à sa droite deux fois autant de zéros qu'on veut avoir de décimales à la racine. On extrait ensuite la racine carrée comme à l'ordinaire, puis l'on sépare sur la droite de la racine obtenue, autant de chiffres décimaux qu'on en demande.

Exemple : Trouver $\sqrt{4326}$ à moins d'un 1000ᵉ près.

On veut ici trois chiffres décimaux, il faut donc mettre six zéros à la suite du nombre proposé, ce qui donne 4326000000 ; extrayant la racine carrée de ce nombre à moins d'une unité près, on obtient 65772 ; séparant trois chiffres à droite, on a pour la racine demandée 65,772.

Démonstration. En effet, le nombre dont on extrait la racine carrée à un degré d'approximation quelconque, peut être considéré comme le carré d'un nombre décimal qui aurait autant de chiffres décimaux qu'on en demande à la racine. Or, dans la multiplication (1ʳᵉ partie, n° 161), lorsque les facteurs ont chacun deux décimales, le produit doit en avoir quatre ; lorsqu'ils en ont chacun trois, le produit doit en avoir six, etc. Donc, pour obtenir la racine carrée d'un nombre, etc.

Pour le cas où le nombre serait décimal, voir plus loin (n° 86.)

1re Remarque. Les carrés de deux nombres consécutifs tels que 7 et 8, diffèrent l'un de l'autre de deux fois le plus petit de ces nombres plus 1. Ainsi le carré de 8 ou 64 contient le carré de 7 ou 49 + 2 fois 7 + 1.

En effet, 8 peut se décomposer en 7 + 1; pour l'élever au carré il faudra donc multiplier 7 + 1

par 7 + 1

1 multiplié par 1 donne 1

7 sup. multiplié par 1 inf. donne 7

1 sup. multiplié par 7 inf. donne 7

7 sup. multiplié par 7 inf. donne . . . . 7² ou 49

Ainsi, on voit que le carré de 7 + 1 ou 8, égale le carré de 7 ou 49 + 2 fois 7 + 1.

2e Remarque. Nous avons dit (n° 80) qu'un reste ne doit jamais surpasser le double de la racine obtenue. En effet, le nombre dont on extrait la racine carrée est égal au carré de la racine + le reste; par conséquent, si le reste surpasse le double de la racine, ce nombre égalera le carré de la racine + 2 fois la racine + 1; or, nous venons de voir que la différence entre les carrés de deux nombres consécutifs est égale à 2 fois le plus petit de ces nombres + 1; donc, puisque le nombre sur lequel on opère contient le carré de la racine + 2 fois la racine + 1, sa racine carrée est au moins égale à la racine trouvée + 1.

Démonstration du procédé de l'extraction de la racine carrée.

84. Pour comprendre comment on revient du carré d'un nombre quelconque, voyons d'abord comment le carré se compose, quand on multiplie la racine par elle-même. A cet effet élevons au carré le nombre 36.

Nous disposerons le calcul comme il suit, afin de faire mieux ressortir les diverses parties du carré.

```
Racine..    36
Racine..    36
            ____
            36  unités.  Carré des unités.
        18 .   dizaines. Prod. des diz. par les unités.
        18 .   dizaines. Prod. des diz. par les unités.
        9 . .  centaines. Carré des centaines.
            ____
Carré...  1296
```

En multipliant 6 par 6 on a eu 36, nombre qui est évidemment le carré des unités. Multipliant ensuite les 3 dizaines du multiplicande par 6, on a obtenu 18 dizaines, qu'on a placées au rang des dizaines. Faisant de même le produit des 6 unités du multiplicande par les 3 dizaines du multiplicateur, on a encore obtenu 18 dizaines qu'on a écrites sous celles déjà trouvées. Enfin, la multiplication des 3 dizaines du multiplicande par les 3 dizaines du multiplicateur donne 9 centaines qui sont évidemment le carré des dizaines; on les écrit au rang des centaines. La somme de ces diverses parties donne 1296 pour le carré de 36.

On pourrait appliquer le même raisonnement à tout autre nombre de plusieurs chiffres; car quelque nombreux que soient les chiffres qui forment un nombre, ce nombre peut toujours être considéré comme composé de dizaines et d'unités. Ainsi le nombre 4568 peut être décomposé en 4560 + 8, ou 456 dizaines + 8 unités. D'où on établit en principe général que :

Le carré d'un nombre quelconque composé de dizaines et d'unités renferme :

1° Le carré des unités.

2° Deux fois le produit des dizaines par les unités.

3° Le carré des unités.

Remarque. Dans l'extraction de la racine carrée d'un nombre, on ne peut pas déterminer d'abord le chiffre des unités ; car le carré des unités donnant ordinairement des dizaines, ces dizaines se fondent avec celles que procure le double produit des dizaines par les unités, de sorte qu'il n'est pas possible de déterminer au juste dans quelle partie du nombre donné se trouve ce carré. Au contraire, des dizaines multipliées par des dizaines ne pouvant donner moins que des centaines (1re partie, n° 158), on est certain que le carré des dizaines de la racine est contenu tout entier dans les centaines du nombre proposé. Voilà pourquoi on commence par déterminer les dizaines.

Exemple : Soit maintenant à extraire la racine carrée de 7225.

Opération.

$$
\begin{array}{r|l}
72,25 & 85 \\
64 & \hline \\
\hline
825 & 165 \\
825 & \quad 5 \\
\hline
& 825 \\
\end{array}
$$

Le nombre 7225 étant compris entre 100 dont la racine est 10, et 10,000, dont la racine est 100, sa racine est nécessairement comprise entre 10 et 100. Ainsi elle aura deux chiffres, par conséquent des dizaines et des unités.

Puisque la racine cherchée se compose de dizaines

et d'unités, son carré, c'est-à-dire le nombre 7225 contient donc : 1° le carré des unités, 2° le double produit des dizaines par les unités, 3° le carré des dizaines.

Tâchons maintenant de déterminer chacun de ces chiffres, et d'abord celui des dizaines.

Le carré des dizaines donnant au moins des centaines, les deux derniers chiffres à droite du nombre proposé ne peuvent en faire partie, c'est pour cela qu'on les sépare des autres chiffres à gauche par un point. Ainsi les 72 centaines du nombre 7225 contiennent en entier le carré des dizaines, plus quelques centaines provenant des autres parties du carré. Si maintenant l'on cherche la racine du plus grand carré contenu dans 72, on aura les dizaines de la racine demandée. Or, le plus grand carré contenu dans 72 est 64, dont la racine carrée est 8 ; 8 est donc le chiffre des dizaines de la racine. On l'écrit à droite du nombre 7225, en l'en séparant par un trait vertical, puis on ôte son carré, c'est-à-dire 64 de 72. On a pour reste 8, à côté duquel on abaisse les deux chiffres suivants, 25, ce qui donne 825. Ce nombre renferme encore deux parties du carré : le double produit des dizaines par les unités, et le carré des unités.

Le double produit des dizaines par les unités ne pouvant donner moins que des dizaines (1ʳᵉ partie, n° 158), se trouve tout entier dans les 82 dizaines du nombre 825, c'est pourquoi l'on sépare par un point le dernier chiffre à droite. Si maintenant l'on double le chiffre 8 des dizaines de la racine, ce qui donne 16, et qu'on divise 82 par ce nombre, le quotient 5 exprimera les unités de la racine. Car on peut considérer 72 comme le produit de deux facteurs dont l'un est 16, double des dizaines, et l'autre le chiffre inconnu des unités; or, l'on a vu (n° 17) qu'en divisant un produit de deux facteurs par l'un de ces facteurs, on obtient l'autre au quotient.

Le chiffre trouvé par cette division peut être trop fort, parce que, outre le double produit des dizaines par les unités, le nombre 82 contient encore les dizaines qui proviennent du carré des unités. Pour s'assurer si ce chiffre est bon, on l'écrit à droite de 16, double des dizaines, ce qui donne le nombre 165, qu'on multiplie par 5. Par cette multiplication on forme évidemment le carré des unités 5×5, et en même temps le double produit des dizaines par les unités 160×5; et, comme le produit se soustrait sans reste de 825, on en conclut que 85 est la racine exacte de 7225. En effet, $85 \times 85 = 7225$.

85. Si le nombre proposé avait plus de 4 chiffres, sa racine carrée en aurait plus de deux; mais, quelqu'en soit le nombre, on peut toujours la considérer comme étant composée d'un certain nombre de dizaines et d'unités (n° 84.) Le raisonnement qui précède reste donc le même et s'applique à tous les cas.

Soit pour nouvel exemple à extraire la racine carrée de 135424.

Opération.

13.54.24	368	
9		
45.4	66	728
39 6	6	8
5 8 24	396	5824
5 8 24		

Le nombre proposé étant plus grand que 10000, sa racine surpassera 100 ; mais, comme il est plus petit que 1000000, sa racine sera moins grande que 1000 ; ainsi elle sera comprise entre 100 et 1000, dès-lors on voit qu'elle aura 3 chiffres ; par conséquent elle se composera d'un certain nombre de dizaines, exprimé par les deux chiffres à gauche, et d'unités, exprimé par le dernier chiffre à droite.

Le carré des dizaines ne pouvant se trouver que dans les centaines du nombre donné, on sépare, par un point, les deux derniers chiffres à droite, la question est par là ramenée à extraire la racine carrée du nombre 1354, considéré avec sa valeur absolue : cette racine exprimera les dizaines de la racine totale demandée.

La racine de 1354 se compose encore de deux chiffres ; ainsi, raisonnant sur ce nombre comme on l'a fait sur le nombre total, on est amené, pour déterminer le chiffre des dizaines de sa racine, à séparer encore deux chiffres, et à chercher la racine du plus grand carré contenu dans 13. Le plus grand carré contenu dans 13 est 9, dont la racine est 3 ; on écrit donc 3 à droite du nombre proposé, et l'on ôte son carré de 13, ce qui donne 4 de reste.

Pour déterminer maintenant le second chiffre de la racine de 1354, on abaisse à côté du reste 4 la tranche suivante 54, ce qui donne 454 ; séparant le dernier chiffre à droite, et divisant 45 par 6, double de la racine trouvée, il vient 6 pour quotient. On écrit ce chiffre à droite de 6, et l'on multiplie le nombre 66 ainsi formé par 6, ensuite l'on soustrait le produit de 454. Le nombre 36, trouvé à la racine, exprime les dizaines de la racine totale demandée.

Pour en déterminer le chiffre des unités, on descend à droite du reste 58 la dernière tranche 24, puis après avoir séparé le dernier chiffre à droite, on divise la partie à gauche 582 par 72, double de la racine trouvée. On obtient pour quotient 8, qu'on écrit à droite de 72, ce qui forme le nombre 728. Multipliant ce nombre par 8, puis soustrayant le produit de 5824, il vient 0 pour reste. Ainsi 365 est la racine carrée exacte de 135424.

En effet, $365 \times 365 = 135424$.

Racine carrée des nombres décimaux.

86. Pour avoir la racine carrée d'un nombre décimal, il faut d'abord rendre le nombre des décimales pair, s'il ne l'est pas ; extraire ensuite la racine sans faire attention à la virgule, et séparer sur la droite de la racine obtenue moitié autant de chiffres décimaux que le nombre proposé en renferme.

Exemple : Évaluer $\sqrt{46{,}235}$.

Après avoir ajouté un zéro afin que le nombre des décimales soit pair, on extrait la racine à l'ordinaire, et ensuite l'on sépare sur la droite de la racine trouvée 2 chiffres, ce qui donne pour la racine demandée 6,79 à moins d'un centième près.

87. Si le degré d'approximation était déterminé, on ferait en sorte que le nombre donné eût deux fois autant de décimales qu'on en désire à la racine, et l'on opérerait comme ci-dessus.

Exemple : Trouver $\sqrt{7{,}36}$ à moins d'un 100e près.

On demande deux chiffres décimaux à la racine, il faut donc que le nombre proposé en ait quatre ; ajoutant deux zéros et opérant comme ci-dessus, on a 2,71 pour la racine demandée, à moins d'un 100e près.

Démonstration. Nous avons vu (n° 161) que dans la multiplication des nombres décimaux, le produit doit avoir autant de décimales qu'il y en a dans les deux facteurs. Or, pour élever au carré un nombre décimal, il faut le multiplier par lui-même ; ainsi, dans ce cas, les deux facteurs ont le même nombre de décimales, par conséquent, si la racine en a 2, le carré doit en avoir 4, etc. Donc le carré d'un nombre décimal doit toujours avoir un nombre de chiffres décimaux double de ceux qu'il y a à la racine, et par conséquent toujours pair.

Racine carrée des fractions ordinaires.

88. Pour extraire la racine carrée d'une fraction ordinaire, on la convertit ordinairement en décimales (1re partie, n° 255), ayant soin de pousser l'opération jusqu'à ce qu'on ait deux fois autant de chiffres décimaux qu'on veut en avoir à la racine. On opère ensuite comme à l'ordinaire sans faire attention à la virgule, et à la racine, on sépare sur la droite autant de chiffres qu'on demande de décimales.

Exemple : Trouver la racine carrée de $\frac{3}{7}$ à moins d'un 1000ᵉ près.

Réduisant la fraction $\frac{3}{7}$ en décimales à moins d'un 1000000ᵉ près il vient 0,428571. Extrayant la racine carrée de 428571 à une unité près, on a 654 ; ce qui donne pour la racine demandée 0,654.

89. Si la fraction était jointe à un nombre entier, on la réduirait également en décimales, et l'on calculerait 2 fois autant de chiffres décimaux qu'on veut en avoir à la racine, puis on opérerait comme il est dit au (n° 87.)

90. Lorsque les deux termes de la fraction sont des

carrés parfaits, ce qu'il y a de plus simple à faire, c'est d'extraire séparément la racine carrée du numérateur et celle du dénominateur. Ainsi la racine carrée de $\frac{1}{9}$ est $\frac{1}{3}$; celle de $\frac{9}{25}$ est $\frac{3}{5}$, etc.

(Problèmes 695 et suivants.)

EXTRACTION DE LA RACINE CUBIQUE.

91. Le cube ou la 3ᵉ puissance d'un nombre quelconque est le produit de trois facteurs égaux à ce nombre ; ou bien c'est le produit de ce nombre multiplié par son carré. Ainsi 64 est le cube de 4, car $4 \times 4 \times 4 = 64$.

On peut donc indiquer le cube d'un nombre en lui donnant 3 pour exposant. Ainsi 5^3 signifie le cube de 5.

92. Le nombre qui étant élevé au cube, reproduit un nombre proposé, est la racine cubique ou 3ᵉ de ce nombre. Ainsi la racine cubique de 27 est 3, parce que le cube de 3 est 27.

93. Pour indiquer qu'il faut extraire la racine cubique d'un nombre, on place avant ce nombre le signe $\sqrt{}$, et l'on écrit le chiffre 3 dans l'ouverture du signe. Ainsi $\sqrt[3]{216}$ désigne la racine cubique de 216.

94. Si la racine cubique d'un nombre entier n'est pas elle-même un nombre entier, on ne peut l'exprimer exactement par aucun nombre.

On dit qu'on a la racine cubique d'un nombre à moins d'une unité près, d'un dixième près, etc., lorsque l'erreur est moindre qu'une unité, qu'un dixième, etc.

95. Pour former le cube d'un nombre, il suffit de multiplier ce nombre par lui-même, puis le produit par ce même nombre. Ainsi, pour cuber le nombre 13, on multiplie d'abord 13 par 13, ce qui donne 169, puis le nombre 169 par 13, et l'on a 2197 pour le cube cherché.

Il n'est pas aussi facile de revenir d'un nombre donné à sa racine cubique; il y a pour cela des règles spéciales que nous allons faire connaître.

Racine cubique des nombres entiers.

96. Les cubes des dix premiers nombres
$$1, 2, 3, 4, 5, 6, 7, 8, 9, 10$$
sont évidemt. $1, 8, 27, 64, 125, 216, 343, 512, 729, 1000$
car $1 \times 1 \times 1 = 1$; $2 \times 2 \times 2 = 8$; $3 \times 3 \times 3 = 27$, etc.

Réciproquement les nombres $1, 8, 27$, etc. de la seconde ligne ont pour racines cubiques ceux de la première $1, 2, 3$, etc.

On peut donc, au moyen de ces deux lignes, trouver la racine cubique d'un nombre quelconque moindre que 1000. Ainsi la racine cubique de 64 est 4; celle de 216 est 6. Si l'on avait à déterminer celle de 148, on observerait que 148 étant compris entre 125, cube de 5, et 216, cube de 6, sa racine est nécessairement comprise entre 5 et 6, c'est-à-dire qu'elle est 5 plus une fraction.

97. Lorsque le nombre donné a plus de quatre chiffres, on le partage en tranches de trois chiffres chacune, en partant de la droite. (Il y a toujours à la racine un nombre de chiffres égal au nombre des tranches. La première tranche à gauche peut n'avoir que deux et même qu'un chiffre.) On prend alors la ra-

ciné du plus grand cube contenu dans la première tranche à gauche, et on l'écrit à droite du nombre proposé, ayant soin de l'en séparer par un trait vertical; on retranche ensuite le cube de cette racine de la première tranche à gauche.

A côté du reste de la soustraction, on abaisse la tranche suivante dont on sépare, par un point, les deux derniers chiffres à droite. On divise ensuite la partie qui reste à gauche du point par le triple carré du chiffre trouvé à la racine, et l'on écrit le quotient, qui est le deuxième chiffre de la racine, à droite du chiffre déjà obtenu. On élève alors au cube l'ensemble des deux chiffres trouvés à la racine, et on retranche ce cube de l'ensemble des deux premières tranches à gauche; si la soustraction n'est pas possible, on diminue d'une unité le dernier chiffre de la racine et l'on commence la vérification. On continue de la sorte jusqu'à ce que la soustraction puisse se faire.

A côté du nouveau reste on abaisse la tranche suivante; on sépare les deux derniers chiffres à droite par un point, puis on divise la partie qui reste à gauche du point par le triple carré de la racine trouvée. On écrit le quotient, qui est le 3e chiffre de la racine, à droite des deux chiffres déjà déterminés; on fait ensuite le cube de la racine obtenue, et on le soustrait des trois premières tranches à gauche.

A la suite du reste on descend la tranche suivante, et l'on continue de la même manière jusqu'à ce qu'on ait abaissé toutes les tranches.

Exemple : On demande la racine cubique de 15625.

Opération.

15.625	25	Racine.	25
8	4	Racine.	25
76.25	3		125
	12		50
		Carré..	625
			25
			3125
			1125
		Cube...	15625

Le nombre proposé contenant deux tranches, on voit par là qu'il y aura deux chiffres à la racine : pour les déterminer on dit : Le plus grand chiffre contenu dans 15, première tranche à gauche, est 8, dont la racine est 2, ou bien la racine cubique de 15 à moins d'une unité près est 2 pour 8 ; 2 est le premier chiffre de la racine, on l'écrit à droite du nombre proposé, et l'on ôte son cube, c'est-à-dire 8 de 15. A côté du reste 7 on abaisse la tranche suivante 625, ce qui donne le nombre 7625 dont on sépare par un point les deux derniers chiffres à droite. Divisant ensuite 76 par le triple carré de 2, c'est-à-dire 12 (car le carré de 2 est 4, et $4 \times 3 = 12$), on obtient pour quotient 5, qui est le deuxième chiffre de la racine. Pour s'assurer si ce chiffre est bon, on élève au cube la racine trouvée, c'est-à-dire 25 ; le cube de 25 étant égal à 15625, on conclut que 25 est la racine cubique exacte du nombre proposé.

Autre exemple : Evaluer $\sqrt[3]{143877824}$.

Opération.

```
              143.877.824 | 524
              125         |
                          |  25  |  52
              .188.77e    |   3  |  52
                          |  75  | 104
1re et 2e tranche...  143877    | 260
Cube de 52 ......     140608    | 2704
              ..32698.24        |    3
1re, 2e et 3e tranche.  143877824 | 8112
Cube de 524......       143877824
```

....

Après avoir partagé le nombre en tranches de trois chiffres en partant de la droite, on voit que la racine se composera de trois chiffres ; pour les connaître l'on dit : La racine du plus grand cube contenu dans 143, première tranche à gauche à moins d'une unité près est 5 pour 125 ; ainsi 5 est le premier chiffre de la racine. Otant son cube 125 de 143, il vient 18 pour reste, à côté duquel on descend la tranche suivante 877, ce qui forme le nombre 18877 dont on sépare les deux derniers chiffres à droite. On divise 188 par 75, triple du carré de 5, trouvé à la racine, et l'on a pour quotient 2, qui est le deuxième chiffre de la racine, et qu'on écrit à la suite de 5. Faisant alors le cube de 52, racine obtenue, et soustrayant ce nombre des deux premières tranches à gauche, il vient pour reste 3269 à côté duquel on descend la dernière tranche 824, puis on sépare par un point les deux derniers chiffres à droite du nombre ainsi formé. On divise alors la partie restante à gauche du point par le triple du carré de 52 ou 8112 ; le quotient est 4. Pour s'assurer si le chiffre 4 est bon, on fait le cube de 524. Or $524^3 = 143877824$, nombre égal au nombre proposé ; donc 524 est la racine cubique exacte de 143877824.

98. Si après qu'on a descendu une tranche à côté d'un reste, et séparé les deux derniers chiffres à droite, la partie du nombre qui est à gauche du point ne contient pas trois fois le carré de la racine déjà obtenue, on met un 0 à la racine, puis on abaisse la tranche suivante, et l'on continue l'opération.

Exemple : Trouver la racine cubique de 8489664.

Opération.

8.489.664	204	
8		
	4	400
04.89664	3	3
	12	1200

Après avoir déterminé le premier chiffre 2 de la racine, et soustrait son cube de la première tranche à gauche, il vient 0 pour reste. Abaissant alors la 2ᵉ tranche et séparant les deux derniers chiffres à droite, il reste 4 à gauche du point. 4 ne contenant pas le triple carré de 2 ou 12, on met 0 à la racine et l'on abaisse la 3ᵉ tranche ; séparant deux chiffres à droite, et divisant la partie à gauche du point par le triple carré de la racine, on obtient 4 pour 3ᵉ chiffre de la racine. Élevant 204 au cube, on reconnaît que ce nombre est la racine cubique exacte de 8489664.

Il faut remarquer qu'un reste ne doit jamais surpasser le triple carré de la racine obtenue + trois fois cette racine ; si cela arrivait, ce serait une preuve que le dernier chiffre mis à la racine serait trop faible, il faudrait l'augmenter.

99. La preuve de cette règle se fait en cubant la racine trouvée et ajoutant à ce cube le reste, s'il y en a un; on doit reproduire le nombre donné.

Racine cubique par approximation.

100. Il arrive souvent que le nombre, soit entier, soit fractionnaire dont on cherche la racine, n'est pas un cube parfait; dans ce cas la racine est un nombre incommensurable ou irrationnel, c'est-à-dire qu'on ne peut l'exprimer exactement par aucun nombre. Toutefois par la règle qui suit, on peut approcher aussi près qu'on désire de la valeur réelle de cette racine.

101. Pour obtenir la racine cubique d'un nombre entier à moins d'un dixième, ou d'un centième, ou d'un millième près, etc., il faut écrire à sa droite autant de fois trois zéros qu'on veut avoir de décimales à la racine; on extrait ensuite la racine cubique comme à l'ordinaire, puis l'on sépare sur la droite de la racine obtenue autant de chiffres décimaux qu'on en demande.

Exemple : Extraire la racine cubique de 43 à moins d'un 100ᵉ près.

<pre>
                          Opération.

                     43.000.000 | 350
                     27, |
                                | 9 | 35
                     ────── | 3 | 35
                     160.00 | ────────| ─────
1ʳᵉ et 2ᵉ tranche.   43000 | 27 | 175
cube de 35 . . .   42875 | | 105
                     ────── | | ─────
                   ..1250.00 | | 1225
                                | | 3
                                | | ─────
                                | | 3675
</pre>

On veut avoir deux chiffres décimaux à la racine, par conséquent il faut mettre six zéros à la droite du nombre 43, ce qui donne 43000000. Extrayant la racine cubique de ce nombre à moins d'une unité près, on obtient 350 ; séparant deux chiffres à droite, il vient pour la racine demandée 3,50.

Démonstration. En effet, le nombre dont on extrait la racine cubique à un degré d'approximation quelconque, peut être considéré comme le cube d'un nombre décimal qui aurait autant de chiffres décimaux qu'on en demande à la racine. Or, on a vu (n° 91) que le cube d'un nombre est le produit de trois facteurs égaux à ce nombre ; on a vu aussi (n° 161, 1re partie), que dans la multiplication des nombres décimaux le produit contient autant de décimales que les facteurs ensemble ; par conséquent, si un nombre à deux décimales, son cube en contiendra six ; si ce nombre a trois décimales, son cube en aura neuf, etc. ; donc, pour obtenir la racine cubique d'un nombre entier à un degré d'approximation quelconque, il faut, etc.

Pour le cas où le nombre serait décimal, voir le n° 104.

1re *Remarque.* Les cubes de deux nombres consécutifs, tels que 4 et 5 diffèrent l'un de l'autre de 3 fois le carré du plus petit de ces nombres plus 3 fois ce nombre plus un. Ainsi le cube de 5 ou 125 contient le cube de 4 ou 64 + 3 fois le carré de 4 ou 48 + 3 fois 4 ou 12 + 1.

En effet, 5 peut se décomposer en 4 + 1 ; pour l'élever au cube il faudra donc multiplier les trois parties de son carré, c'est-à-dire... $4^2 + 2$ fois $4 + 1$

par .... $4 + 1$

Multipliant 1 par 1 on a. 1
Multipliant 2 fois 4 par 1 on a . . . . 2 fois 4
Multipliant 4^2 par 1 on a. . . . . . . 1 fois 4^2
Multipliant 1 supérieur par 4 on a... 1 fois 4
Multipliant 2 fois 4 par 4 on a . . . . 2 fois 4^2
Multipliant 4^2 par 4 on a . . . . 4^3

Ainsi, on voit que le cube de $4+1$ ou 5, égale le cube de $4+3$ fois le carré de $4+3$ fois $4+1$.

2e *Remarque.* Nous avons dit (n° 98) qu'un reste ne doit jamais surpasser le triple du carré de la racine obtenue $+3$ fois cette racine. En effet, le nombre dont on extrait la racine cubique est égal au cube de la racine plus le reste; par conséquent, si le reste contient 3 fois le carré de la racine $+3$ fois cette racine $+1$, ce nombre égalera le cube de la racine $+3$ fois le carré de la racine $+3$ fois cette racine $+1$; or, nous venons de voir que la différence entre les cubes de deux nombres consécutifs est égale à 3 fois le carré du plus petit de ces nombres $+3$ fois ce nombre $+1$; donc, puisque le nombre sur lequel on opère contient le cube de la racine $+3$ fois le carré de cette racine $+3$ fois cette racine $+1$, sa racine cubique est au moins égale à la racine obtenue $+1$.

Démonstration du procédé de l'extraction de la racine cubique.

102. Examinons d'abord comment se forme le cube d'un nombre composé de dizaines et d'unités. On sait que, pour obtenir le cube d'un nombre, il faut multiplier ce nombre par son carré (n° 91.) On sait aussi (n° 84) que le carré d'un nombre formé de dizaines et d'unités contient 1° le carré des dizaines, 2° 2 fois le

produit des dizaines par les unités ; 3° le carré des unités.

Soit maintenant à élever au cube le nombre 26. Son carré se compose des trois produits suivants : 1° le carré des dizaines ou 400 ; 2° le double produit des dizaines par les unités ou 240 ; 3° le carré des unités ou 36. En rapprochant ces divers produits on a $26^2 = 400 + 240 + 36$. Si l'on multiplie ces diverses parties qui composent le carré de 26, par 26 ou $20 + 6$, on obtiendra le cube de 26. On dispose le calcul de la manière suivante, afin de faire mieux ressortir les parties du cube.

$$400 + 240 + 36$$
$$20 + 6$$

$36 \times 6 = 216$ cube des unités.
$240 \times 6 = 1440$ double prod. des diz. par le carré des unités.
$400 \times 6 = 2400$ 1 fois le carré des dizaines par les unités.
$36 \times 20 = 720$ 1 fois le prod. des diz. par le carré des unités.
$240 \times 20 = 4800$ 2 fois le carré des dizaines par les unités.
$400 \times 20 = 8000$ cube des dizaines.

$17576 =$ le cube de 26.

Le même raisonnement pouvant s'appliquer à tout autre nombre de plusieurs chiffres, on en conclut que le cube d'un nombre quelconque composé de dizaines et d'unités renferme :

1° Le cube des unités.

2° Le triple produit des dizaines par le carré des unités.

3° Le triple produit du carré des dizaines par les unités.

4° Le cube des dizaines.

Remarque. Dans l'extraction de la racine cubique on ne peut pas déterminer d'abord le chiffre des unités, car le cube des unités pouvant donner des dizaines et même des centaines, ces dizaines et ces centaines se trouvent confondues avec les autres parties du cube, de sorte qu'il n'est pas possible de déterminer au juste dans quelle partie du nombre donné se trouve ce cube. Au contraire, le cube des dizaines ne pouvant donner moins que des mille, on sait certainement que le cube des dizaines de la racine est contenu tout entier dans les mille du nombre proposé. C'est pourquoi on détermine d'abord le chiffre des dizaines.

Exemple : Soit maintenant à extraire la racine cubique de 13824.

Opération.

```
                    13.824 | 24           24
                     8     |  4           24
                    ______ |  3          ____
                    58.24  | 12           96
1re et 2e tranche.. 13824  |              48
Cube de 24 . . . .  13824  |             ____
                    ______               576
                    . . . . .             24
                                         _____
                                         2304
                                         1152
                                         _____
                                         13824
```

Le nombre 13824 étant compris entre 1000, dont la racine cubique est 10, et 1000000, dont la racine cubique est 100, sa racine cubique est nécessairement comprise entre 10 et 100 ; ainsi elle aura deux chiffres, par conséquent des dizaines et des unités.

Puisque la racine cherchée se compose de dizaines et d'unités, son cube, c'est-à-dire le nombre 13824, contient donc 1° le cube des unités, 2° le triple produit des dizaines par le carré des unités, 3° le triple produit du carré des dizaines par les unités, 4° le cube des dizaines.

Tâchons maintenant de déterminer chacun de ces chiffres et d'abord celui des dizaines.

Le cube des dizaines donnant au moins des mille, les trois derniers chiffres à droite du nombre proposé ne peuvent en faire partie; c'est pourquoi on les sépare des autres par un point. Ainsi les 13 mille du nombre 13824 contiennent en entier le cube des dizaines, plus quelques mille seulement provenant des autres parties du cube; si donc l'on cherche la racine du plus grand cube contenu dans 13, on aura les dizaines de la racine demandée. Or, le plus grand cube contenu dans 13 est 8, dont la racine est 2; 2 est donc le chiffre des dizaines de la racine. On l'écrit à droite du nombre 13824, en l'en séparant par un trait vertical, puis on ôte son cube de 13. Il vient pour reste 5, à côté duquel on abaisse les trois chiffres suivants 824, ce qui donne 5824. Ce nombre contient encore 3 parties du cube, c'est-à-dire le triple produit du carré des dizaines par les unités, le triple produit des dizaines par le carré des unités, le cube des unités.

Le triple produit du carré des dizaines par les unités ne pouvant donner moins que des centaines (1re partie, n° 158), se trouve tout entier dans les 58 centaines du nombre 5824; c'est pourquoi on sépare par un point les deux derniers chiffres à droite. Ces 58 centaines contiennent donc le triple produit des dizaines de la racine par les unités; par conséquent, si l'on divise 58 par 12, triple carré des dizaines de la racine, le quotient 4 exprimera les unités de la racine.

Ce chiffre peut être trop fort, car, outre le triple produit du carré des dizaines par les unités, le nombre 5824 contient encore les retenues provenant des deux autres parties du cube. Pour s'assurer s'il est bon, on pourrait calculer les trois dernières parties du cube de 24, et comparer leur somme au nombre 5824; mais il est beaucoup plus simple d'élever 24 au cube. Or, le cube de 24 égale 13824, d'où l'on conclut que 24 est la racine cubique exacte de 13824.

103. Si le nombre proposé avait plus de six chiffres, sa racine cubique en aurait plus de deux. Mais quelqu'en soit le nombre, on peut toujours la considérer comme étant composée d'un certain nombre de dizaines et d'unités (n° 84); le raisonnement qui précède reste donc le même et s'applique à tous les cas.

Nous ne croyons pas nécessaire de donner un nouvel exemple; le cas étant analogue à celui où la racine carrée est formée de plus de deux chiffres, on peut consulter le raisonnement de l'exemple du n° 85.

Racine cubique des nombres décimaux.

104. Pour avoir la racine cubique d'un nombre décimal, il faut d'abord rendre le nombre des décimales divisible par trois, s'il ne l'est pas; extraire ensuite la racine cubique sans faire attention à la virgule, et séparer sur la droite de la racine, obtenir un nombre de chiffres décimaux égal au tiers de ceux que le nombre proposé renferme.

Exemple : Evaluer $\sqrt[3]{82,3646}$.

Après avoir ajouté deux zéros, afin que le nombre des décimales soit divisible par 3, on extrait la racine cubique de 32364600 à l'ordinaire, et ensuite l'on

pelle grand axe, le milieu de cette ligne se nomme centre ; la perpendiculaire élevée au milieu du grand axe, et qui va de part et d'autre jusqu'à la courbe, s'appelle petit axe.

2° Définition des solides.

137. On appelle corps, volume, ou solide une étendue qui a longueur, largeur et profondeur ou épaisseur.

138. On appelle en général polyèdre, un solide terminé par des faces planes.

On distingue surtout parmi les polyèdres le prisme et la pyramide.

139. Un prisme est un solide compris entre plusieurs surfaces planes, dont deux sont des polygones égaux et parallèles, et les autres des parallélogrammes.

Les deux polygones égaux et parallèles sont les bases du prisme, on donne le nom de faces aux parallélogrammes.

On appelle arête la rencontre de deux parallélogrammes consécutifs.

La hauteur d'un prisme est la perpendiculaire abaissée de la base supérieure sur le plan de la base inférieure.

Un prisme est droit lorsque les arêtes sont perpendiculaires aux bases, lorsqu'il en est autrement le prisme est oblique.

O distingue les prismes par le nombre des côtés de leurs bases. Ainsi, un prisme dont les bases sont des triangles s'appelle prisme triangulaire; celui dont les bases sont des quadrilatères s'appelle prisme quadrangulaire; celui dont les bases sont des pentagones s'appelle prisme pentagonal, etc.

140. Le prisme quadrangulaire prend le nom de parallélipipède.

Un parallélipipède droit dont les bases sont des rectangles s'appelle parallélipipède rectangle.

141. Un cube est un prisme dont toutes les faces sont des carrés. On peut encore définir le cube un solide compris entre six carrés égaux.

142. Une pyramide est un solide compris entre un polygone quelconque et plusieurs triangles qui ont pour bases les côtés de ce polygone et dont tous les sommets se réunissent en un même point.

Le polygone est la base de la pyramide; le point où se réunissent les sommets des triangles en est le sommet; sa hauteur est la perpendiculaire abaissée du sommet sur le plan de la base.

On distingue les pyramides par le nombre des côtés de leurs bases. Ainsi, une pyramide dont la base est un triangle s'appelle pyramide triangulaire, celle dont la base est un quadrilatère se nomme pyramide quadrangulaire, etc.

Une pyramide est régulière quand sa base est un polygone régulier, et que sa hauteur passe par le centre de ce polygone.

La perpendiculaire abaissée du sommet d'une pyramide régulière sur un des côtés de sa base se nomme apothème de cette pyramide.

143. Un cylindre est un solide compris entre deux cercles égaux et parallèles et la surface courbe que formerait une ligne droite qui glisserait parallèlement à elle-même en s'appuyant continuellement sur les deux circonférences.

Les deux cercles sont les bases du cylindre; la droite qui joint leurs centres en est l'axe; la perpendiculaire abaissée d'une base sur le plan de l'autre base en est la hauteur.

signe ; et l'on place un point entre les divers
termes.

Ainsi, les deux suites de nombres

$$4 . 7 . 10 . 13 . 16 . 19 . 21$$
$$36 . 31 . 26 . 21 . 16 . 11 . 6$$

forment deux progressions par différence ; dont la
première est dite croissante, parce que les termes
vont en augmentant ; la deuxième est dite décroissante, parce que les termes vont en diminuant. Dans
la première la raison est 3, dans la deuxième elle est 5.

On énonce une progression par différence comme
une proportion continue ; ainsi, la 1ʳᵉ des progressions
ci-dessus s'énonce en disant : 4 est à 7 comme 7 est à
10 comme 10 est à 13, etc.

111. Les propriétés des progressions croissantes
s'appliquent également aux progressions décroissantes
en changeant seulement *plus* en *moins*, *ajouter* en
soustraire, *multiplier* en *diviser*. Nous ne considére-
rons que les progressions croissantes.

112. Par la définition même de la progression par
différence, on voit que dans une progression croissante le 2ᵉ terme est égal au 1ᵉʳ plus la raison. Le 3ᵉ
est égal au 2ᵉ plus la raison, ou au 1ᵉʳ plus 2 fois la
raison. Le 4ᵉ est égal au 3ᵉ plus la raison, ou au 1ᵉʳ
plus 3 fois la raison, etc. En général un terme quelconque est égal au 1ᵉʳ plus autant de fois la raison
qu'il y a de termes avant lui. Ainsi, par exemple, soit
à déterminer le 8ᵉ terme de la progression 4 . 9 .
14 . etc.

Le terme demandé est le 8ᵉ, il y en a par conséquent 7 avant lui ; multipliant 7 par la raison, qui
est 5, et ajoutant au produit 35 le premier terme, on
a 39 qui est en effet le 8ᵉ terme.

113. Cette propriété fournit encore le moyen d'insérer entre deux nombres donnés des moyens différentiels, c'est-à-dire des nombres qui forment avec les nombres proposés une progression par différence.

Exemple : On demande d'insérer 7 moyens différentiels entre 6 et 46.

Il faut d'abord trouver la raison de la progression. Puisque le dernier terme 46 est égal au premier plus autant de fois la raison qu'il y a de termes avant lui (n° 112), si on soustrait le premier terme du dernier, le reste contiendra la raison autant de fois qu'il y a de termes avant le dernier ; divisant alors le reste par 8, nombre des termes avant le dernier, on aura la raison 5. Ainsi, la proportion sera

$$\div\ 6\ .\ 11\ .\ 16\ .\ 21\ .\ 26\ .\ 31\ .\ 36\ .\ 41\ .\ 46.$$

Donc, pour insérer entre deux nombres donnés autant de moyens différentiels que l'on veut, il faut retrancher le plus petit nombre du plus grand, puis diviser le reste par le nombre des moyens à insérer plus un. Le quotient donne la raison de la progression, qui peut être croissante ou décroissante.

114. Dans une progression par différence, la somme des termes extrêmes est égale à celle des deux termes du milieu si le nombre des termes est pair, et au double du terme du milieu si le nombre des termes est impair.

En effet, soit la progression $\div$ 5 . 7 . 9 . 11 . 13 . 15 dont les termes sont en nombre pair ; la somme des extrêmes 5 et 15 est 20, celle des deux moyens 9 et 11 est également 20.

Dans celle-ci $\div$ 3 . 8 . 13 . 18 . 23, où le nombre des termes est impair, la somme des extrêmes 3 et 23 égale 26 ; le double du terme du milieu 13 égale bien aussi 26; donc, dans une progression par différence, etc.

115. La somme de deux termes quelconques d'une progression par différence, prise à égale distance des deux termes extrêmes, est égale à la somme des extrêmes.

Ainsi, dans la progression ÷ 2 . 5 . 8 . 11 . 14. 17 . 20 . 23 . 26 . 29 où la somme des extrêmes 2 et 29 = 31, celle de deux termes quelconques pris à égale distance des extrêmes, comme 5 et 26 ou 8 et 23, égale aussi 31.

116. La somme de tous les termes d'une proportion par différence est égale à la somme des extrêmes multipliée par la moitié du nombre des termes.

Ainsi, dans la progression précédente, la somme des extrêmes 2 et 29 = 31, la moitié des termes est 5; multipliant 31 par 5, il vient 155, qui est en effet la somme de tous les termes de la progression, comme il est facile de s'en convaincre.

147. Quatre choses essentielles sont à considérer dans une progression : le 1er terme et le dernier, la raison et le nombre des termes. Il suffit que trois de ces choses soient connues pour découvrir la quatrième.

1er Exemple : On veut faire creuser un puits à 15 mètres de profondeur; combien coûtera le dernier mètre, si l'on donne 4 fr. pour le premier et qu'on augmente le prix progressivement de 5 fr. à chaque mètre?

Il s'agit ici de déterminer le 15e terme d'une progression dont le premier terme est 4 et la raison 5.

Le 15e terme d'une progression égale le 1er terme plus 14 fois la raison (n° 112), donc, on aura ce 15e terme en multipliant la raison 5 par 14 et ajoutant le

1ᵉʳ terme au produit. Ainsi, la réponse sera (5×14) + 4 = 74 fr.

2ᵉ Exemple. Que faudra-t-il payer pour creuser un puits de 15 mètres de profondeur, si l'on donne 4 fr. pour le 1ᵉʳ mètre, 9 fr. pour le 2ᵉ, ainsi de suite jusqu'au dernier qui coûte 74 fr. ?

On demande ici la somme de tous les termes d'une progression dont le 1ᵉʳ est 4, le dernier 74, la raison 5 et le nombre des termes 15. On aurait le résultat demandé, en formant la progression et en additionnant tous les termes ; mais on abrège en observant que (n° 116) la somme de tous les termes d'une progression est égale à la somme des extrêmes multipliée par la moitié des termes.

Solution. Somme des extrêmes 4 + 74 = 78 × 7½ moitié du nombre des termes = R. 585 fr.

Progressions par quotient ou géométriques.

148. Une progression par quotient est une suite de nombres dont chacun divisé par celui qui le précède donne un même quotient que l'on appelle *raison de la progression*.

119. Pour marquer que plusieurs nombres sont en progression par quotient, on les fait précéder du signe ∺ et l'on place deux points entre les divers termes.

Ainsi, les deux suites de nombres

∺ 4 : 16 : 64 : 256 : 1024 : 4096
∺ 243 : 81 : 27 : 9 : 3

forment des progressions par quotient ; dont la première est dite *croissante*, parce que les termes vont en augmentant ; la deuxième est dite *décroissante*, parce que les termes vont en diminuant. Dans la première la raison est 4 ; dans la seconde elle est $\frac{1}{4}$.

On énonce une progression par quotient comme une proportion continue (n° 15). Ainsi, la première des deux progressions ci-dessus s'énonce en disant : 4 est à 16 comme 16 est à 64, comme 64 est à 256, etc.

120. On voit, par la définition même de la progression, que le premier terme est considéré comme un dividende, le second comme un diviseur, et la raison comme un quotient.

Ainsi de même que dans une division le dividende est égal au diviseur multiplié par le quotient, de même aussi dans une progression par quotient

Le deuxième terme est égal au premier multiplié par la raison. Le troisième terme est égal au deuxième multiplié par la raison, ou au premier multiplié par la raison élevée au carré ou à la 2ᵉ puissance. Le quatrième terme est égal au troisième multiplié par la raison, ou au premier multiplié par la raison élevée à la troisième puissance, etc.

En général un terme quelconque d'une progression par quotient est égal au premier multiplié par la raison élevée à la puissance marquée par le nombre des termes qui le précèdent.

Soit par exemple à déterminer le 5ᵉ terme de la progression $\div$ 6 : 18.

Le terme demandé est le 5ᵉ, par conséquent il y en a 4 avant lui. Élevant donc 3, qui est la raison, à la 4ᵉ puissance et multipliant le résultat par le premier terme 6, on a : $3 \times 3 \times 3 \times 3 = 81$, $81 \times 6 = R.\ 486$ qui est en effet le 5ᵉ terme, comme on peut s'en convaincre.

121. Cette propriété fournit encore le moyen d'insérer, entre deux nombres donnés, autant de moyens proportionnels qu'on désire.

Soit par exemple à insérer 2 moyens proportionnels entre 12 et 96.

Il faut d'abord trouver la raison de la progression. On a vu (n° 120) que le dernier terme est égal au premier multiplié par la raison élevée à une puissance marquée par le nombre des termes qui le précèdent, par conséquent, si l'on divise le dernier terme 96 par le premier 12, l'on aura au quotient 8, qui sera la raison élevée à sa troisième puissance ; extrayant de ce nombre la racine cubique, il viendra 2 pour la raison.

La progression sera donc $\div$ 12 : 24 : 48 : 96.

De là cette règle générale :

Pour insérer entre deux nombres plusieurs moyens proportionnels, il faut diviser le plus grand par le plus petit, et extraire du quotient la racine du degré marqué par le nombre des moyens à insérer plus un. Cette racine est la raison avec laquelle il est facile de former la progression.

122. Lorsque le nombre des termes d'une progression est pair, le produit des extrêmes est égal à celui des deux termes du milieu, et, lorsque le nombre des termes est impair, le produit des extrêmes est égal au carré de terme du milieu.

En effet, soit la progression

$\div$ 3 : 6 : 12 : 24 : 48 : 96 où les termes sont en nombre pair. Le produit des extrêmes 3 et 96 est 288, celui des moyens 12 et 24 est également 288.

Dans celle-ci $\div$ 2 : 8 : 32 : 128 : 512 où le nombre des termes est impair, le produit des extrêmes est 1024, et le carré de 32, terme moyen, est aussi 1024.

123. Dans toute progression par quotient le produit de deux termes quelconques également éloignés des extrêmes est égal à celui des extrêmes.

Ainsi dans la première des deux progressions ci-dessus $3 \times 96 = 6 \times 48$ ou 12×24.

124. Le produit de tous les termes d'une progression par quotient est égal à celui des extrêmes élevé à une puissance marquée par la moitié du nombre des termes.

Ainsi, dans la première des progressions ci-dessus, si l'on élève le produit des extrêmes 288 à la puissance marquée par la moitié du nombre des termes, c'est-à-dire à la troisième puissance, il viendra $288 \times 288 \times 288 = 23887872$, produit égal à celui de tous les termes, comme on peut s'en convaincre. En effet, $23887872 = 3 \times 6 \times 12 \times 24 \times 48 \times 96$.

(*Problèmes 1874 et suivants.*)

DES SURFACES ET DES CORPS.

1° *Définition des surfaces.*

125. On appelle surface une étendue qui a longueur et largeur, comme le dessus d'une table, etc.

126. On appelle en général polygone une figure qui a plusieurs côtés.

Les polygones se désignent généralement par le nombre de leurs côtés; ainsi on dit un polygone de 5 côtés, un polygone de 7 côtés, etc. Cependant, plusieurs polygones, dont l'usage est plus fréquent, ont des noms particuliers : Ainsi

Un polygone de 3 côtés s'appelle triangle.
— 4 — quadrilatère.
— 5 — pentagone.
— 6 — hexagone.
— 8 — octogone.

127. Un quadrilatère, dont les côtés opposés sont parallèles entre eux, se nomme parallélogramme.

128. Un carré est un parallélogramme qui a tous ses côtés égaux et ses angles droits.

129. Un rectangle est un parallélogramme dont les quatre angles sont égaux et les côtés contigus inégaux.

130. Un losange est un parallélogramme dont les quatre côtés sont égaux, mais dont les angles ne sont pas droits.

131. Un rhomboïde est un parallélogramme dont les côtés contigus sont inégaux et dont les angles ne sont pas droits.

132. Un triangle est une surface terminée par trois lignes droites.

133. Un trapèze est un quadrilatère dont deux côtés seulement sont parallèles.

134. Un cercle est une surface renfermée par une ligne circulaire dont tous les points sont également distants d'un point intérieur appelé centre.

La ligne circulaire se nomme circonférence; la ligne droite qui, passant par le centre du cercle se termine de part et d'autre à la circonférence, se nomme diamètre; on appelle rayon la ligne qui mesure la distance du centre à la circonférence.

135. On appelle couronne la surface renfermée entre deux circonférences concentriques.

136. Une ellipse est une figure curviligne formée de quatre arcs de cercle raccordés et égaux deux à deux.

On l'appelle vulgairement ovale.

Les centres des deux petits arcs se nomment foyers; la ligne droite qui, passant par les foyers se prolonge de part et d'autre jusqu'à la courbe s'ap-

sépare sur la droite de la racine trouvée 2 chiffres, ce qui donne pour la racine demandée 3,18 à moins d'un 100ᵉ près.

105. Si le degré d'approximation était déterminé, on ferait en sorte que le nombre donné eût trois fois autant de décimales qu'on en désire à la racine, et l'on opèrerait comme ci-dessus.

Exemple : Trouver $\sqrt[3]{7,8}$ à moins d'un 100ᵉ près.

On demande deux chiffres décimaux à la racine, il faut donc que le nombre proposé en ait 6; ajoutant cinq zéros et opérant comme ci-dessus, il vient 1,98 pour la racine demandée.

Démonstration. On a vu (1ʳᵉ partie, n° 161) que, dans la multiplication des nombres décimaux, le produit a toujours autant de décimales que les facteurs en ont ensemble; on a vu également (n° 91) que le cube d'un nombre s'obtient en faisant le produit de trois facteurs égaux à ce nombre; par conséquent, si un nombre contient deux chiffres décimaux, son cube en contiendra 6; si ce nombre a 3 chiffres décimaux, son cube en aura 9, etc.; car dans ce cas le même nombre est facteur 3 fois. Donc, le cube d'un nombre décimal doit toujours avoir un nombre de chiffres décimaux triple de ceux qu'il y a à la racine, et par conséquent toujours divisible par 3.

Racine des fractions ordinaires.

106. Pour extraire la racine cubique d'une fraction ordinaire, on la convertit ordinairement en décimales (1ʳᵉ partie, n° 255); ayant soin de pousser l'opération jusqu'à ce qu'on ait 3 fois autant de chiffres décimaux qu'on veut en avoir à la racine. On opère ensuite comme à l'ordinaire, sans faire attention à la

virgule ; et à la racine on sépare sur la droite autant de chiffres qu'on demande de décimales.

Exemple : Trouver la racine cubique de $\frac{6}{11}$ à moins d'un 100ᵉ près.

Réduisant la fraction $\frac{6}{11}$ en décimales à moins d'un 1000000ᵉ près, on trouve 0,545454. Extrayant la racine cubique de 545454 à moins d'une unité près, il vient 81, ce qui donne 0,81 pour la racine demandée.

107. Si la fraction était jointe à un nombre entier, on la réduirait également en décimales, et l'on calculerait 3 fois autant de chiffres décimaux qu'on en désire à la racine, puis l'on opérerait comme au nº 105.

108. Lorsque les deux termes de la fraction sont des cubes parfaits, ce qu'il y a de plus simple à faire c'est d'extraire séparément la racine cubique du numérateur et celle du dénominateur. Ainsi, la racine cubique de $\frac{8}{64}$ est $\frac{2}{4}$; celle de $\frac{27}{125}$ est $\frac{3}{5}$, etc.

(*Problèmes 732 et suivants.*)

DES PROGRESSIONS.

1º *Progressions par différence ou arithmétiques.*

109. On appelle progression par différence une suite de nombres, dont la différence du premier au deuxième est la même que celle du deuxième au troisième, etc. Cette différence, qui est constamment la même, se nomme *raison de la progression*.

110. Pour marquer que plusieurs nombres sont en progression par différence, on les fait précéder du

MESURES DES BOIS DE CHARPENTE.

183. Si les pièces de bois ont le même équarrissage dans toute leur longueur, ce sont des prismes, qu'on calcule comme il est dit (n° 170.)

Si les pièces de bois n'ont pas le même équarrissage dans toute leur longueur, on agit comme pour le tronc de pyramide à bases parallèles (n° 176.)

Si une pièce de bois était ronde, et d'un diamètre égal dans toute sa longueur, ce serait un cylindre qu'on évaluerait comme il est dit (n° 172.)

Si les extrémités de la pièce n'avaient pas le même diamètre, ce serait alors un tronc de cône à bases parallèles, et pour en avoir la solidité il faudrait agir comme il est dit (n° 177.)

184. Pour obtenir la solidité d'une pièce de bois, équarrie ou ronde, dans la pratique on emploie la méthode approximative suivante, bien plus expéditive, et dont le résultat diffère assez peu du résultat rigoureusement exact.

On calcule la surface d'une section faite au milieu de la pièce de bois par un plan parallèle à ses deux extrémités, et l'on multiplie cette surface par la longueur de la pièce.

185. On a souvent besoin d'évaluer le bois en grume, c'est-à-dire encore revêtu de son écorce. L'usage est alors d'évaluer la solidité de la pièce équarrie qui peut en provenir, et non pas celle de toute la pièce en grume comme cylindre.

Si l'arbre est écorsé, on mesure sa circonférence au milieu et l'on en retranche la 10ᵉ partie, le quart du reste est le côté de l'équarrissage ; multipliant ce côté par lui-même, et le produit par la longueur de la pièce, on aura la solidité demandée.

Si l'arbre est garni de son écorce, on retranche le 6e de la circonférence, et on prend le quart du reste, ce qui donne le côté de l'équarrissage, qu'on multiplie par lui-même, puis le produit par la longueur de la pièce.

On comprend que ces calculs ne peuvent être qu'approximatifs.

186. Pour avoir l'équarrissage de la plus grosse pièce qu'on puisse tirer d'un arbre, voici un procédé fort simple :

On trace un cercle sur chaque bout de la pièce, mais en dedans de l'aubier. On divise ensuite chaque cercle en quatre parties égales par deux diamètres, dont l'un vertical et l'autre horizontal ; joignant alors les extrémités des diamètres par des droites, on aura deux carrés qui détermineront l'équarrissage demandé.

187. La plus grosse pièce équarrie que fournit un arbre n'est pas la plus forte. Des expériences multipliées ont constaté que la poutre la plus résistante ne doit pas être carrée à ses extrémités.

Voici la règle qu'on peut suivre pour trouver l'équarrissage de la plus forte pièce que puisse donner un arbre : On mesure le diamètre de l'arbre au milieu de sa longueur, déduction faite de l'aubier ; on carre ce diamètre, et l'on prend le tiers de ce carré. La racine carrée de ce tiers sera le petit côté de la pièce ; la racine carrée des deux tiers en sera le grand côté.

Dans la pratique, on obtient cet équarrissage de la manière suivante :

Après avoir tracé un cercle sur chaque bout de la pièce en dedans de l'aubier, on tire un diamètre hola longueur de chaque côté, on aura de la sorte trois restes. Multipliant alors la demi-somme des trois côtés successivement par les trois restes, et extrayant la racine carrée du produit, on aura la surface du triangle.

Exemple : Trouver la surface d'un triangle dont les côtés ont 80, 70 et 40 mètres.

Solution. 80 + 70 + 40 = 190; la moitié = 95; 95 − 80 = 15; 95 − 70 = 25; 95 − 40 = 55.

Produit. $95 \times 15 \times 25 \times 55 = 1959375$.

Surface cherchée. $\sqrt{1959375} = 1399^{mm}\,77$ ou 13 ares 9977.

153. On obtient la surface d'un trapèze en additionnant les deux bases et multipliant la somme par la hauteur, puis prenant la moitié du produit.

Les bases sont les côtés parallèles. La hauteur est la perpendiculaire menée d'une base sur l'autre.

Exemple : Trouver la surface d'un trapèze dont les bases ont l'une 700 mètres et l'autre 430, la hauteur étant de 40 mètres.

Solution. $\dfrac{(700 + 430) \times 40}{2} = R.\ 226000^{mm}$ ou 22 hectares 60 ares.

154. Pour avoir la surface d'un polygone autre que le parallélogramme, le triangle et le trapèze, on divise la figure en triangles, en menant du sommet d'un angle des diagonales aux sommets des autres angles; on calcule ensuite la surface de chaque triangle en particulier, puis ajoutant ensemble toutes ces surfaces, on a la surface demandée.

155. Pour avoir la surface d'un cercle, il faut multiplier la circonférence par la moitié du rayon, ou bien carrer le rayon et multiplier ce carré par $3\frac{1}{7}$ (1).

____

(1) Pour multiplier un nombre par $3\frac{1}{7}$, on le multiplie d'a-

On obtient la circonférence d'un cercle en multipliant le diamètre par $3\frac{1}{7}$, ou en faisant cette proportion : 7 : 22 :: le diamètre donné : la circonférence du cercle auquel il appartient.

On aurait au contraire le diamètre en divisant la circonférence par $3\frac{1}{7}$ ou $\frac{22}{7}$, ou bien en faisant cette autre proportion : 22 : 7 :: circonférence donnée : au diamètre du cercle auquel elle appartient.

Exemple : Trouver la surface d'un cercle de 18 mètres de diamètre ?

Solution. $18 \times 3\frac{1}{7} \times \frac{9}{2}$ ou $9 \times 9 \times 3\frac{1}{7} = R.$ $254^{mm},56$.

156. On obtient la surface de la couronne en retranchant la surface du petit cercle de celle du grand, considéré comme contenant la superficie totale.

Exemple : On demande la surface d'un bassin circulaire de 16^m de diamètre, non compris celle d'une colonne de $0^m,56$ de rayon qui s'élève au milieu.

Solution. Surface de la colonne $1,12 \times 3\frac{1}{7} \times 0,28 = 0,98$.

Surface totale du bassin $16 \times 3\frac{1}{7} \times 4 = 201^{mm},14$; $201,14 - 0,98 = R. \; 200^{mm},16$.

157. La surface d'une ellipse est égale à celle d'un cercle qui aurait pour diamètre une moyenne proportionnelle entre ses deux axes.

On l'obtient aussi en multipliant le demi-grand axe par le demi-petit axe, et le produit par $3\frac{1}{7}$, ou bien en multipliant le grand axe par le petit axe, puis le produit par $\frac{11}{14}$, ou mieux encore par 0,7854.

Exemple : Trouver la surface d'une ellipse dont le grand axe est 26^m et le petit 18.

---

bord par 3, puis on ajoute au produit le septième du nombre qu'on multiplie.

(1) Pour multiplier un nombre par $3\frac{1}{7}$, on le multiplie

Solution. $13 \times 9 \times 3\frac{1}{7} = R.\ 367^{mm},71.$

158. Pour avoir la surface convexe d'un prisme droit, il faut multiplier le contour de sa base par sa hauteur.

Exemple : Un prisme triangulaire a pour base un triangle équilatéral dont les côtés sont $0^m,75$; la hauteur du solide est $3^m,50$, quelle est la surface convexe de ce prisme?

Solution. Contour de la base $0^m,75 \times 3 = 2^m,25$; $2^{mm},25 \times 3,50 = R.\ 7^{mm},875.$

159. Pour obtenir la surface convexe d'un prisme oblique, il faut calculer séparément la surface de chacun des parallélogrammes qui la composent, et faire la somme de toutes ces surfaces.

Exemple : Quelle est la surface d'un prisme triangulaire oblique, dont chaque arête est de 4^m ; la hauteur du 1er parallélogramme est de $0^m,60$, celle du 2e est de $0^m,40$, celle du 3e de $0^m,20$.

Solution. $4^{mm} \times 0^m,60 = 2^{mm},40$; $4^{mm} \times 0^m,40 = 1^{mm},60$; $4^{mm} \times 0^m,20 = 0^{mm},80$; $2^{mm},40 + 1^{mm},60 + 0^{mm},80 = R.\ 4^{mm},80.$

160. On obtient la surface convexe d'une pyramide régulière en multipliant le contour de sa base par la moitié de son apothème.

Exemple : Une pyramide régulière a pour base un carré de 3^m de côté ; l'apothème de cette pyramide est de 18^m, quelle est la surface convexe de ce solide?

Solution. Contour de la base $3^m \times 4 = 12^m$; $12^{mm} \times 9^m = R.\ 108^{mm}.$

161. Pour avoir la surface convexe d'une pyramide irrégulière, il faut calculer séparément la surface de chacun des triangles dont elle est formée, et en faire la somme.

162. Pour avoir la surface convexe d'un tronc de

pyramide à bases parallèles, il faut calculer le contour des deux bases, en faire une somme, puis multiplier cette somme par la hauteur de l'une des faces, et prendre la moitié du produit.

163. On trouve la surface convexe d'un cylindre droit en multipliant la circonférence de la base par la hauteur; ou bien en multipliant le diamètre par la hauteur, puis le produit par $3\frac{1}{7}$.

Exemple : Quelle est la surface d'un cylindre droit de 4^m de diamètre et de 11^m de hauteur?

Solution. Circonférence $4^m \times 3\frac{1}{7} = 12^m,57$; $12^{mm},57 \times 11 = R. 138^{mm},28$.

164. Pour avoir la surface convexe d'un cylindre oblique, il faut multiplier le contour d'une section faite, perpendiculairement à l'axe du cylindre, par la longueur de cet axe ou par la longueur du côté.

165. Pour obtenir la surface convexe d'un cône droit, il faut multiplier la circonférence de la base par la moitié du côté; ou bien multiplier le côté par le rayon de la base, et le produit par $3\frac{1}{7}$.

Exemple : Quelle est la surface d'un cône droit, dont le diamètre de la base est 6^m et le côté 9^m?

Solution. Circonférence de la base $6 \times 3\frac{1}{7} = 18^m,857$; $18^{mm},857 \times 4^m,5 = R. 84^{mm},85$.

166. On obtient la surface convexe d'un cône obli-que en divisant le contour de la base en assez de parties pour que chacune puisse être considérée comme une ligne droite; on mène alors de tous les points de division des lignes au sommet, et la surface est de la sorte partagée en triangles, dont on calcule la surface séparément, puis on les additionne toutes ensemble.

167. Pour avoir la surface convexe d'un tronc de cône à bases parallèles, on ajoute ensemble les cir-

conférences des deux bases, on multiplie la somme par le côté du tronc, et on prend la moitié du produit; ou bien on joint ensemble le rayon de la base inférieure et le rayon de la base supérieure; on multiplie la somme par le côté du tronc et le produit par 3.

168. Pour avoir la surface d'une sphère, il faut calculer la circonférence de l'un de ses grands cercles, et la multiplier par le diamètre; ou bien carrer le diamètre et multiplier ce carré par 3.

Exemple : Quelle est la surface d'une sphère dont le diamètre est 6ᵐ?

Solution. Circonférence 6ᵐ × 3 = 18ᵐ,857; 18ᵐ,857 × 6 = R. 113ᵐᵐ,14.

(Problèmes 695 et suivants.)

4° Mesure des solides.

169. Mesurer un solide c'est déterminer combien il contient de fois un solide connu, pris pour unité.

170. Pour avoir la solidité d'un prisme, il faut multiplier la surface de sa base par sa hauteur. On voit que pour avoir la solidité du cube il suffit de cuber le côté.

Exemple : On demande la solidité d'une pièce de bois de 7ᵐ,50 de long, sur 0ᵐ,29 de large et 0ᵐ,26 d'épaisseur?

Solution. Surface de la base 0ᵐ,29 × 0ᵐ,26 = 0ᵐᵐ,754; 0ᵐᵐ,754 × 7ᵐ,50 = R. 0ᵐᵐᵐ 6655 ou 6 décistères 655.

171. Pour avoir la solidité d'une pyramide, on multiplie la surface de sa base par sa hauteur et l'on prend le tiers du produit.

Exemple : Quelle est la solidité d'une pyramide de

212 ARITHMÉTIQUE

15^m de hauteur, ayant pour base un triangle dont la surface est 3^{mm},25?

Solution. $\dfrac{3^{mm},25 \times 15}{3} = R. 16^{mmm},25.$

172. Pour obtenir la solidité d'un cylindre, il faut multiplier la surface de la base par la hauteur, ou bien carrer le rayon, multiplier ce carré par la hauteur et le produit par 3.

Exemple : Quelle est la solidité d'un cylindre de 0^m,60 de diamètre et de 12^m de hauteur.

Solution. 0,30 × 0,30 × 12 × 3 = $R.$ 3^{mmm},394.

173. La solidité d'un tronc de pyramide à bases parallèles est égale à celle de trois pyramides de même hauteur que ce tronc, et dont l'une aurait pour base la base inférieure du tronc; une autre la base supérieure, et la troisième une moyenne proportionnelle entre la base inférieure et la base supérieure.

174. La solidité d'un tronc de cône à bases parallèles, est égale à celle de trois cônes de même hauteur que ce tronc, et dont l'un aurait pour base la base inférieure du tronc, un autre la base supérieure, et le troisième une moyenne proportionnelle entre les deux bases du tronc.

175. On nomme moyen proportionnel entre deux nombres un troisième nombre qui, étant élevé au carré, donne un produit égal au produit de ces deux nombres.

Ainsi, par exemple, 6 est moyen proportionnel entre 9 et 4, parce que 6^2 = 9 × 4.

176. Pour obtenir la solidité d'un tronc de pyramide à bases parallèles, il faut calculer la surface des deux bases, multiplier ensuite ces deux surfaces l'une par l'autre et prendre la racine carrée du produit, ce qui donnera la moyenne proportionnelle entre les

deux bases ; ajouter ensemble les deux bases et la
moyenne proportionnelle, et multiplier la somme par
le tiers de la hauteur du tronc.

On obtiendrait également la moyenne proportionnelle en multipliant la surface de la base inférieure
par un des côtés de la base supérieure, et divisant le
produit par le côté correspondant de la base inférieure.

177. Pour avoir la solidité d'un tronc de cône à
bases parallèles, on peut opérer comme il vient
d'être dit pour le tronc de pyramide ; ou bien carrer
le rayon de la base inférieure, carrer aussi le rayon
de la base supérieure, multiplier le plus grand rayon
par le plus petit ; faire ensuite la somme des trois résultats et la multiplier par la hauteur du tronc, puis
le produit par $1\frac{1}{21}$ (1).

178. Pour trouver la solidité d'une sphère, il faut
multiplier sa surface par le tiers de son rayon ; ou
bien cuber le diamètre, et multiplier ce cube par
$1\frac{1}{7}$, et prendre la moitié du produit.

Exemple : On demande la solidité d'une sphère de
2^m de diamètre ?

Solution. $\dfrac{2^3 \times 1\frac{1}{21}}{2} =$ R. 4^{mmm},190466.

(Problèmes 732 et suivants.)

JAUGEAGE.

179. On appelle jaugeage le mesurage des corps
creux, tels qu'un tonneau, une cuve, etc.

180. Un tonneau peut être considéré comme un

---

(1) Pour multiplier un nombre par $1\frac{1}{21}$, il suffit d'ajouter à ce
nombre la vingt-et-unième partie ou le tiers de son septième.

cylindre de même longueur qui aurait pour base un cercle dont le diamètre serait égal au tiers du diamètre de l'un des fonds du tonneau plus les deux tiers du diamètre pris à la bonde.

On obtient aussi la capacité des tonneaux de la manière suivante : On ajoute le carré du rayon de l'un des fonds au double carré du rayon pris à la bonde ; on multiplie cette somme par la longueur du tonneau, et le produit par $1\frac{1}{21}$.

181. Connaissant en mètres cubes la solidité d'un corps creux quelconque, il est facile d'en avoir la capacité en hectolitres, décalitres, litres, etc. Il suffit pour cela de transporter la virgule d'une, de deux, de trois places, etc. plus à droite.

182. Les cuves sont de plusieurs sortes.

Elles peuvent avoir pour bases des cercles égaux et parallèles ; ce sont alors des cylindres, si les douves sont droites ; on en obtient la capacité en opérant comme pour le cylindre (n° 172.)

Si elles ont pour bases des cercles inégaux, mais parallèles, ce sont des troncs de cône, si les douves sont droites. Dans ce cas on opère comme il est dit (n° 177.)

Si les bases de la cuve sont des ellipses semblables (1) et parallèles, et que les douves soient droites ; pour en avoir la contenance il faut faire le produit des deux demi-axes de la base inférieure ; faire de même le produit des deux demi-axes de la base supérieure ; multiplier le demi-grand axe de l'une des bases par le demi-petit axe de l'autre base ; additionner ensuite les trois résultats, et multiplier la somme par la profondeur de la cuve, puis le produit par $1\frac{1}{21}$.

---

(1) On appelle ellipses semblables, celles dont les axes sont proportionnels.

On appelle cylindre droit celui dont l'axe est perpendiculaire aux bases, et cylindre oblique celui dont l'axe est incliné à l'égard des bases.

144. Un cône est un solide compris entre un cercle et la surface courbe que formerait une ligne droite qui tournerait autour d'un point fixe, en s'appuyant continuellement sur la circonférence du cercle.

Le cercle est la base du cône, le point fixe en est le sommet; la hauteur du cône est la perpendiculaire abaissée du sommet sur le plan de la base; on appelle axe la droite qui va du sommet au centre de la base.

Le cône est droit lorsque son axe est perpendiculaire à sa base, il est oblique lorsque son axe est incliné à l'égard de sa base.

145. Si l'on coupe par un plan parallèle à la base une pyramide ou un cône, et qu'on enlève la partie supérieure, le solide restant sera une pyramide tronquée, ou un cône tronqué à bases parallèles.

146. Une sphère est un solide terminé de toutes parts par une surface courbe dont tous les points sont également distants d'un point intérieur qu'on nomme centre.

On appelle rayon de la sphère une droite qui va du centre à la surface. Le diamètre de la sphère est une droite qui, passant par le centre, se termine de part et d'autre à la surface. Le diamètre vaut deux rayons.

3° *Mesure des surfaces.*

147. Mesurer une surface, c'est trouver combien elle contient de fois une surface connue prise pour unité.

148. On obtient la surface d'un carré en multipliant la longueur d'un côté par elle-même.

Exemple : Quelle est la surface d'un carré de 6 mètres de côté?

Solution. $6 \times 6 = R.$ 36 mètres carrés.

149. Pour obtenir la surface d'un rectangle, il faut multiplier la longueur d'un des grands côtés par celle de l'un des petits.

Exemple : Trouver la surface d'un rectangle qui a 60 mètres de longueur sur 40 de largeur.

Solution. $60 \times 40 = R.$ 2400 mètres carrés ou 20 ares.

150. On obtient la surface d'un losange ou d'un rhomboïde en multipliant la base par la hauteur.

Un côté quelconque peut être pris pour base. La perpendiculaire élevée entre le côté pris pour base et le côté opposé est la hauteur.

Exemple : Quelle est la surface d'un losange dont la base a 18 mètres et la hauteur 9?

Solution. $18 \times 9 = R.$ 162 mètres carrés ou 1 are 62 centiares.

151. Pour avoir la surface d'un triangle, il faut multiplier la base par la hauteur, puis prendre la moitié du produit.

On peut prendre pour base l'un quelconque des côtés. La hauteur est la perpendiculaire abaissée du sommet d'un des angles sur le côté opposé, qui alors est pris pour base.

Exemple : On demande la surface d'un triangle qui a 80 mètres de base et 48 de hauteur.

Solution. $\frac{80 \times 48}{2} = R.$ 1920 mètres carrés ou 19 ares 20 centiares.

152. Pour trouver la surface d'un triangle par la connaissance de ses trois côtés seulement, il faut faire une somme de la longueur de ses trois côtés, prendre la moitié de cette somme, de cette moitié soustraire

rizontal, qu'on divise en trois parties égales; par les points de section on élève deux perpendiculaires, l'une en dessus, l'autre en dessous; la rencontre de ces deux perpendiculaires avec la circonférence, et les extrémités du diamètre, donnent les quatre points qui déterminent les arêtes de la pièce à chaque bout.

DU CYCLE SOLAIRE.

188. Le cycle solaire est une révolution de 28 ans, au bout desquels le dimanche et les autres jours de la semaine arrivent aux mêmes quantièmes.

189. Pour trouver le cycle solaire pour une année quelconque, il faut ajouter 9 à l'année proposée, puis diviser la somme par 28; le reste sera le nombre du cycle cherché. S'il ne reste rien, 28 sera le cycle qu'on cherche.

On ajoute 9 à l'année proposée, parce que la première année de l'ère chrétienne était la 10e du cycle solaire.

Exemple : Soit proposé de trouver le cycle solaire pour 1849.

Solution. 1849 + 9 = 1858; divisant 1858 par 28, il vient pour quotient 66 et pour reste 10.

Ainsi, il s'est écoulé 66 cycles depuis le commencement de l'ère chrétienne, et l'année 1849 sera la 10e du 67e.

DU NOMBRE D'OR OU CYCLE LUNAIRE.

190. Le cycle lunaire est une révolution de 19 ans, au bout desquels les nouvelles lunes reviennent

aux mêmes quantièmes de mois, et presque aux mêmes heures que 19 ans auparavant.

191. Pour trouver le nombre d'or pour une année quelconque, il faut ajouter 1 à l'année proposée et diviser la somme par 19 ; le reste indiquera le nombre d'or cherché. S'il ne reste rien, 19 sera le nombre d'or que l'on cherche.

Exemple : Trouver le nombre d'or pour l'année 1852.

Solution. 1852 + 1 = 1853 ; divisant 1853 par 19, il vient pour quotient 97 et pour reste 10.

Ainsi, il s'est écoulé 97 cycles depuis le commencement de l'ère chrétienne, et l'année 1852 sera la 10ᵉ du 98ᵉ.

On ajoute 1 à l'année proposée, parce que la première année de l'ère chrétienne avait 2 de nombre d'or.

DE L'ÉPACTE.

192. L'épacte est l'âge que la dernière lune d'une année a au commencement de l'année suivante. Elle vient de l'excès de l'année solaire sur l'année lunaire, qui est de 11 jours environ. Ainsi, l'épacte augmente chaque année de 11 jours. L'épacte ne dépasse jamais le nombre 30, parce que 30 jours font un mois, de sorte que, lorsqu'en ajoutant 11 à l'épacte, la somme excède 30, on retranche 30 de ce nombre, et le reste est l'épacte.

193. Pour trouver l'épacte pour une année quelconque, il faut ôter 1 du nombre d'or de l'année proposée ; s'il ne reste rien l'épacte est 0, s'il y a un reste on le multiplie par 11 ; si le produit n'égale

pas 30, c'est l'épacte cherchée ; s'il surpasse 30, on le divise par ce dernier nombre et le reste est l'épacte.

Exemple : Trouver l'épacte pour l'année 1847.

En trouvera, en suivant la marche indiquée au (n° 191), que le nombre d'or pour 1847 sera 5 ; retranchant 1, il reste 4 ; $4 \times 11 = 44$; divisant ce dernier nombre par 30, il vient pour reste 14, qui est en effet l'épacte pour 1847.

(*Problèmes 1383 et suivants.*)

DES LETTRES DOMINICALES.

194. On appelle lettres dominicales les sept premières lettres de l'alphabet qui servent successivement à marquer les dimanches de l'année. On les place vis-à-vis les jours du mois dans le calendrier perpétuel, A est à côté du 1er janvier ; B à côté du 2 ; C à côté du 3 ; ainsi de suite jusqu'à G, qui est vis-à-vis le 7. Elles se répètent dans le même ordre, de sorte que A correspond au 8 ; B au 9, etc. A se retrouve encore au 15, au 22 et au 29 janvier. On voit par là que, si le mois commence un dimanche, le 8, le 22, en un mot tous les quantièmes marqués par A seront des dimanches.

Dans les années bissextiles il y a deux lettres dominicales, dont l'une sert depuis le commencement de l'année jusqu'au 24 février inclusivement, et l'autre, depuis le 24 février jusqu'à la fin de l'année. Dans ces années le 24 et le 25 février sont marqués de la même lettre.

195. Pour trouver la lettre dominicale pour une année quelconque du 19e siècle, il faut retrancher les deux premiers chiffres à gauche du nombre qui exprime l'année, ajouter 3 au nombre qui reste, et de plus autant d'unités qu'il y a eu d'années bissextiles depuis 1800 exclusivement, puis diviser la somme par 7 ; s'il n'y a point de reste, la lettre dominicale est A ; s'il reste 1, elle est G, s'il reste 2, elle est F ; ainsi de suite en rétrogradant.

Exemple : Trouver la lettre dominicale pour l'année 1849.

Solution. Retranchant les deux premiers chiffres à gauche 18, il reste 49 ; ajoutant 3 à ce nombre, et de plus 12, parce qu'il y a eu 12 années bissextiles depuis 1800, puis divisant par 7, il vient 1 pour reste. La lettre dominicale pour 1849 sera donc G, par conséquent le premier janvier sera un lundi.

Remarque. Pour trouver combien il y a d'années bissextiles, il suffit de diviser par 4 le nombre qui reste après qu'on a séparé 18 du nombre qui exprime l'année.

On ajoute 3, parce qu'en 1801 la lettre dominicale était la quatrième, c'est-à-dire le D.

MÉTHODE

POUR TROUVER L'ÂGE DE LA LUNE.

196. L'épacte marquant l'âge qu'a la lune au commencement de l'année, pour avoir l'âge de la lune un jour quelconque du mois de janvier, il suffit d'ajouter le quantième du mois à l'épacte. Ainsi, cette année 1846, l'épacte 3 indique que la lune avait 3 jours le 31 décembre 1845 ; si donc l'on voulait sa-

voir l'âge qu'avait la lune le 22 janvier 1846, il suffirait d'ajouter 3 à 22.

Il en est de même pour le mois de mars ; car les
mois de janvier et de février étant égaux à la durée
de deux lunaisons, l'âge de la lune est le même au
1er mars qu'au 1er janvier. Il suffit donc pour trouver
l'âge de la lune un jour quelconque du mois de mars,
d'ajouter le quantième à l'épacte.

Pour le mois de février il faut ajouter 1 de plus.

197. Pour les autres mois, il faut ajouter à l'épacte
le nombre de mois écoulés depuis celui de mars inclusivement jusqu'à celui pour lequel on opère, aussi
inclusivement, et joindre à ces deux nombres le
quantième du mois. Si la somme n'égale pas 30, c'est
l'âge de la lune ; si elle est 30, cela indique que la
lune est nouvelle ce jour-là ; si elle surpasse 30, c'est
le surplus qui est l'âge de la lune.

Exemple : Quel sera l'âge de la lune le 24 novembre 1846 ?

<pre>
Epacte   3
Nombre de mois. .   9
Quantième   24
                      ____
                       36
</pre>

Ainsi, la lune aura 6 jours le 24 novembre 1846.

MOYENS DE TROUVER LE JOUR DE PAQUES.

Suivant l'ordonnance du Concile de Nicée, tenu en
325, la fête de Pâques doit se célébrer le dimanche
qui suit la pleine lune qui arrive le jour de l'équinoxe
du printemps, c'est-à-dire le 21 mars, ou qui le suit

immédiatement. S'il arrivait que ce jour de pleine lune fût un dimanche, ce dimanche ne serait pas pascal, mais seulement le dimanche suivant.

1er *Moyen.*

198. Le commencement de la lune pascale est entre le 8 mars et le 5 avril inclusivement. Comptez donc trois dimanches après le jour de la nouvelle lune qui arrive entre le 8 mars et le 5 avril; le troisième sera celui de Pâques.

2e *Moyen.*

199. Si l'épacte de l'année ne surpasse pas 23, ôtez-la de 45; si elle surpasse 23, ôtez-la de 75; le reste sera le nombre de jours que Pâques doit arriver après le 1er mars : si ce jour n'est pas un dimanche, ce sera le dimanche suivant. Pour savoir si le quantième qu'on a trouvé est un dimanche, on cherche, par la méthode suivante, par quel jour le mois de mars commence.

On ajoute à l'année proposée le quart du nombre qui l'exprime, et de plus 3, puis on divise la somme par 7; s'il n'y a point de reste, le mois de mars commencera un dimanche; s'il reste 1, ce sera un lundi, s'il reste 2, ce sera un mardi, etc.

Cette connaissance peut aussi servir à trouver la lettre dominicale. En effet, le 1er mars étant toujours marqué par la lettre D, si l'on connaît à quel jour de la semaine cette lettre correspond, il est facile de trouver celle qui marque le dimanche. Ainsi, si le 1er mars est un vendredi, ce jour aura la lettre D; le samedi aura la lettre E, par conséquent F sera la lettre qui marquera le dimanche.

Exemple : Trouver le jour de Pâques pour 1849.

Solution. L'épacte sera 6 ; 6 ôtés de 45, il reste 39.

Pâques arrivera donc 39 jours après le 1ᵉʳ mars, c'est-à-dire le 8 avril, si ce jour est un dimanche.

Cherchons maintenant quel jour de la semaine commencera le mois de mars, afin d'en conclure quel jour sera le 8 avril.

```
Année. . .       1849
Le ¼. . . . .     462
3 ajoutés. .        3
                 ————
              23.1.4 | 7
                 21  | ———
                 04  | 330
```

Le reste de la division étant 4, cela indique que le mois de mars commencera un jeudi. Le 29 mars sera également un jeudi, le 30 sera un vendredi, le 31 un samedi ; ainsi, le mois d'avril commencera un dimanche, par conséquent le 8 sera un dimanche. Pâques sera donc le 8 avril en 1849.

3ᵉ *Moyen.*

200. On peut aussi trouver le jour de Pâques au moyen de la table suivante :

TABLE

POUR TROUVER LE JOUR DE PAQUES.

A	23	22	21	20	19			26 Mars.
	18	17	16	15	14	13	12	2 Avril.
	11	10	9	8	7	6	5	9 Avril.
	4	3	2	1	*	29	28	16 Avril.
	27	26	25	24				23 Avril.
B	23	22	21	20	19	18		7 Mars.
	17	16	15	14	13	12	11	3 Avril.
	10	9	8	7	6	5	4	10 Avril.
	3	2	1	*	29	28	27	17 Avril.
	26	25	24					24 Avril.
C	23	22	21	20	19	18	17	28 Mars.
	16	15	14	13	12	11	10	4 Avril.
	9	8	7	6	5	4	3	11 Avril.
	2	1	*	29	28	27	26	18 Avril.
	25	24						25 Avril.
D	23							22 Mars.
	22	21	20	19	18	17	16	29 Mars.
	15	14	13	12	11	10	9	5 Avril.
	8	7	6	5	4	3	2	12 Avril.
	1	*	29	28	27	26	25	24	19 Avril.
E	23	22						23 Mars.
	21	20	19	18	17	16	15	30 Mars.
	14	13	12	11	10	9	8	6 Avril.
	7	6	5	4	3	2	1	13 Avril.
	*	29	28	27	26	25	24	20 Avril.

F	23	22	21					24 Mars.
	20	19	18	17	16	15	14	31 Mars.
	13	12	11	10	9	8	7	7 Avril.
	6	5	4	3	2	1	*	14 Avril.
	29	28	27	26	25	24		21 Avril.
G	23	22	21	20				25 Mars.
	19	18	17	16	15	14	13	1 Avril.
	12	11	10	9	8	7	6	8 Avril.
	5	4	3	2	1	*	29	15 Avril.
	28	27	26	25	24			22 Avril.

Pour faire usage de cette table, il faut connaître l'épacte et la lettre dominicale.

Exemple : On propose de trouver le jour de Pâques pour l'année 1850, dont la lettre dominicale est F et l'épacte 17.

Il faut chercher dans la bande horizontale marquée F l'épacte de l'année proposée, 17 ; on la trouve dans le 2ᵉ rang horizontal ; à l'extrémité droite de ce rang, dans la 9ᵉ colonne verticale, se trouve le jour de Pâques, 31 mars. Ainsi, en 1850 Pâques sera le 31 mars.

FIN DE L'ARITHMÉTIQUE.

[illegible]

EXERCICES
ET PROBLÈMES.

PREMIÈRE PARTIE.

EXERCICES SUR LA NUMÉRATION.

1. Lire les nombres suivants : 40... 80... 100... 208... 345... 6837... 36974... 1234567... 98765432... 100000000.

2. Énoncer les nombres suivants chiffre à chiffre, en commençant par la droite et donnant à chaque chiffre sa valeur relative : 6... 9... 10... 15... 25... 35... 43... 96... 199... 8976... 693474... 1111111... 1234567890... 604090805070103go.

3. Écrire en chiffres les nombres suivants : Six... dix... vingt... trente-neuf... quatre-vingt-quinze... cent... trois cents... six cents... neuf cents... mille... dix mille... cent mille.

4. Écrire en chiffres les nombres suivants : Quatre cent cinquante-six mille huit cent quinze.... six cent huit mille cinq cent quarante... trois millions cinq cent dix-sept mille huit cent soixante-neuf... Cinquante-six millions sept cent vingt-quatre mille cent douze.... Un trillion neuf mille.

5. Énoncer en toutes lettres les nombres suivants : 42...357... 6925... 87346... 847904... 5010040.

6. Énoncer par l'écriture les nombres qui suivent : 1001807... 90001... 4100107008... 470000801... 7301002008... 90009009.

EXERCICES SUR LES DÉCIMALES ET LES CHIFFRES ROMAINS.

7. Rendez le nombre 2 dix fois plus grand.
8. Rendez le nombre 3 cent fois plus grand.
9. Rendez le nombre 4 mille fois plus grand.
10. Faites que le chiffre 5 exprime des dizaines de mille.
11. Faites que le chiffre 2 exprime des dixièmes.

12. Faites que le chiffre 3 exprime des centièmes.

13. Faites que le chiffre 4 exprime des millièmes.

14. Faites que le chiffre 5 exprime des dix-millièmes.

15. Rendez dix fois plus grande chaque unité du nombre 3,20, par le déplacement de la virgule.

16. Rendez le nombre 4,45 cent fois plus fort par le déplacement de la virgule.

17. Rendez le nombre 54,60 mille fois plus grand en changeant la virgule de place.

18. Que faut-il faire pour rendre le nombre 123,45 dix mille fois plus grand?

19. Si l'on veut rendre le nombre 3,50 dix fois plus petit que faut-il faire?

20. Pour que les dizaines du nombre 45,5 deviennent des dixièmes, où faut-il placer la virgule?

21. Si les centaines de ce nombre 567,89 devenaient des centièmes, que deviendraient les 89 centièmes?

22. Que deviendraient les centièmes de ce nombre 6789,50, si on le rendait mille fois plus petit?

23. Que faut-il faire pour rendre le nombre 4876 dix mille fois plus petit par le moyen de la virgule?

24. Combien y a-t-il d'entiers en 45876 dix-millièmes?

25. Combien y a-t-il de dix-millièmes dans 67854 entiers?

26. Que faut-il faire pour que les dizaines de mille de ce nombre 56480 deviennent des millièmes?

27. Écrivez en chiffres romains les nombres suivants : 9... 29... 51... 102... 1865... 1000.

28. Quelle est la valeur des nombres suivants : V...X...LX... MIX...DCC...MXM, en chiffres ordinaires?

29. Énoncez les nombres suivants en chiffres ordinaires : M... MDCCCXLV.

30. Énoncez par l'écriture les nombres suivants : DIV...MI... XCIV.

EXERCICES ET PROBLÈMES SUR L'ADDITION.

Faites les additions suivantes :

31. 464 + 623 + 310.

32. 987 + 789 + 598.

33. 1426 + 3241 + 1234 + 1002.

34. 9876 + 5432 + 8976 + 5678.

35. 4 + 9 + 19 + 109 + 4007.

36. 342,24 + 194,12 + 842,92.

Écrire en chiffres les nombres suivants, et en faire les sommes.

37. Quatre unités + 12 unités + quinze unités.

38. Une dizaine et quatre unités $+$ deux dizaines et cinq unités $+$ trois dizaines et six unités.

39. Quatre dizaines et 5 unités $+$ cinq dizaines et six unités $+$ six dizaines et sept unités.

40. Sept dizaines et six unités $+$ huit dizaines et sept unités $+$ neuf dizaines et huit unités $+$ dix dizaines et neuf unités.

41. Vingt-six unités et quatre dizaines $+$ trente-sept unités et cinq dizaines $+$ quarante-huit unités et six dizaines $+$ cinquante unités et sept dizaines.

42. Deux cent trente unités, vingt-cinq centièmes $+$ trois cent quarante unités, trente-six centièmes $+$ quatre cent cinquante-quatre unités, soixante-dix centièmes $+$ cinq cent soixante-quinze unités et quatre-vingt-sept centièmes.

Posez les nombres suivants en chiffres, et dites-en les sommes.

43. Deux mille trois cent quatre unités, trois millièmes $+$ trois mille quatre cent cinquante-six unités, quarante-cinq millièmes $+$ quatre mille cinq cent trente-trois unités, cinquante-six millièmes $+$ cinq mille six cent quatre-vingt-douze unités, cinq millièmes.

44. Douze mille quatre cent cinquante-trois unités, deux cent trente-quatre millièmes $+$ treize mille cinq cent soixante-huit unités, quatre-vingt-quinze millièmes $+$ quinze mille huit cent trente-neuf unités, cinq dixièmes et quatre millièmes.

45. Quarante-cinq mille cinq cent soixante-quatre entiers, trois dixièmes $+$ cinquante-cinq mille six cent quatre-vingt-cinq entiers, cinq centièmes $+$ soixante-sept mille huit cent trente-sept entiers, cinq millièmes $+$ quatre-vingt-huit mille neuf cent quarante-cinq unités, cinq dix-millièmes.

46. Quatre dizaines de mille, cinq dizaines de cents, six dizaines de dizaines, soixante-dix-huit fois l'unité et trois millièmes $+$ cinq dizaines de mille, six dizaines de cents, soixante-dix-huit dizaines, neuf unités et cinq dizaines de millièmes $+$ six cent quatre-vingt-sept dizaines et huit unités, cinq cent quarante-cinq millièmes $+$ soixante-dix-sept centaines, quatre-vingts unités et quatre dizaines de millièmes.

47. Deux hecto, trois déca, quatre unités et cinq déci ; $+$ trois kilo, quatre hecto, cinquante-six unités et six centi ; $+$ quatre kilo, cinq cent soixante-sept unités et quatre-vingts millièmes.

48. Vingt-trois kilo, quatre hecto, cinq déca, six unités et sept dix-millièmes ; $+$ trois myria, quarante-cinq hecto, cinquante-six unités, huit millièmes ; $+$ quarante-six kilo, cinquante-sept déca et quatre-vingt-cinq millièmes ; $+$ cent soixante-huit hecto, deux déca et sept cent quatre-vingt-cinq millièmes.

49. Trois mille huit cent déca et cinquante centi ; $+$ huit cent quatre-vingt-neuf hecto, quarante-cinq unités et six cent quarante millièmes ; + sept myria, huit kilo, neuf hecto, un déca et deux unités ; + cinquante-cinq kilo, soixante-six déca et quatre-vingts déci.

50. Six cent soixante-dix kilo, sept déca, huit unités et quatre centi ; + soixante myria, soixante-huit unités et quarante milli ; + six cent soixante-dix kilo, sept déca, huit unités et cinq cent cinq milli ; + sept mille sept cents hecto, quarante-quatre unités et quarante-cinq milli.

51. Cinquante-huit kilo, quatre-vingt-six déca, quatre unités et cinquante-cinq centi ; + cinq cent quatre-vingts hecto, trente-neuf unités et six déci ; + cinq mille huit cents déca et sept cent soixante-cinq milli ; + cinquante-huit mille unités et cinq dix-milli.

52. Quel est le total des trois nombres suivants :

456 + 567 + 678.

53. Faites la somme des nombres suivants :

5678 + 6789 + 7890 + 8910.

54. La façon de trois pièces de calicot a été payée 36 francs, 34 f et 40 f : combien a reçu l'ouvrier ?

55. Un fabricant de mouchoirs donne les sommes suivantes à quatre ouvriers, savoir : 24 f, 26 f, 30 f et 22 f : combien a-t-il déboursé ?

56. Deux bœufs ont été vendus 846 f, un cheval 536 f et une vache 180 f : combien a reçu le métayer qui les vendait ?

57. On a vendu du froment pour 485 f, du seigle pour 94 f et de l'avoine pour 67 f : combien a-t-on reçu ?

58. Combien coûteront trois douzaines de mouchoirs, si l'une est de 18 francs 40 centimes, l'autre de 20 f,25 et la troisième de 24 f,50 ?

59. Trois pièces de coton ont coûté l'une 45 f,30, l'autre 54 f,50 et la troisième 62 f,80 : dites-en le prix total ?

60. Combien coûteront trois pièces de toile, si l'une est de 143 f,25, l'autre de 180 f,40 et la troisième de 98 f,30 ?

61. On a vendu pour 642 f de cadis, pour 180 f,75 de flanelle, pour 95 f,50 de casimir et pour 45 f de velours : combien a-t-on reçu ?

62. Quatre pesées de laine ont été vendues les prix suivants : 36 f,50, 34 f,85, 40 f et 51 f,95 : dites-en la valeur totale ?

63. On a acheté 4 grosses de canifs (une grosse = 12 fois 12) qui ont coûté les prix suivants : 432 f, 286 f, 144 f,54 et 144 f,54 : quel en est le prix total ?

64. Un coutelier a livré trois douzaines de rasoirs, le prix de la première est de 36 f,50, la seconde est de 46 f,85 et la troisième de 58 f : quelle est la somme totale ?

65. Un maître tailleur a quatre ouvriers qu'il paie de cette

manière : Il donne 50f,40 par mois à son contre-maître, deux autres ont chacun 38f,50 et le quatrième a 28f,60 : quelle est la dépense d'un mois?

66. Un économe donne 289f,75 au boucher, 134f,80 au pharmacien, 156f,20 à l'épicier et 480f,45 pour le bois : combien lui ont coûté ces quatre mémoires?

67. Une famille de quatre personnes fait les dépenses suivantes : 348f,50 de pain, 289f,70 de viande et poisson, 160f de vin, 240f,95 d'habits et linges, 534f,35 pour les menues dépenses et 600f pour les pauvres : quelle est sa dépense annuelle?

68. On demande le prix total de six caisses de savon, l'une est de 170f,50, l'autre de 185 f, trois coûtent ensemble 456f,85 et la sixième 86f,45.

69. Combien cinq garçons cordonniers ont-ils fait de paires de souliers dans une année, sachant que les trois premiers en ont fait, le premier 384, le second 368, le troisième 198 paires, et que les deux autres en on fait chacun 294 paires?

70. Dans une usine on a livré, à une seule personne, pour 542f,45 de fer, pour 385f,60 d'acier, une enclume qui a été vendue 360f et un essieu de 98 f : combien a-t-on reçu?

71. Un horloger vend des montres à un équipage de navire; le capitaine paie la sienne 270 f, les deux premiers marins paient les leurs 185f,70 chacune, et les deux autres ont les leurs pour 98f,50 chacune; celle du mousse n'est que de 45 f : à combien reviennent toutes ces montres?

72. Un jeune boulanger paie 350 francs de ferme, son bluteau est de 285f,50, son pétrin de 86f,45, son étouffoir de 90f,75. Il achète pour 120f de sacs, tabliers, etc., et pour 45f et cent centimes de froment : à combien lui reviennent toutes ces choses?

73. Trois animaux ont coûté l'un 185 f, un autre 128f,50 et le troisième 84f,95 : quel en est le prix total?

74. Un marchand de drap vend 42 mètres 50 centimètres de peluche, 54^m,35 mérinos et 64^m,75 circassienne : combien cela fait-il de mètres?

75. Dans une boutique il y a 278^m,95 cent. de drap bleu, 384^m,45 d'étoffe blanche, 198^m,70 de drap vert et 89^m de velours, plus 289^m,65 de cotonnade : combien cela fait-il de mètres?

76. Un particulier fait faire quatre pièces de toile; l'une est de 54^m,70, l'autre est de 60^m,45, la troisième est de 58^m,97 et la quatrième est de 39 mètres : combien cet homme a-t-il de mètres de toile?

77. Quelle est la longueur de quatre câbles, si l'un est de 148^m,40, l'autre de 218^m,50, le troisième de 195^m,75 et le quatrième de 176^m,84?

78. Quel est le contour d'un terrain dont l'un des murs est de 285^m de long et celui qui lui est opposé a 289^m,40; les deux autres ont l'un 378^m,54 et l'autre 390^m,70 centimètres?

79. A combien reviennent quatre hectolitres de froment, si l'un conte 17f,50, l'autre 18f, le troisième 16f,45 et le quatrième 15 f?

80. Un propriétaire ayant trois vignes, a récolté 6897 litres de vin dans une, 8670 litres dans l'autre et 9545 dans la troisième : combien cela lui fait-il de litres de vin?

81. Un fermier récolte 1508 hectolitres de froment, 786 hectol. de seigle, 94 hectol. d'avoine et 54 hectol. de mil : combien cela fait-il de doubles décalitres?

82. Un cordier prend de la filasse, d'abord pour 158f,35, ensuite pour 165f,70, enfin pour 240f,05 : on désire savoir ce qu'il doit?

83. Une poissonnière a quatre pratiques, qui lui donnent les sommes suivantes chaque année, savoir : 248f,50, 318f,65, 280f,45 et 402f,05 : pour combien leur vend-elle de poisson par an?

84. Cinq couvertures de lit ont coûté l'une 24f,35, une autre 21f,75, la troisième 18f,58, la quatrième 18f,90 et la cinquième 26f : dites-en le prix total?

85. Un tisserand a fait 6 pièces de flanelle des longueurs suivantes : 34^m,40, 42^m,35, 39^m,78, 45^m,15, 40^m,58 et 41^m,70 centimètres : combien en a-t-il fait de mètres?

86. Un jardinier vend quatre liasses d'oignons comme il suit : 1f,75, 1f,80, 2f,10 et 2f,45 : combien doit-il recevoir?

87. On a acheté des moutons pour les sommes suivantes : 162f,55, 180f,70, 248f,75 et 275f,40 : quelle est la dépense totale?

88. On a acheté 5 tonneaux de vin de Malaga aux prix suivants, savoir : 320f,75, 340f,50, 402f,85, 500f et 546f,85 : quel est le prix total de ces cinq tonneaux?

89. Un maréchal a ferré trois paires de roues avec les kilogrammes de fer ci-dessous : 260 kilog., 180 k. 250 grammes, 275 k. 800 grammes : dites-en le poids total?

90. Trois négociants ont fait une société de commerce, le premier y a mis 5487f,85, le deuxième 4896f,45 et le troisième 6923f,75 : quelle est la mise totale?

91. Un père de famille dépense chaque année 546f,50 pour ses besoins personnels, 2480f,60 pour l'éducation de ses enfants, 865f,95 pour l'entretien de son ménage; il paie 596f d'impôts et il donne 348 francs aux pauvres : quelle est sa dépense annuelle?

92. Un seigneur fait construire quatre pavillons aux prix sui-

vants : 2589f,75, 3001f,85, 4028f et 3870f,40 : quel est le prix total?

93. Quel est le prix de trois tableaux dont l'un coûte 896f,70, l'autre 1040f,50 et le troisième 1284f,95?

94. Le lundi on reçoit 289 stères 75 centistères, le mardi 3764 st. 85, le mercredi 648 st. 55 et le jeudi 867 stères : faites en le total.

95. Une pièce de drap a coûté 462f,80, on la vend à 180f,50 de profit : combien l'a-t-on revendue?

96. On reçoit 5 caisses de chapeaux contenant les nombres de chapeaux suivants : 46... 54... 56... 60 et 68 : combien cela fait-il de chapeaux?

97. Combien a-t-on revendu une pièce de coton qui coûtait 346f,50, sachant qu'on gagne 124f,65 centimes en la revendant?

98. Un pensionnat reçoit les cinq nombres d'élèves suivants à différentes époques, savoir : 58... 62... 68... 75 et 82 : combien cela fait-il d'élèves?

99. Urbain assure qu'en revendant ses bœufs 865f,75 il perdra 184f : combien lui coûtaient-ils?

100. Dans un procès, on donne 465f à l'avocat, les frais de justice sont 1658f,85, la dépense des voyages est de 75f,50 : quelle est la dépense totale?

101. Combien coûteront quatre barils d'huile, s'ils sont des prix suivants : 240f,65, 264f,80, 356f et 400f,75?

102. Combien pèsent trois pains de sucre dont l'un est de 12 k. 525 grammes, l'autre est de 10 k. 6 hectog. et le troisième de 13845 grammes?

103. La sonnerie d'une cathédrale se compose de 5 cloches : la moindre pèse 647 k. 58 décagrammes, la seconde 897 k. 645 grammes, la troisième et la quatrième pèsent chacune 986 kilog., et la plus grosse 1486 kilog. : donnez le poids total de ces cinq cloches.

104. Une servante a acheté pour 5f,45 d'œufs, pour 6f,70 de beurre, pour 3f,80 de poisson, et des légumes pour 1f,95 : combien a-t-elle dépensé?

105. On a huit pièces de vin de différents pays, savoir : trois de Bordeaux, contenant chacune 248 litres 40 centilitres; une de Champagne, qui contient 2 hectolitres et 5 décalitres 545 centilitres; deux de Bretagne, chacune de 25 décalitres; une d'Anjou, qui est de 247 litres, et une de Saintonge, qui est de 26 décalitres 50 centilitres : combien cela fait-il de kilolitres?

106. Dans un magasin il y a quatre pains de résine qui pèsent les poids ci-dessous, savoir : 54 k. 240 grammes, 486 hectog. 50 grammes, 5287 décag. et 47560 grammes : quel en est le poids total?

107. Un voyageur, marchant pendant six jours, a fait : le premier jour 32 kilomètres 540 mètres ; le deuxième 28 kilomètres et 8 mètres ; le troisième 2945 décamètres ; le quatrième 34528^m ; le cinquième et le sixième jour il faisait 348 hectom. 25 mètres chaque jour : combien cela fait-il de myriamètres ?

108. La garnison d'une place est composée de quatre régiments dont l'un est de 1280 hommes, l'autre de 1500 hommes, le troisième de 1750 h. et le quatrième de 1840 : combien cela fait-il de soldats ?

109. On a transporté de la Rochelle à Paris six ballots qui pesaient l'un 284 kilog., l'autre 3206 hectog. 50 grammes, le troisième 40202 décag., le quatrième et le cinquième chacun 100 kilog. 456 gram., le sixième 928 hectog. : quel est le poids total de ces ballots ?

110. Georges a passé 18 ans 2 mois 24 jours chez ses parents ; 35 ans 27 jours au service de sa patrie ; il a vécu 9 ans et 11 mois dans le ménage ; il est encore resté 8 ans et 26 jours en ce monde : à quel âge est-il mort ?

111. Un propriétaire a cinq métairies desquelles il reçoit en grains chaque année comme il suit, savoir : de la première 36 hectolitres 8 décal. de froment ; de la deuxième 289 décal. *id.* ; de la troisième 3890 litres *idem* ; les deux autres lui en produisent chacune 408 décalitres : combien ce propriétaire reçoit-il de décalitres de ses fermes ?

112. Quel est le poids de la cargaison d'un navire qui est chargé de 8697 kilog de fer, 9745 k. 85 décagrammes d'acier, 1592 k. 856 de charbon de terre et de 3784 k. 6 hectog. de plomb ?

113. Combien un écolier avait-il de bons points, sachant qu'il en a donné 3280 à l'un de ses camarades et 658 doubles à un autre, et qu'il lui en reste encore 865 ?

114. Un menuisier doit 504f,95 pour bois de chêne, 648f,50 pour du sapin et 95f,85 pour du cerisier : combien doit-il en tout ?

115. Quelle est la fortune d'un père de famille qui donne à son fils aîné 4685f,85, au cadet 5340f,70, au troisième 6080f,55, au plus jeune 6874f,95 et qui se réserve 15846f,85 centimes ?

116. Une ferme contient 876 hectares 75 ares de terre labourable, 654 hectares 85 ares 98 centiares de pré, 82 hectares 4680 centiares de bois et 24 hectares 3750 centiares de pacage : combien cela fait-il d'hectares, d'ares et de centiares ?

117. Un particulier a passé 14 ans 6 mois 18 jours 13 heures et 46 minutes dans la maison paternelle ; il a servi un maître pendant 2 ans 4 mois 26 jours 8 heures et 50 minutes ; de là il est allé chez un autre où il est resté 3 ans 5 mois 11 heures et 35 minutes ; il a passé 3 ans et 9 mois à apprendre un état, qu'il a

exercé pendant 24 ans 7 mois 24 jours et 45 minutes, après quoi il est mort : quel âge avait-il ?

118. Un magasin contient les quantités de bois qui suivent : 346 stères 45 centistères, 408 st. 50, 87 st. 8, 548 st. 75, 75 st. et 219 st. 4 décistères : combien contient-il de stères en tout ?

119. Le principal corps d'un édifice est de 3692 mèt. carrés de maçonnerie, et dans chacune des ailes il y en a 923 : combien cela fait-il de mètres carrés ?

120. On a fait le devis d'un édifice comme il suit : pour fouille des fondations et transport des terres 285 f; pour moellon y compris le charroi 7400f,75; pour pierre de taille rendue sur les lieux 5875f,40; pour maçonnerie 5860f; pour charpente y compris les planchers 18645f,80; pour menuiserie 1830f,95; pour serrurerie 1624f; pour un escalier en escargot avec sa rampe en fer 2487f,45; pour crépissure y compris le carrelage du rez-de-chaussée 1795f,95 : quel est le montant de ce devis ?

121. Combien cinq ouvriers font-ils de mètres d'étoffe dans un jour, sachant que le plus actif en fait 4^m,50, le deuxième 4^m,45, le troisième 3^m,87, le quatrième 3^m,73 et le cinquième 2^m,98 ?

122. Un particulier lègue 2845f,75 à l'église, 1834f,80 aux pauvres et 3567f,50 pour d'autres bonnes œuvres : quelle est la fortune de cet homme, sachant qu'il ne lègue que le quart de son avoir ?

123. On a cinq pièces de vin, la première contient 185 litres et coûte 150f,55; la deuxième est de 2 hectolitres 4 décalitres 5 litres et 8 centilitres et coûte 208f,65; la troisième contient 19 décal. 85 décil. et coûte 318f,70; la quatrième contient 21978 centil. et coûte 112f,30, et la cinquième est de 250000 millilitres et coûte 280f,95 centimes : dites le nombre total des litres et celui des francs.

124. Trois caisses de savon pèsent comme il suit, savoir : la première 90 kilog. et coûte 135 f; la deuxième 876 hectog. et coûte 122f,64; la troisième 79876 grammes 54 centig. et coûte 127f,80 : quel est le prix et le poids de ce savon ?

EXERCICES ET PROBLÈMES SUR LA SOUSTRACTION.

125. De 84 ôtez 62.
126. De 142 ôtez 101.
127. De 3448 ôtez 2224.
128. De 900 ôtez 849.
129. De 9000 ôtez 6927.

130. De 3 ôtez 0,89.

131. On devait 95f, on a payé 64f : que reste-t-il à payer ?

132. Quelqu'un a 103f ; il doit 92f : que lui restera-t-il après s'être acquitté ?

133. On doit 132f et l'on n'a que 80f : que restera-t-il à payer ?

134. François a 146f ; il doit 64f : de combien est-il riche ?

135. On donne 164f pour une vache qui coûte 146f : de combien se trompe-t-on ?

136. On donne 354 points à un écolier et 425 à un autre : quelle est la différence ?

137. Quelqu'un devait 341f ; il a payé 218f : que doit-il encore ?

138. Un ouvrier fait 175 mètres d'ouvrage, on ne le paie que pour 98 : combien en reste-t-il à payer ?

139. Un bon jeune homme et un libertin travaillent ensemble pendant neuf mois, le premier fait 225 journées et l'autre n'en fait que 147 : quelle est la différence ?

140. Un père a 75 ans et son fils aîné 45 : quel âge avait ce père à la naissance de son fils ?

141. Un menuisier avait 58 croisées à faire, il en a fait 39 : combien lui en reste-t-il à faire ?

142. Un tisserand fait deux pièces, l'une de 64 mèt. et l'autre de 46 : quelle est la différence entre ces deux pièces ?

143. Un père fait 80 mèt. de calicot dans un mois, son fils en fait 92 : de combien le fils surpasse-t-il son père ?

144. Paul avait acheté 54 kilog. de marchandise, il en a vendu 49 : quel est son reste ?

145. Un pêcheur porte 186 poissons au marché, il n'en vend que 98 : combien lui en reste-t-il ?

146. Quelqu'un a revendu une marchandise 268f et a gagné 48f : combien lui coûtait cette marchandise ?

147. On porte 45 mètres d'étoffe au marché et on n'en remporte que 15 : combien en a-t-on vendu ?

148. J'avais 864f à ma disposition, j'ai prêté 350f à un ami : devinez ce qu'il me reste.

149. On a 986 ares de terrain ; on en met 10 en cour et 8 pour bâtir : combien en restera-t-il en clos ?

150. Le parc d'un château est de 896 hectares et la prairie de 784 : quelle est la différence ?

151. De combien 90 hectares surpassent-ils 175 ares ?

152. Quelle somme faut-il ajouter à 457f,40 pour avoir 789f,50 ?

153. A quel nombre faut-il ajouter 138, pour que la somme soit 357 ?

154. Un métayer a acheté deux paires de bœufs 1486f,85 ; il les a vendus 1500f : quel est son profit ?

155. Deux pièces de drap content l'une 428f,87 et l'autre 354f,75 : cherchez la différence.

156. Un particulier reçoit une succession de 4789f,45 et s'acquitte d'une dette de 987f,50 : que lui reste-t-il?

157. On confie 85 mètres 85 cent. de drap à un tailleur, il n'en rend que 15 : combien en a-t-il employé?

158. On devait 4879f,95, on a payé 3410f,70 : que reste-t-il à payer?

159. Il se trouve 12896 hommes dans une place forte : combien en restera-t-il, s'il en sort 4250?

160. Un homme prend 1268f,45 et va à la foire; il achète trois chevaux qui lui coûtent chacun 348f., il dépense 3f,50 d'autre part : combien lui reste-t-il d'argent?

161. Un boulanger fait un grenier de 4924 hectolitres 86 litres de blé, au bout de l'an il lui en reste encore 1845 hect. 45 litres : combien a-t-il vendu de litres?

162. Quand on doit 8976f,85, si l'on paie 7854f, que reste-t-il à payer?

163. Un marchand de bois avait 1587 stères 45 de bois, il en a vendu 840 st. 50 : combien en a-t-il encore?

164. Un menuisier avait 435 mètres carrés de lambris à faire, il en a fait 198^{mm} : quel est le reste?

165. Michel a 68 ans 5 mois et 15 jours, son fils a 47 ans 7 mois et 18 jours : dites la différence de ces deux âges.

166. Matthieu a été pris pour le service le 14 septembre 1794, il a eu son congé le 19 octobre 1815 : quelle a été la durée de son service?

167. François est né le 28 mars 1789 : quel sera son âge le 4 avril 1850?

168. Il y a 508 hommes à bord d'une frégate et 380 sur une corvette : cherchez la différence?

169. Yves possède 3784 6 f ; son frère n'a que 18956f,65 : donnez la différence de ces fortunes.

170. Deux amis ont mis en commun la somme de 37458f,75, l'un d'eux n'a mis que 18208f,80 : combien l'autre a-t-il mis?

171. Un riche propriétaire avait amassé 328495f,75, il vient d'acheter une terre qui lui coûte 191847f,90 : combien lui reste-t-il?

172. Un voyageur avait 28 myriamètres de chemin à faire, il en a fait 95 kilomètres : combien lui en reste-t-il à faire?

173. Deux cloches pèsent l'une 3876 kilog. 854 grammes et l'autre 5432 k. 070 grammes : on demande la différence?

174. Un navire est chargé de 81 kilolitres 872 litres de vin et de 378 hectolitres 50 litres d'eau-de-vie : combien a-t-il plus de vin que d'eau-de-vie?

175. Un particulier, interrogé sur ce que lui avait coûté son cheval, répondit : Je viens de le vendre 864f,75 et j'ai gagné 297f,85 cent. : d'après cela devinez ce qu'il coûte.

176. La population d'une ville était de 86549 habitants, la guerre civile en a fait périr 9876 : combien en reste-t-il ?

177. Deux navires sont chargés l'un de 871 tonneaux et l'autre de 921 : combien le dernier porte-t-il de plus que le premier ?

178. On achète une maison 7684f,85 et on la revend 7859f,70 : trouver le profit ?

179. Je devais 180f,50 à mon boulanger et 198f,65 à mon boucher ; j'ai donné un à-compte de 86f,30 au premier et un de 115f,75 au second : combien dois-je encore à l'un et à l'autre ?

180. La différence de deux nombres est 845, le plus grand est 3785 : quel est le plus petit ?

181. En revendant une marchandise 4685f,75, on a gagné 254f,80 : combien l'avait-on achetée ?

182. Une cathédrale fut commencée en 1284 : combien faut-il attendre d'années à partir de 1840 pour qu'elle ait mille ans d'existence ?

183. Un père et son fils ont ensemble 75 ans 4 mois et 12 jours ; le fils a 18 ans 7 mois et 8 jours : quel est l'âge du père ?

184. Un père avait 39 ans 5 mois et 25 jours à la naissance de son fils : quel sera l'âge du fils lorsque le père aura 78 ans 7 mois et 15 jours ?

185. Un général donna une bataille avec 28075 hommes, il y en eut 350 de tués, 1090 de blessés, et 470 furent faits prisonniers : combien avait-il d'hommes en état de combattre après cette journée ?

186. Un père de famille avait trois enfants, et la somme suivante à leur distribuer : 24895f,75 ; il donne 7845f,60 à l'aîné, 8659f,85 au cadet : quelle fut la part du plus jeune ?

187. Jacques devait 3546f,75, il n'avait que 642f,50, il emprunte 987f,95 de Lucas, et Martin fournit le reste : combien ce dernier a-t-il prêté ?

188. Joseph dit qu'il est né le 8 août 1797, à 8 heures du matin : quel âge aura-t-il le 16 mai 1850 à 4 heures du soir ?

189. Un menuisier a fait 45m,30 d'un ouvrage qui en contenait 75m,80 : combien lui en reste-t-il à faire ?

190. Il y avait 1286 moutons dans une bergerie ; on en a vendu 79, et 34 ont été égorgés par les loups : combien en est-il resté ?

191. Georges a 17840f,40 en bourse, il doit 2460f,85 à Bonaventure et 685f,30 à Robert : que lui restera-t-il quand il aura payé ses dettes ?

192. Un ouvrier a 894 mètres d'ouvrage à faire en trois mois ; il en fait 320m dans le premier mois, et 305 dans l'autre : que lui en reste-t-il à faire pour le troisième mois ?

193. Une armée navale, composée de 38000 hommes, en a péru 675 dans un combat, 840 ont été blessés, 458 ont été faits prisonniers et 97 sont morts de fatigue : combien est-il resté d'hommes en état de combattre, sachant qu'il y avait 2980 marins capables de combattre ?

194. Un épicier a 84 kilog. 48 grammes de sucre, il en a vendu 490 hectogrammes : combien lui en reste-t-il encore ?

195. Un drapier a six pièces de drap qui contiennent ensemble 824^m,75 : combien lui en restera-t-il s'il en vend 186^m,875 millim. ?

196. Il y avait 3645 oranges à bord d'un bâtiment ; 87 ont pourri et les mousses en ont mangé 35 : combien en est-il resté ?

197. Les 150 hectolitres de froment se vendent 3210f,75, la même quantité de seigle ne se vend que 2280f,80 : quelle est la différence ?

198. Ferdinand hérite de 34680f, il achète une terre 21856f,70 et un cheval 840f,55 : que lui reste-t-il de son héritage ?

199. On a deux pièces de drap, l'une de 346f,75 et l'autre de 287f,80 centimes : trouver la différence des deux pièces.

200. Dans une vigne on ne récolta que 84 hectolitres en 1839 ; la même en donna 17 kilolitres 280 litres en 1840 : trouver la différence des deux récoltes.

201. Un marchand avait trois pièces d'indienne, l'une de 46^m,80cent., l'autre de 39^m,53 cent. et la troisième de 52^m,85 mil. ; il en a vendu 93^m,136 millimètres : combien lui en reste-t-il de mètres ?

202. La construction d'un bateau a coûté 978f,50, celle d'une chaloupe 1230f,75 : combien la dernière coute-t-elle de plus que l'autre ?

203. Une métairie est de 26 hectares 80 ares ; le propriétaire prend 184 ares pour un parc : combien en restera-t-il au métayer ?

204. Un boulanger avait 879 hectolitres 50 litres de blé à Noël, le premier mars il n'en a plus que 78 décalitres et 13 litres : trouver ce qu'il en a vendu pendant ce temps ?

205. Un marchand a reçu quatre caisses de marchandise, pesant, savoir : la 1re 198 k. 463 ; la 2e 2146 hectog. 40 ; la 3e 163087 grammes, et la 4e 163087 grammes : quel est le poids net de la marchandise, si celui de toutes les caisses est de 15 k. 450 grammes ?

206. Trois vignes ont produit 5648 hectolitres de vin : une en a donné 20340 décalitres, et l'autre 178052 litres : quel est le produit de la troisième ?

207. Un particulier a acheté 48650f une métairie qu'il a divisée en trois parties et les a vendues comme il suit : la 1re 18400f,85 ; la 2e 20000f, et la 3e 21200f : combien a-t-il gagné à ce marché ?

208. Un voyageur, qui avait 187 myriamètres de chemin à faire, en a déjà fait 438 kilomètres 56 décamètres ; il désire savoir ce qu'il lui en reste à faire.

209. Quelle est la somme qui serait 18754f,75 si on l'augmentait de 1975f,80 ?

210. Un fondeur aurait reçu 6854f,70 pour la fonte de deux cloches ; mais ayant manqué sa première fonte, on lui diminue 563f,90 : que recevra-t-il ?

211. Une filature a coûté 290875f ; l'entrepreneur s'aperçoit au bout de trois ans qu'il perd 560f,85 chaque année ; il la vend pour la somme de 251460f : dites ce qu'il perd.

212. Les armateurs d'un bateau à vapeur ont reçu 354860f,15 en six mois ; la paie des marins, les droits et l'entretien du bateau leur coûtent 187654f,50 : quel est le gain de ces messieurs ?

213. Monsieur le marquis de…. a un revenu annuel de 175000f ; la dépense de sa table est de 11875f ; pour le vestiaire 1478f ; l'entretien de la maison et les impôts s'élèvent à la somme de 9800f ; les domestiques et ouvriers gagnent 4368f,90 ; les voyages et parties de plaisir se montent à 1500f ; les pauvres reçoivent 1800f de M. le marquis : que lui reste-t-il pour son épargne ?

EXERCICES ET PROBLÈMES SUR LA MULTIPLICATION.

214. 10×9.

215. 12×10.

216. 96×10.

217. 13×12.

218. 100×9.

219. 76×100.

220. 22×44.

221. 1000×8.

222. 46×1000.

223. 462×79.

224. $0,2 \times 20$.

225. $0,9 \times 99$.

226. $0,5 \times 0,8$.

227. $2,4 \times 84$.

228. $26 \times 7,22$.

229. 10000×90000.

230. On demande le produit de 9 par 8 ?

231. Quel est le produit de 14 par 16 ?

232. Combien font 8 fois 15 ?

233. Multipliez 20 par 9.

234. Donnez le produit de 25 × 12.

235. Si un mètre d'étoffe coûte 4f, quel sera le prix de 15 mètres?

236. Combien coûteront 16 douzaines de mouchoirs, si 11f sont le prix d'une douzaine?

237. Quel est le prix de 25 moutons, à raison de 13f pièce?

238. Si un chapeau coûte 5f, quel est le prix de 36?

239. Combien doit-on donner à un maçon, auquel on doit 54 journées de 2f?

240. A combien reviennent 168m de ruban, si le mètre est de 75 centimes?

241. Si une orange vaut 0f,15, quel sera le prix de 8 douzaines?

242. La grosse de plumes étant de 2f,55, trouver le prix de 144 grosses.

243. Dites le prix de 130 canifs, à raison de 3f,25 l'un.

244. La douzaine d'œufs se vend à raison de 4 décimes: trouver le prix de 240 douzaines.

245. On prend 346 kilog. de viande à raison de 0f,8 le kilog.: combien doit-on au boucher?

246. Combien doit recevoir un cordonnier qui livre 254 paires de souliers, s'il les vend 6f,40 la paire?

247. On achète 107 paires de sabots à raison de 0f,70 la paire: combien doit-on au sabotier?

248. Quel est le prix de 386 doubles décalitres de froment, lorsque le prix d'un décalitre est 3f,20?

249. Quel est le prix de 46 milliers de foin, si un millier se vend 23f,75?

250. Un maître et ses deux compagnons font chacun 43 paires de souliers en cinq semaines: combien cela fait-il de paires?

251. On a 14 pièces de toile dans une boutique, chaque pièce est de 36 mètres: devinez le nombre de mètres.

252. Combien 18 pièces de vin contiennent-elles de litres, si chacune est de 248?

253. Quel est le prix de 154 rames de papier à raison de 5f,70 la rame?

254. A combien reviendront 48 pieds d'arbres, s'ils valent chacun 86f?

255. Combien un maçon doit-il recevoir pour 284 mètres d'ouvrage, s'il a 1f,25 par mètre?

256. Quel est le prix de 8 douzaines de chaises, si la douzaine vaut 38f,65?

257. Une pièce de vin coûte 164f,70: dites le prix de 86 pièces de la même valeur.

258. On vend 48 kilog. de laine à 1f,35 le kilog.: combien doit-on recevoir?

259. Quel est le prix de 468 mètres d'étoffe lorsque le mètre se vend 5f,43 ?

260. Que doit-on à un ouvrier qui travaille pendant 180 jours, à raison de 2f,25 par jour ?

261. Si l'hectolitre de froment se vend 18f,47, combien coûteront 64 hectolitres ?

262. Combien valent 185 litres de vin, quand le litre est de 2f,60 ?

263. Un métayer vend 782 doubles décalitres de pommes de terre à raison de 0f,45 l'un : combien doit-il recevoir ?

264. Si le cent de fagots coûte 34f,50, combien coûteront 1800 fagots ?

265. L'année étant comptée de 365 jours, dire le nombre de minutes contenues en 5841 ans.

266. On désire savoir le nombre de minutes qu'a vécu un homme âgé de 56 ans et 3 mois de 30 jours chacun ?

267. Quel est le prix de 436 chapeaux, lorsque l'on coûte 8f,45 ?

268. Lorsque le kilog. de sucre se vend 1f,90, quel est le prix de 854 kilog. 250 grammes ?

269. Dites le nombre de litres contenus dans 462 kilolitres.

270. Combien y a-t-il de grammes en 809 décagrammes ?

271. On désire savoir quelle somme produirait la vente de 5189 oranges à 5 centimes l'une ?

272. Que faudrait-il payer pour 3870 fagots, à raison de 0f,25 centimes le fagot ?

273. Quel est le prix de 428 assiettes, si deux décimes sont le prix d'une ?

274. On doit 240 kilog. de viande du prix de 8 décimes le kilog. : combien doit-on ?

275. Que faut-il payer pour 357m,8 décim. de drap, à raison de 14f,60 le mètre ?

276. Trouver le prix de 648 douzaines d'oranges, à raison de 0f,03 l'orange.

277. Un épicier a fait venir 485 kilog. 68 décagrammes de sucre qu'il paie 1f,85 le kilog. : combien doit-il ?

278. On achète 546 tonneaux de vin à 308f,40 la pièce : quel est le prix total ?

279. Dites ce que l'on doit donner à 14 ouvriers qui ont travaillé pendant 48 jours, à raison de 2f,35 la journée ?

280. Il y a 348 croisées sur le château de M. le duc de...., chaque croisée a 10 carreaux : si le vitrier a pris 1f,25 par carreau, combien a-t-il reçu ?

281. Quel est le prix de 1486 barils de sardines, si chaque baril en contient 560 et que chaque sardine coûte 3 centimes ?

282. Une pièce de vin contient 992 litres, l'aubergiste fait payer ce vin 0f,63 le litre : quel sera son bénéfice, sachant que cette pièce lui coûte 496f,75 ?

283. J'ai donné 84m,85 de drap à un ami, il me rend 63m,75 de toile : quelle est la valeur du cadeau que je lui fais, sachant que mon drap est de 12f,60 le mètre et que sa toile n'est que de 2f,30 le mètre ?

284. Un voiturier transporte 8500 kilog. de Marseille à Paris; il a 0f,35 par kilog. : quel est son bénéfice, sachant qu'il est 38 jours en route et qu'il dépense 12f,70 par jour ?

285. Quel est le prix de 780 kilog. 525 grammes de marne, lorsque le kilog. est de 0f,65 centimes ?

286. Quelle est la dépense d'un voyageur qui est 58 jours en route, dépensant 4f,35 par jour ?

287. Cinq départements, ayant chacun 248 écoles primaires, on désire en savoir le nombre total.

288. Un fabricant entretient annuellement 255 ouvriers, chaque ouvrier fait 3m,25 centimètres d'ouvrage par jour, et travaille 20 jours par mois : dites le nombre de mètres faits dans un an.

289. Un fabricant a 6 pièces de mouchoirs, chacune de 5 douzaines; elles lui coûtent 216f : que gagnera-t-il en vendant le mouchoir 9 décimes ?

290. Un économe d'hôpital achète 5 ballots de toile, chacun de 54m,60 cent. à raison de 2f,40 le mètre : en trouver le prix.

291. Trouver la longueur de 45 pièces de drap, sachant que chacune est de 54m,75 cent.

292. Combien entre-t-il de carreaux dans le carrelage d'une chambre qui en a 64 sur la longueur et 40 sur la largeur ?

293. Quelle est la surface d'un terrain régulier qui a 480m,65 de longueur sur 198m,75 de largeur ?

294. Quel est le prix d'une métairie qui a été vendue 82f,35 l'are, sachant qu'elle contient 86 hectares et 95 ares ?

295. Huit ballots contenant chacun 48 pièces de mouchoirs, et chaque pièce 36 mouchoirs, ont été vendus 8765f,45 cent. : le fabricant paie 12f,10 pour droit de pavé et 9f,75 de transport, que l'acheteur doit lui rembourser : combien ce dernier doit-il gagner sur cet achat, s'il vend le mouchoir 1f,25 centimes ?

296. Quel est le nombre de mètres contenus dans 1689 myriamètres ?

297. Quelle est la quantité de respirations d'un homme qui a vécu 80 ans, s'il a respiré 20 fois par minute ?

298. Trouver le nombre des minutes écoulées depuis la création jusqu'à la fin de 1840, sachant que le monde avait 4004 ans à la naissance de Notre-Seigneur.

299. Quelle est la somme qui étant divisée par 20f,85 cent. donnerait 46f,50 au quotient ?

300. Quatre garçons cordonniers font chacun trois souliers par jour; ils ont 1f,60 centimes par soulier : on demande quel est le profit du maître à la fin d'une semaine, s'il vend 6f,50 chaque paire, et que ses ouvriers travaillent chacun cinq jours par semaine?

301. Quel est le produit de la vente de 150 milliers de foin, à raison de 25f,35 le millier?

302. Un garçon tailleur fait 8 habits en 24 jours; il reçoit 2f,30 par jour : quel sera le profit du maître, s'il reçoit 18f,75 pour la façon de chacun des habits?

303. Un épicier achète 384 kilogrammes de chandelle, qui lui coûtent 460f,85 : quel sera son bénéfice, s'il les revend à raison de 8 décimes les 5 hectogrammes?

304. 348 paires de sabots ont été vendues 0f,75 la paire : combien le sabotier a-t-il gagné, sachant que le bois lui coûtait 78f, et qu'il donnait 3 décimes par paire aux ouvriers?

305. On transporte 648 pièces de vin de Bordeaux au Hâvre : le transport est de 12f,65 par pièce : quel sera le gain du capitaine, s'il donne 208f à chaque marin qui sont au nombre de 7, et 103 à chacun des deux mousses, plus 2480f aux armateurs?

306. A combien s'élève la pêche de 14 barques, qui on pris chacune 264 poissons qui ont été vendus 0f,15 l'un?

307. Avec 194 kilogrammes de plomb on a fait 18057 millimètres de tuyau : quel sera le gain du plombier, sachant qu'il paie le plomb 0f,89 le kilog. et qu'il vend ses tuyaux 24f,60 le mètre?

308. Il y a un pont sous lequel il passe, dit-on, 4060780 litres d'eau par minute : combien en passe-t-il en 24 heures?

309. Quel est le nombre de mètres contenus en 34 myriamètres?

310. Un voyageur fait régulièrement 36000 mètres de chemin par jour : s'il marche 10 jours, combien fera-t-il de myriamètres?

311. On met 685f,75 à intérêt, chaque franc rapporte 4f,30 : quel est le gain?

312. Un mercier a 280 feuilles d'images de 0f,25 la feuille, 80 douzaines de couteaux de 0f,65 pièce, 845 mètres de galon de 0f,03 le mètre, 45 milliers d'épingles de 0f,80 le cent et pour 58f,95 d'autres effets : quelle est la valeur de ses marchandises?

313. On a acheté 38 assiettes à 15 centimes la pièce, 24 plats à 0f,30 l'un, 18 pots à 0f,40 l'un, 36 verres à 0f,50 pièce et 6 terrines à 70 cent. l'une : on a revendu les assiettes 0f,20, les plats 0f,35, les pots 0f,50, les verres 0f,55 et les terrines 75 centimes pièce : trouver le profit.

314. Combien y a-t-il d'ares dans l'emplacement d'un mur

qui a 346 mètres de longueur, sur 65 centimètres de largeur?

315. Quelle est la superficie d'un terrain qui a 400m de longueur et 206m,222 de largeur?

EXERCICES ET PROBLÈMES SUR LA DIVISION.

Faites les divisions suivantes :

316. $\frac{96}{10}$.

317. $\frac{120}{100}$.

318. $\frac{9000}{1000}$.

319. $\frac{24}{4}$.

320. $\frac{60}{5}$.

321. $\frac{72}{12}$.

322. $\frac{966}{3}$.

323. $\frac{800}{20}$.

324. $\frac{8450}{50}$.

325. $\frac{100}{2,4}$.

326. $\frac{4}{16}$.

327. $\frac{0,8}{4}$.

328. $\frac{2,10}{1,25}$.

329. $\frac{69840}{260}$.

330. Quel est le quotient de 12 divisé par 3?

331. Partagez 15 francs entre 5 personnes.

332. Divisez 20 par 4.

333. Partagez 25f entre 5 personnes.

334. Si l'on divisait 24 par 6, quel serait le quotient?

335. Combien 8 est-il contenu de fois dans 32?

336. Mettez 36 en 6 parties égales.

337. Partagez 42f entre 7 personnes.

338. Divisez 50 par 10.

339. Divisez 64 par 8.

340. Divisez 120 par 10.

341. Quelle sera la part de chaque individu, s'ils sont 8 à se partager 224f?

342. Six mètres d'étoffe coûtent 36 f : quel est le prix d'un mètre ?

343. On a eu 48 chapeaux pour 420 f : quel est le prix de l'un ?

344. On donne 45 moutons pour 585 f : combien les vend-on la pièce ?

345. Trouver le prix d'un mètre de galon lorsque 48 mètres se vendent 6 f, 24 centimes.

346. Quel est le prix d'une paire de sabots lorsque 60 paires valent 42 f ?

347. Si le prix de 14 paires de souliers est 70 f, quel sera le prix d'une paire ?

348. Pour 180 f on a 36 chaises : quel est le prix d'une chaise ?

349. Dire le prix d'un kilog. de chandelle lorsque 24 kilog. se vendent 38 francs 40 centimes.

350. Pour 270 f on a 150 kilog. de sucre : dire le prix d'un kilog.

351. 140 kilogrammes de poivre ont coûté 322 f : trouver le prix d'un kilog.

352. Pour 826 f, 20 on a 4860 fagots : chercher le prix d'un de ces fagots.

353. Six douzaines d'assiettes ont coûté 18 f : dire le prix d'une assiette.

354. Pour 322 f on a 56 rames de papier : à combien revient la rame ?

355. Un ouvrier fait 52 journées pour 83 f, 20 : de combien sont ses journées ?

356. Quel est le prix d'une paire de bas lorsque 42 paires coûtent 189 f ?

357. Huit personnes ont fait un héritage de 4562 f, 40 : quelle sera la part de chacune ?

358. Un terrain a été défriché par 24 ouvriers ; ils ont eu 4867 f, 85 pour ce travail : dire le gain de chacun.

359. Le père Lucas laisse en mourant 685 f, 40 à 5 enfants qu'il a : partagez-leur cette petite somme.

360. On destine 8496 hommes pour une expédition navale : s'ils montent à 24 bords ; combien y en aura-t-il sur chaque bâtiment ?

361. On achète 3780 m, 40 de drap qui coûtent 5784 0f, 12 : trouver le prix d'un mètre ?

362. Avec 24 mètres de velours on fait 96 paires de souliers : trouver ce qu'il en entre dans une paire.

363. Quelqu'un a une rente annuelle de 9054 f : combien a-t-il à dépenser par jour ?

364. A combien reviendra le kilog. de fer, si 4862 kilog. 179 grammes se vendent 29171 f, 3074 ?

365. On a 18000 plumes pour 480f.; quel est le prix d'une plume?

366. Il y a 59 hectolitres 52 litres de froment dans 48 sacs: dire ce que chacun contient.

367. Un navire est chargé de 4560 hectolitres de vin qui sont contenus dans 480 tonneaux; trouver la contenance de chaque tonneau.

368. Un capitaine distribue 338f,10 à sa compagnie, qui s'est distinguée dans une occasion; combien chaque soldat aura-t-il, sachant qu'ils sont au nombre de 96?

369. On achète 946 hectolitres de vin qui coûtent 42700f: dites le prix d'un litre.

370. Un terrain contient 55 ares 4 centiares; sa longueur est de 86 mètres; quelle est sa largeur?

371. Trouver la longueur d'une salle qui a 96m,64 cent. de superficie, sachant que sa largeur est de 7m,55 centimètres.

372. Si l'on achète 180 kilog. de beurre pour 298f,80, quel sera le prix d'un kilog.?

373. Pendant six mois 54 ouvriers ont gagné 6936f,30; trouver le gain de chacun.

374. Huit kilolitres 4 hectolitres de vin se vendent 3045f: dire le prix d'un litre.

375. Lorsque 987m,50 coûtent 13627f,50 centimes, quel est le prix d'un mètre?

376. Un boulanger donne 6839f,964 pour payer 307 hectolitres 74 litres; combien paie-t-il l'hectolitre?

377. Combien aurait-on de doubles décalitres de pommes pour la somme de 134f,25 cent., si le double décalitre est de 75 centimes?

378. Combien ferait-on de draps de lit avec 108 pièces de toile, chacune de 50 mètres, si dans chaque drap il entre 4m,95?

379. Pour 79f,9 on a eu 85 mètres de ruban: quel est le prix d'un mètre?

380. Lorsque 800 pièces de vin se vendent 118022f,40, quel est le prix d'une?

381. Cinq personnes ont 450f,36 à se partager: faites ce partage.

382. Trouver le nombre de chevaux que l'on aurait pour la somme de 3045f,69, si chaque cheval coûtait 380f,79.

383. Dans un bureau on vend pour 1272f de tabac par an; combien en vend-on de kilog., sachant que le prix d'un kilog. est de 8 francs?

384. Un cordonnier a fourni 361 paires de souliers à un régiment pour la somme de 2310f,40; quel est le prix d'une paire?

385. On suppose que la population de Naples est de 96000 ha-

bitants, et celle de Paimbœuf de 4000 : combien la population de cette dernière ville est-elle contenue de fois dans la première ?

386. Quel est le prix d'un mouchoir lorsque 18 douzaines se vendent 162 francs ?

387. On emploie 809f,30 en laine d'Espagne, on reçoit 438 kilog. pour cette somme : quel est le prix d'un kilog. ?

388. Pour 167f,40 on a de la toile de 4f,65 le mètre : dire le nombre de mètres.

389. Un jardin a 24 ares 03 de superficie, sa longueur est 52 mètres : trouver sa largeur.

390. On a fait un mètre d'ouvrage pour 5 f. : trouver le nombre de mètres qu'on pourrait faire pour 231f,70 centimes.

391. Un négociant dit que 3297 pièces de drap lui ont coûté 3155446f,602 et contiennent chacune 93m,83cent. : il désire savoir à combien lui revient le mètre.

392. On emploie 76191 carreaux dans le carrelage d'un appartement : il y en a 327 sur la longueur : trouver le nombre qui est sur la largeur.

393. On a payé 1388f,53 pour un ouvrage qui contient 48m,55 : à combien revient le mètre ?

394. Un terrain régulier a 927 mètres 94 de superficie, sa longueur est de 53 mètres 95 : quelle est sa largeur ?

395. On a payé 429f,05 pour 4 kilogrammes de marchandise : quel est le prix d'un gramme ?

396. Un vaisseau partant pour la Chine a 41925 kilogrammes de biscuit pour 430 hommes : quelle sera la ration journalière de chacun, si le trajet est de 5 mois ?

397. Un vitrier reçoit 2592 f pour le vitrage de 180 croisées de 8 carreaux : combien lui paie-t-on le carreau ?

398. Si le mètre de drap se vend 15f et le mètre de velours 24f, combien faudra-t-il de mètres de drap pour valoir 70 mètres de velours ?

399. On a acheté 16 douzaines de paires de bas à raison de 3 francs la paire : on a payé 20f,50 de transport, et on se propose de gagner 171f,50 dessus : combien doit-on vendre la paire ?

400. Combien faudra-t-il de ballots de drap contenant chacun 15 pièces et chaque pièce 25 mètres pour habiller une armée de 50000 hommes, sachant que 5 mètres 40 suffisent pour chaque soldat ?

401. Une armée de 45 régiments, chacun de 1200 hommes, en a perdu 8773 dans une campagne : après quoi elle s'est réfugiée dans 49 places fortes : combien se trouve-t-il d'hommes en chaque place ?

402. On a acheté 286 hectolitres de froment pour la somme de

5291 f : combien faut-il revendre l'hectolitre, pour gagner 858 f sur cet achat?

403. Un capitaine a 8 marins à ses ordres; il transporte 218 tonneaux de Bordeaux à Calais; il se réserve le tiers du profit et il donne un autre tiers aux armateurs : quel sera la paie de chaque marin, si le capitaine reçoit 48 f par tonneau?

404. Une coupe de bois coûte 525 f; on donne 350 f pour le faire exploiter et 175 f pour les charrois : quel est le prix d'un fagot, s'il y a 28 charrettes, chacune de 125 fagots?

405. Quelqu'un reçoit six ballots de chacun six pièces de drap, et chaque pièce est de 46 mètres 25 cent. : ce drap étant payé 5656 f, combien faut-il vendre le mètre pour gagner 1313 f?

406. On nourrit et entretient 430 orphelins dans un hospice; le gouvernement emploie la somme de 141255 f par an à cette bonne œuvre : trouver la dépense de chaque enfant.

407. Un chapelier fait venir trois caisses de chapeaux, dans chacune desquelles il y a 18 chapeaux, qui coûtent ensemble 873 f : quel est le prix d'un de ces chapeaux, sachant que ce chapelier a 126 f de profit?

408. Huit ouvriers ont reçu 3640 f pour une entreprise dans laquelle chacun a passé 182 journées, dépensant 2 f par jour : combien ont-ils gagné?

409. Un boucher achète deux bœufs qui lui coûtent 543 f, 44; il désire gagner 90 francs dessus : combien doit-il vendre le kilog. de viande, s'il trouve 428 kilog. dans chaque bœuf?

410. Un fabricant a acheté 146 kilog. de fil avec lesquels il a fait 275 mètres de grosse toile : son fil lui coûtant 1072 f, 50, combien doit-il vendre le mètre pour gagner 75 centimes sur chacun?

411. Un jeune homme entre dans le commerce avec la somme de 6756 f; il emprunte 5870 f d'une part, et 4350 d'une autre; son loyer est de 640 f; il achète 7100 mètres de toile du reste de son argent : dire le prix d'un mètre à un centième près.

412. La population d'une ville est de 584000 habitans : si elle se renouvelle tous les 25 ans, combien y meurt-il de personnes par jour, l'année étant comptée de 365 jours.

413. La population du globe étant supposée de 900000000 d'habitants, quel est le nombre des morts par heure, si la génération se renouvelle tous les 30 ans?

414. On demande combien pèsent en kilogrammes et en milligrammes 900000000 f en or monnayé, sachant que le kilogramme d'or monnayé vaut 3100 f.

415. On sait que la circonférence de la terre est de 4000 myriamètres : combien un voyageur mettrait-il de temps pour en faire le tour, s'il faisait 32 kilomètres par jour et qu'il se reposât le dimanche? (Il part le lundi.)

EXERCICES ET PROBLÈMES SUR LES FRACTIONS.

Première réduction.

418. *Combien y a-t-il de $\frac{1}{3}$ en 5 entiers?

419. Réduisez 9 entiers en quarts.

420. Réduisez 12 en cinquièmes.

421. Combien y a-t-il de $\frac{1}{7}$ en 18 entiers $\frac{3}{7}$?

422. Dites le nombre de quarts d'heure contenus en 24 heures.

423. Cherchez le nombre de neuvièmes de mètre contenus dans 45 mètres.

424. Quelqu'un a 50 ans $\frac{7}{12}$: combien a-t-il de mois?

425. Trouver le nombre de vingt-quatrièmes contenus dans 365 et $\frac{6}{24}$.

426. On a 75 pièces de cinq francs pour les pauvres : à combien fera-t-on l'aumône, si chacun reçoit le $\frac{1}{17}$ d'une pièce?

Deuxième réduction.

427. Trouver les entiers de cette fraction $\frac{26}{3}$.

428. Lorsque le diamètre d'un cercle est 7, sa circonférence est 22 ; quel est donc le nombre de diamètres d'un cercle contenus dans la circonférence du même cercle?

429. Dire le nombre de degrés qui se trouvent dans $\frac{360}{15}$ de degrés.

430. Quelqu'un dit avoir fait $\frac{160}{4}$ de myriamètre en deux jours : combien faisait-il de myriamètres par jour?

431. On voudrait savoir le nombre de grammes contenus dans $\frac{128}{120}$ de kilogramme.

432. Un enfant reçoit $\frac{95}{13}$ de f pour ses étrennes : combien a-t-il de centimes?

433. On emploie $\frac{623}{16}$ de mètres de drap dans un ouvrage de tapisserie : trouver le nombre de millimètres qui y sont contenus.

Troisième réduction.

Réduisez à leur plus simple expression les fractions suivantes :

434. $\frac{2}{4}$, $\frac{3}{12}$, $\frac{5}{36}$, $\frac{3}{72}$ et $\frac{48}{96}$.

435. $\frac{126}{252}$ ... $\frac{216}{288}$

436. $\frac{105}{135}$ ... $\frac{4805}{8000}$

437. $\frac{27}{3780}$ ... $\frac{398}{468}$

Quatrième réduction.

Réduisez au même dénominateur les fractions suivantes :

438. $\frac{1}{2}$ ..., $\frac{2}{3}$ ... $\frac{1}{4}$.

439. $\frac{2}{3}$ et $\frac{9}{13}$.

44o. $\frac{3}{4}$, $\frac{4}{5}$ et $\frac{5}{7}$.

441. $\frac{5}{9}$, $\frac{6}{7}$, $\frac{4}{10}$ et $\frac{3}{8}$.

Addition.

Faire les additions suivantes :

442. $\frac{1}{2} + \frac{2}{3} + \frac{3}{4}$.

443. $\frac{1}{4} + \frac{3}{8} + \frac{4}{1}$.

444. $\frac{5}{6} + \frac{7}{9} + \frac{8}{9} + \frac{2}{5}$.

445. On a coupé $\frac{3}{4}$ d'un mètre d'étoffe et $\frac{5}{7}$ d'un autre : en faire la somme.

446. On prend 1o mètres $\frac{3}{8}$ d'une pièce de toile ; il en reste 3o mètres $\frac{8}{9}$: dire la longueur de cette pièce.

447. Une pauvre femme se fait une robe avec les cinq coupons suivants : $\frac{2}{9}, \frac{3}{5}, \frac{3}{4}, \frac{7}{8}$ et $\frac{7}{9}$: combien cela fait-il de mètres ?

448. Le $\frac{1}{3}$ et le $\frac{1}{4}$ d'un nombre font 7 : quel est ce nombre ?

449. La moitié, les deux tiers et les trois septièmes d'un nombre font 67 : quel est ce nombre ?

45o. On a vendu 12 mètres $\frac{1}{2}$ d'une part, puis 14$^m \frac{3}{8}$; il reste encore 17$^m \frac{4}{5}$ de cette pièce : quelle était sa longueur ?

451. Un ouvrier peut faire un ouvrage en 15 heures, et son voisin le fait en 12 : combien leur faudra-t-il d'heures s'ils s'y mettent tous deux ?

452. Un certain ouvrage pourrait être fait en 8 heures par un homme, en 1o h. par une femme et en 15 par un enfant : combien de temps resteront-ils à le faire tous les trois ensemble ?

453. Un ouvrage pourrait être fait en 3 heures $\frac{1}{2}$ par un premier ouvrier et en 4 $\frac{1}{3}$ par un second : combien de temps resteront-ils à le faire en commun ?

454. Une fontaine donne 3 hectolitres en 5 minutes ; une autre donne 8 litres en 7 minutes ; une troisième donne 4 litres par minute ; une quatrième donne 5 litres en 8 minutes : combien fournissent-elles d'hectolitres par heure, coulant ensemble ?

Soustraction.

455. De $\frac{4}{5}$ ôtez $\frac{2}{5}$.

456. De $\frac{2}{3}$ ôtez $\frac{1}{4}$.

457. De $\frac{21}{41}$ ôtez $\frac{13}{42}$.

458. De $4\frac{1}{2}$ ôtez $3\frac{1}{3}$.

459. Que reste-t-il d'une chose dont on a enlevé les $\frac{5}{9}$?

46o. Un joueur perd le $\frac{1}{3}$, le $\frac{1}{4}$ et le $\frac{1}{5}$ de son argent : que lui en reste-t-il ?

461. On enlève un mètre $\frac{3}{4}$ d'un morceau de toile de 3 mètres $\frac{1}{2}$: qu'en reste-t-il ?

46a. Un ballot peserait 152 kilog. $\frac{1}{2}$ si l'on y ajoutait 3 kilog. $\frac{3}{4}$: quel est son poids ?

463. Un vase vide pèse 1 kilog. $\frac{2}{5}$; rempli d'eau il pèse 5 kilog. $\frac{3}{4}$: que pèse l'eau qui y est contenue ?

464. Une caisse pèse 48 kilog. $\frac{3}{4}$; la marchandise qu'elle renferme pèse seule 41 k. : quel est le poids de l'emballage ?

465. Un père fait 4 mètres d'ouvrage en 3 jours ; son fils en fait 3 mètres en 4 jours : combien l'un fait-il plus que l'autre ?

466. Deux voitures suivent la même route dans le même sens : la première fait 5 lieues en quatre heures et la seconde fait 6 lieues en 5 heures : de combien s'approchent-elles ou s'éloignent-elles par heure ?

467. Deux journaliers font : le premier 14 fagots en 3 heures et le second 23 fagots en 5 heures : quel est celui qui en fait le plus ?

468. Deux vaisseaux, voguant sous la même latitude et dans le même hémisphère, l'un se trouve par le 56° degré $\frac{2}{3}$ de latitude et l'autre par le 28° $\frac{3}{4}$: à quelle distance sont-ils l'un de l'autre, à une minute de degré près ?

469. L'élévation d'une montagne est de 9oo mètres $\frac{1}{2}$, celle d'une autre est de 1oo2 mètres $\frac{3}{4}$: quelle est la hauteur de l'une au-dessus de l'autre ?

Multiplication.

470. Multipliez $\frac{2}{3}$ par 2.

471. Multipliez 6 par $\frac{3}{7}$.

472. Multipliez $\frac{3}{5}$ par $\frac{1}{2}$.

473. Multipliez $\frac{14}{15}$ par $\frac{3}{7}$.

474. Multipliez $\frac{918}{1133}$ par 103.

475. Multipliez 2 $\frac{2}{3}$ par 4.

476. Multipliez 10 $\frac{1}{3}$ par 3 $\frac{1}{17}$.

477. Quels sont les $\frac{2}{3}$ de 88?

478. Trouver les $\frac{3}{5}$ de $\frac{5}{7}$.

479. Donnez la moitié du tiers de 48.

480. On demande les $\frac{2}{5}$ des $\frac{3}{4}$ de 56.

481. Quel est le prix de 50^m $\frac{4}{8}$ de drap à raison de 6 f le mètre?

482. Quel est le prix de 10 kilog. de beurre à raison de 1 f $\frac{4}{10}$ le kilog.?

483. On paie une pièce de toile 28 f : dire le prix de $\frac{4}{?}$ de la pièce.

484. On reçoit 148 kilog. de marchandise : si l'on obtient $\frac{3}{17}$ de remise pour l'emballage, que reste-t-il à payer?

485. On remet deux centimes par 100 sur le prix d'une facture montant à 548 f : quelle est la remise?

486. Un voyageur a 48 myriamètres à faire en trois jours : le 1er jour il fait les $\frac{2}{?}$ de sa route, le 2e il en fait $\frac{1}{?}$: combien a-t-il fait de chemin chaque jour?

487. On mêle 3 litres de vin avec deux litres d'eau-de-vie : dire ce qu'il entre de chacune de ces boissons dans $\frac{3}{4}$ de litre?

488. Une source donne un litre $\frac{1}{2}$ par minute : combien donnera-t-elle de litres en 23 minutes $\frac{2}{3}$?

489. Un messager reçoit $\frac{27}{99}$ de fr. par commission : que recevra-t-il pour 19 commissions dont la moitié ne sera payée qu'à raison des $\frac{2}{3}$ du prix convenu?

Division.

490. Divisez 12 par $\frac{2}{5}$.

491. Divisez $\frac{1}{2}$ par $\frac{2}{3}$.

492. Divisez $\frac{7}{15}$ par $\frac{7}{3}$.

493. Divisez $2\frac{1}{2}$ par 2.

494. Divisez $100\frac{2}{3}$ par $18\frac{1}{12}$.

495. Lorsque $\frac{2}{3}$ de mètre coûtent 12f, quel est le prix d'un mètre?

496. Si 8 mètres $\frac{3}{4}$ ont coûté 96f, que coûtera le mètre?

497. Partagez 24 pommes en morceaux de $\frac{3}{4}$, et dites le nombre de morceaux.

498. Un ouvrier fait 4 mètres en 5 heures : combien emploiera-t-il de d'heures à en faire 10?

499. Deux voyageurs suivent la même route dans le même sens, et sont partis ensemble; le premier fait 2 myriamètres en 3 heures et le second 3 myriamètres en 4 heures : de combien l'un va-t-il plus vite que l'autre?

500. Un enfant fait $\frac{3}{4}$ de mètre dans un pas : combien faudra-t-il qu'il en fasse pour parcourir 3 kilomètres $\frac{1}{3}$?

501. Deux champions se disputent un prix qui est à 480 mètres de distance; le premier fait 4 mètres en 3 secondes et le second 5 mètres en 4 secondes : combien de secondes le premier arrivera-t-il avant le second?

502. Un ouvrier fait 5 mètres d'ouvrage en deux jours : combien sera-t-il de jours à faire $55^{m}\frac{3}{4}$ du même ouvrage?

503. Un tisserand fait les $\frac{2}{3}$ de sa pièce en 3 jours : combien lui faudra-t-il de jours pour la faire?

504. Un voyageur fait les $\frac{3}{11}$ de son chemin en $\frac{2}{3}$ de jour : combien de temps restera-t-il à le faire?

505. Le maître tailleur d'un régiment emploie 290 mètres $\frac{1}{3}$ de drap en habits d'ordonnance : combien en fera-t-il, s'il entre 1 mètre $\frac{3}{4}$ dans un habit?

Réduction des fractions ordinaires en décimales et réciproquement.

506. Quelle est l'expression décimale d'un $\frac{1}{5}$ de mètre?

507. Quelle est l'expression décimale d'un $\frac{1}{2}$ litre?

508. Quelle est l'expression décimale d'un $\frac{1}{8}$ de stère?

509. Quelle est l'expression décimale d'un $\frac{1}{7}$ de franc?

510. Quelle est l'expression décimale de $\frac{4}{9}$ de kilog.?

511. Quelle est l'expression décimale de $\frac{5}{8}$ d'are?

512. Réduisez en décimales $\frac{120}{204}$.

Convertissez en fractions ordinaires les fractions décimales suivantes :

513. 0f,70 centimes,
514. 0 gramme, 0 décigrammes,
515. 0 litre, 85 centilitres,
516. 0 mètre, 444 millimètres,
517. 0 are, 64, 07, 08.

DEUXIÈME PARTIE.

EXERCICES SUR LES PROPORTIONS.

518. $10 : 100 :: 20 : x$.
519. $18 : 24 :: x : 48$.
520. $50 : x :: 300 : 96$.
521. $x : 5 :: 500 : 50$.
522. $\frac{1}{12} : \frac{2}{3} :: \frac{1}{6} : x$.
523. $\frac{1}{10} : \frac{4}{15} :: \frac{5}{8} : x$.
524. $\frac{7}{19} : x :: \frac{1}{14} : \frac{1}{8}$.
525. $42 \times 5 : 8 :: 9 \times 3 : x$.
526. $x \times 70 : 9 :: 8 \times 40 : 12 \times 60$.

PROBLÈMES SUR LA RÈGLE DE TROIS SIMPLE ET DIRECTE.

527. On a acheté 12 mètres de ruban qui ont coûté 3 francs : quel sera le prix de 20 mètres du même ruban ?

528. Charles a acheté 15 canifs qui lui ont coûté 20 francs : combien coûteront 3 autres canifs de la même qualité ?

529. Six rasoirs ont été vendus 18 francs : quel doit être le prix de 9 autres ?

530. Douze chapeaux ont été vendus 60 francs : quel sera le prix de 15 ?

531. Un cordonnier a vendu 14 paires de souliers pour la somme de 84 francs, il lui en reste encore 10 paires : combien doit-il les vendre à proportion des autres ?

532. Un sabotier a reçu 37 francs 80 centimes pour 54 paires de sabots, il a commission d'en faire encore 27 paires pour la même maison et au même prix, combien recevra-t-il ?

533. Un tailleur a acheté 18 mètres de serge qui lui ont coûté 54 francs, il lui en faut encore 15 mètres : combien lui coûteront-ils ?

534. Un coutelier a vendu 15 canifs pour la somme de 45 francs, il en a encore 18 : combien recevra-t-il d'argent ?

535. Un homme en 25 jours de travail a gagné 43 francs 75 centimes : combien gagnera-t-il en 15 jours ?

536. Un maître maçon a employé 15 ouvriers pour faire un mur qui contient 105 mètres carrés : on demande combien 47 ouvriers pourront en faire pendant le même temps ?

537. Il a fallu 47 ouvriers pour faire 329 habits en 25 jours : combien faudra-t-il d'ouvriers pour en faire 105 durant le même temps ?

538. Quelqu'un a acheté 9 mètres d'étoffe qui lui ont coûté 54 f., il lui en faut encore 36 mètres : combien lui faudra-t-il d'argent ?

539. Un ouvrier a fait 35 mètres d'ouvrage en 7 jours : on demande ce qu'il peut faire en 21 jours.

540. Vingt-et-une pelles de jardin ont été vendues 105 francs : combien coûteront 7 autres de même qualité ?

541. Sachant que pour faire 42 mètres d'ouvrage il a fallu 84 ouvriers pendant cinq jours, on demande combien il faudra d'ouvriers pour faire 140 mètres du même ouvrage pendant le même temps.

542. Quarante-deux paires de souliers ont été vendues 210 fr., il en reste encore 126 au même cordonnier : combien recevra-t-il d'argent ?

543. Un particulier a fait faire 24 mètres d'ouvrage pour la somme de 46 francs : on demande combien lui coûteront 60 mètres du même ouvrage.

544. Un maître cordonnier avec ses huit ouvriers ont fait 329 paires de souliers pendant 47 jours : on demande combien ils feront de paires de souliers en 15 jours.

545. Un voyageur a fait 540 kilomètres de chemin en 15 jours : on demande combien il en fera pendant 45 jours, marchant avec la même vitesse.

546. Dites la hauteur d'une tour qui donne 108 mètres d'ombre, lorsque 6 mètres en donnent 2 mètres.

547. Une garnison de 500 hommes a des vivres pour 41400 fr. ;

on augmente cette garnison de 315 hommes : de combien faudra-t-il augmenter l'argent pour les vivres ?

548. Trois pièces de toile ont coûté ensemble 738f,90 : on demande combien elles contiennent de mètres lorsque 82f,10 cent. sont le prix de 11 mètres.

549. 15 kilogrammes de pruneaux ont été vendus 27 f : combien doit-on vendre 67 kilogrammes des mêmes pruneaux ?

550. Avec cent cinq francs on a gagné 35f en 7 mois : en combien de temps gagnera-t-on 105f avec la même somme ?

551. Un confiseur a acheté 25 kilogrammes d'amandes pour la somme de 20 francs 65 cent. : on demande combien coûteront 75 kilogrammes des mêmes amandes.

552. Un marchand a acheté 49 kilogrammes de raisin pour la somme de 17 francs 15 cent. : combien en aurait-il eu de kilogrammes pour 94f,15 cent. ?

553. On demande combien valent 35 kilogrammes de sucre lorsque 136 francs 20 centimes sont le prix de 100 kilogrammes.

554. Lorsque l'hectolitre de froment se vend 21 francs, on fait payer le kilogramme de pain 0f,18 cent. : combien doit-on payer le kilog. de pain lorsque l'hectolitre de froment ne se vend que 14 francs ?

555. Si 450 grammes de soie ont coûté 90f, combien faudra-t-il payer pour 130 grammes 35 centigrammes ?

556. La douzaine d'oranges se vend 1f,50 : quel sera le prix de 184 oranges ?

557. Lorsque le kilogramme de café coûte 37 francs 50, quel sera le prix de 148 kilogrammes ?

558. En 6 jours de travail un ouvrier a gagné 10f,80 : combien gagnera-t-il en 24 jours ?

559. La rame de papier contient 20 mains ; on achète du papier à 121,50 la rame ; mais en l'achetant en détail, on le paie 65 centimes la main : dans ce cas combien paie-t-on de plus par rame ?

560. Une fontaine donne 15 litres en deux minutes ; une autre en donne 27 litres en 3 minutes 30 secondes : quelle est la plus abondante ?

561. Un cheval franchit 3 lieues en 32 minutes ; un autre cheval franchit 2 lieues $\frac{1}{2}$ en 28 minutes : quel est le plus agile des deux ?

PROBLÈMES SUR LA RÈGLE DE TROIS SIMPLE ET INVERSE.

562. Si 12 ouvriers emploient 15 jours à faire un certain ouvrage, combien faudra-t-il d'ouvriers pour faire le même travail en 10 jours ?

563. Un capitaine a de l'argent pour solder 400 hommes pendant 3 mois en donnant à chacun 75 centimes par jour : combien doit-il donner à chacun, si la campagne dure 5 mois ?

564. Dans une garnison il y a 12000 hommes, pourvus de vivres pour 3 mois : si l'on voulait faire durer les vivres 4 mois, en donnant la même ration, combien faudrait-il faire sortir d'hommes ?

565. Pour transporter 9745 kilogrammes l'espace de 80 lieues, on a payé 2921,9 : à combien de lieues fera-t-on transporter 5847 kilogrammes pour la même somme ?

566. Un architecte se propose de faire construire une maison en 88 jours par 24 ouvriers : combien lui faudra-t-il de jours s'il y emploie 36 ouvriers ?

567. Un voyageur, marchant 6 heures par jour, fait 60 myriamètres en 12 jours : s'il marchait 8 heures par jour, combien serait-il de jours à faire le même chemin ?

568. Lorsque l'hectolitre de blé vaut 12 f, le pain de 7 kilogrammes coûte 1f,60 : combien doit-on avoir de kilog. de pain pour la même somme, le blé étant à 10 francs ?

569. On emploie 300 mètres de drap de 81 centimètres de laize pour faire un certain nombre d'habits : on demande combien il faudrait de mètres de drap pour faire le même nombre d'habits s'il n'avait que 72 centimètres de laize.

570. Un tailleur a 396 mètres d'étoffe avec lesquels il compte faire 46 habits, s'il les fait avec de l'étoffe d'un mètre ½ de laize, il n'en faudra que 352 : quelle est donc la laize de la première étoffe ?

571. Quand la rame de papier vaut 18f,45, on a 5 mains pour 4f,625 : combien la rame coûtera-t-elle lorsque, pour la même somme on aura 7 mains et demie ?

572. Un aubergiste vend 450 litres de vin à raison de 0f,24 le litre, s'apercevant qu'il se gâte, il en diminue le prix, de sorte que 612 litres ne produisent que la même somme que les 450 litres : quel est le prix d'un litre de la dernière vente ?

573. Ayant emprunté 1000 f d'un ami, je les ai gardés 14 mois : combien de temps dois-je lui laisser 3220 f pour qu'il y ait compensation ?

574. Un courrier va de Paris à Lisbonne en 15 jours, courant 14 heures par jour : s'il emploie 23 jours pour revenir, combien court-il d'heures par jour ?

575. On reçoit 500 francs un an après le terme convenu : combien de temps après l'échéance doit-on payer 600 francs ?

576. Une personne, ayant acheté 40 mètres de drap d'un mètre $\frac{1}{3}$ de large, en prend 4 mètres pour s'en faire un habit : combien lui faudra-t-il de mètres de serge de $\frac{2}{3}$ de large pour doubler les $\frac{3}{4}$ de son habit ?

577. Un marchand de grains a vendu 3 kilolitres de froment à raison de 198 francs 90 centimes le kilolitre; il a reçu une égale somme pour du seigle qu'il vend 132 f. 60 centimes le kilolitre : combien doit-il en livrer?

578. Un maître menuisier a six compagnons et un apprenti qui ne fait que les $\frac{2}{5}$ de l'un des ouvriers; en 15 jours ils ont fait tous ensemble 127 mètres 75 cent. d'un ouvrage : combien aurait-il fallu de temps aux six compagnons seuls pour fait cet ouvrage?

579. Quinze ouvriers ont été 11 jours $\frac{1}{2}$ pour faire un ouvrage : combien 13 ouvriers avec 2 apprentis dont chacun ne fait que les $\frac{2}{5}$ de l'ouvrage d'un ouvrier auraient-ils été de temps pour faire cet ouvrage?

580. Michel a acheté de Jérôme pour 7460 francs de drap, payables comptant; Michel a dit à Jérôme que s'il veut accorder 6 mois de crédit, il lui vendra une partie de marchandise à 15 mois de crédit : supposé la condition acceptée, pour combien d'argent Jérôme doit-il acheter de marchandise pour compenser les 6 mois de crédit qu'il accorde?

PROBLÈMES SUR LA RÈGLE DE TROIS COMPOSÉE.

581. La garnison d'une place est de 6000 hommes, on peut faire leur ration de 6 hectogrammes de pain par jour pendant 8 mois : si l'on veut augmenter cette garnison de 400 hommes, et faire durer les vivres 10 mois, de combien faire la ration de chaque soldat?

582. Dans une manufacture 35 ouvriers ont fait 450 mètres d'étoffe en 20 jours, travaillant 9 heures par jour; combien faudrait-il de jours à 60 ouvriers pour faire la même quantité d'étoffe, s'ils ne travaillaient que 5 heures par jour?

583. Si 9 hommes en 35 jours, travaillant 10 heures par jour ont fait 168 mètres de serge, combien faudrait-il de temps à 13 hommes pour faire le même ouvrage, s'ils travaillaient 12 heures par jour?

584. Le maître d'une manufacture a employé 42 ouvriers pendant 28 jours, travaillant 10 heures $\frac{1}{2}$ par jour, pour faire un certain ouvrage : on demande le temps que 24 ouvriers auraient mis à faire cet ouvrage, s'ils avaient travaillé 12 heures par jour.

585. Cinq menuisiers ont boisé une salle en 66 jours, en travaillant 11 heures par jour; combien eût-il fallu d'ouvriers travaillant 12 heures par jour, pour boiser cette salle en 30 jours $\frac{1}{2}$?

586. Pour combien de temps dois-je laisser 1056f, 25 centimes à intérêt à 4 pour cent, afin de recevoir les mêmes arrérages qu'avec 5900 francs placés à 5 $\frac{1}{2}$ pour cent pendant 2 ans 6 mois?

587. Plusieurs pièces de toile ont été faites en 12 jours par 14 ouvriers qui travaillaient 9 heures par jour : combien aurait-il fallu d'hommes pour faire le même ouvrage en 16 jours, s'ils eussent travaillé 8 heures par jour?

588. Un baron a fait faire, dans son jardin, une pièce d'eau de 48 mètres de longueur sur 25 mètres de largeur, et 4 mètres 50 centimètres de profondeur; il veut en faire construire une autre qui ait 60 mètres de longueur sur 30 mètres de largeur : quelle sera sa profondeur, si le travail est égal?

589. Un puits qui a 30 mètres de profondeur et 7 mètres de circonférence, a été fait par 6 hommes en 64 jours $\frac{1}{2}$, lorsqu'ils travaillaient 11 heures par jour : combien aurait-il fallu d'hommes qui auraient travaillé 12 heures par jour pour faire le même ouvrage en 39 jours $\frac{5}{12}$ de jour?

590. Quelle est la longueur d'un mur qui a 5 mètres de hauteur sur 60 centimètres d'épaisseur, que 35 ouvriers ont fait en 2 mois, sachant que les mêmes ouvriers pendant le même temps ont fait un autre mur, long de 96 mètres, haut de 4 mètres et épais de 45 centimètres?

591. J'ai employé deux ateliers d'ouvriers pendant 3 mois $\frac{1}{3}$ pour faire les murs extérieurs d'un bâtiment, dont chacun a 27 mètres de longueur, 12 mètres de hauteur et 25 centimètres d'épaisseur : on demande quelle aurait été la longueur des mêmes murs, s'ils n'avaient eu que 10 mètres de hauteur et 48 centimètres d'épaisseur pour que les mêmes ouvriers les eussent faits pendant un temps égal.

592. Colombin de Lisieux ayant prêté 4500 francs à Pierre Deroin de Calais pour 6 mois, Pierre n'a payé qu'au bout de 14 mois; Colombin demande à Pierre les intérêts de 8 mois, à raison de 4 pour cent; Pierre les lui refuse; mais il s'offre à lui prêter une somme pour 8 mois à raison de 5 pour cent, pour compenser les intérêts qu'il doit à Colombin : quelle doit être cette somme?

593. Si 2 hommes en 6 jours font 30 mètres de toile, combien faudra-t-il d'hommes pour en faire 90 mètres en 4 jours?

594. Il a fallu 9 hommes pour faire 90 mètres d'ouvrage en 4 jours : combien faudra-t-il d'hommes pour faire 30 mètres du même ouvrage en 6 jours?

595. On sait que 9 hommes ont fait 90 mèt. d'étoffe en 4 jours : combien faudrait-il de jours à 2 ouvriers pour faire 30 mètres de la même étoffe?

596. Puisque 30 mètres de velours ont été faits en 6 jours par 2 hommes, combien faudrait-il de jours à 9 ouvriers pour faire 90 mètres du même velours?

597. Un entrepreneur a employé 30 ouvriers qui en 60 jours ont fait 1317 mètres de maçonnerie : combien faudra-t-il de temps à 20 ouvriers pour en faire 439 mètres ?

598. Un négociant paie 12 francs pour le port de 15 myriagrammes de sucre l'espace de 30 lieues : je demande combien à proportion on doit voiturer de myriagrammes de même marchandise pour 11 francs 20 centimes l'espace de 20 lieues ?

599. Si en 4 ans on reçoit 48 francs d'intérêt d'un capital de 240 francs, combien de temps faudra-t-il pour recevoir 133 francs d'un capital de 380 francs placés au même taux ?

600. On sait que 4 hommes en 9 jours ont fait 216 mètres d'un certain ouvrage ; on sait pareillement que 144 mètres d'un semblable ouvrage ont été faits en 3 jours : on demande combien il y avait d'hommes à ce dernier ouvrage.

601. Si dans un an on a gagné 5 francs pour 100 f, avec quel capital peut-on en 16 mois gagner 30 francs ?

602. Lorsque 50 hommes dépensent 408 francs 50 centimes en 19 jours, on voudrait savoir combien de jours à proportion dureront 817 francs à 25 hommes ?

603. Une poutre de 10 mètres de longueur, et qui a 54 centimètres sur 48 centimètres d'équarrissage, coûte 133 francs : on demande quelle doit être la longueur d'une autre poutre qui a coûté 72 francs 80 centimes et qui a 13 centimètres sur 35 centimètres d'équarrissage.

604. Un maître menuisier se charge de boiser deux salles pour 387 francs 75 centimes ; la première salle a été boisée en 18 jours par 6 hommes qui travaillaient 12 heures par jour ; l'autre salle, où il n'y a que les $\frac{5}{6}$ d'ouvrage de la première, l'a été par 10 hommes en 8 jours : combien travaillaient-ils d'heures par jour ?

605. Dix ouvriers en 3 mois 15 jours, travaillant 9 heures $\frac{2}{5}$ par jour, ont fait toute la charpente d'un bâtiment : on demande combien 7 ouvriers seraient de jours pour faire une charpente qui ne contiendrait que le $\frac{7}{9}$ de la première, s'ils travaillaient 11 heures $\frac{1}{7}$ par jour.

606. Quel nombre d'ouvriers faudra-t-il pour qu'en 20 jours, travaillant 12 heures par jour, ils puissent faire 56 mètres de fossé, sachant que 10 hommes en 14 jours, travaillant 9 heures par jour, ont fait 42 mètres du même ouvrage ?

607. Un maçon en 24 jours, travaillant 13 heures $\frac{3}{4}$ par jour, a fait 40 mètres de maçonnerie ; l'excès du travail l'ayant épuisé, il ne peut plus travailler que 8 heures par jour : combien sera-t-il de jours pour faire 50 mètres du même ouvrage ?

608. Si avec 500 francs on gagne 25 francs en un an, en combien de temps gagnera-t-on 30 francs avec 450 francs ?

609. Supposé que 50 hommes en 19 jours dépensent 878f,75 centimes, combien à proportion une famille de 7 personnes subsistera-t-elle de temps avec 2363 francs 375 millimes?

610. Un voyageur ayant fait 126 lieues en 24 jours, marchant 11 heures $\frac{1}{2}$ par jour, en a encore 168 qu'il veut faire en 46 jours: combien doit-il marcher d'heures par jour?

PROBLÈMES SUR LA RÈGLE D'INTÉRÊT.

611. Un particulier a placé 800 francs à constitution à 4 pour cent: on demande quelle sera sa rente annuelle?

612. Un domestique s'est fait une rente annuelle de 32 francs avec un capital de 800f: à quel taux a-t-il placé son argent?

613. Quel capital faudrait-il placer à 4 pour cent pour retirer une rente annuelle de 32 francs?

614. J'ai placé 800f à intérêt à 4 pour cent: combien me faudrait-il de temps pour recevoir 32 francs?

615. Un seigneur ayant contracté une dette de 7000 francs, veut l'acquitter en sept ans: à quel taux doit-il placer un capital de 24000 francs, dont l'intérêt est destiné à faire ce paiement?

616. Le capital de 2046 francs a produit 1023f en onze ans: quel en est le taux?

617. Un officier ayant mis 9000 francs à intérêt s'est embarqué pour la Chine; au bout de 8 ans il est revenu, et a reçu 3600f pour les arrérages: on demande à quel denier il avait placé son argent.

618. Un marchand a acheté du froment à raison de 20 fr. 75 c. l'hectolitre; il veut le revendre de manière à ce qu'il gagne autant que s'il mettait son argent à 5 pour cent: combien doit-il le revendre?

619. Une personne veut rembourser 827f,40 cent. avec les intérêts de cette somme pour 3 ans 6 mois, à raison de 5 pour cent: combien doit-elle compter en tout?

620. Un particulier a constitué 12000f à 4 pour cent: on demande quelle rente annuelle il en retirera, déduction faite des impositions qu'on suppose être 16 pour cent.

621. Un jeune homme veut se faire une rente annuelle de 403f,20 cent., toutes impositions prélevées, qui sont de 16 pour cent; on demande à quel taux il doit placer son capital qui est de 12000 f.

622. On voudrait savoir quelle serait la rente annuelle de 875f de capital placés à 5 pour cent.

623. Un marchand, content de sa fortune, veut quitter le com-

merce ; il a eu soin de mettre à constitution un capital de 14700 f à 4 pour cent : s'il est 6 ans 6 mois 15 jours sans en retirer la rente, combien recevra-t-il?

624. Michel étant sur le point de faire une acquisition avantageuse, prête une somme de 8000 francs à un négociant qui lui promet pour dédommagement de son gain cessant 4 1/2 pour cent de bénéfice par an ; à la fin de l'année il lui rend le capital avec les intérêts : combien Michel doit-il recevoir?

625. Une vigne affermée 450 francs par an étant à vendre, on demande de quel prix doit être cette vigne, pour profiter autant que si l'on prêtait à dix pour cent.

626. Quel est l'intérêt de 360 francs depuis le 15 février jusqu'au 23 août suivant à 1/2 par mois pour cent?

627. Un officier a placé 24000 francs au denier 24; il s'est absenté pendant 7 ans : combien doit-il recevoir pour les rentes échues?

628. Un voyageur ayant placé une somme au denier 24, revient qu'au bout de 7 ans, et il compte recevoir 7000 f pour les arrérages : quel capital a-t-il placé?

629. Un jeune homme ayant fait une petite fortune dans le commerce, plaça 24000 f à intérêt au denier 24 ; il entreprit ensuite le voyage de l'Amérique, et à son retour il reçut 7000 f pour les rentes échues : combien de temps fut-il absent?

630. Un particulier a constitué 6600 f au denier 22, au bout d'un certain temps on lui a remboursé le capital avec 217 f 50 centimes d'intérêt : combien de temps ce capital est-il resté à intérêt?

PROBLÈMES SUR LES INTÉRÊTS COMPOSÉS.

631. Un mineur qui s'est fait émanciper exige que son tuteur lui fasse le remboursement de 6000 f de capital, avec les intérêts des intérêts à 5 pour cent pour trois ans : combien recevra-t-il?

632. Une personne prête 8000 f à intérêt pour 2 ans, à raison de 4 pour cent par an, à condition qu'on lui paiera les intérêts des intérêts : combien doit-on lui rendre en tout?

633. Un particulier, au mépris des lois, a prêté 8000 f pour 5 ans à 4 pour cent, à condition qu'en lui remboursant son prêt, on lui en rende les intérêts des intérêts : on demande combien il doit recevoir en tout.

634. Si l'on donne à intérêt 3200 f pour 4 ans et à 5 pour cent par an, combien recevra-t-on tant pour le capital que pour les intérêts des intérêts à l'échéance des 4 années?

PROBLÈMES SUR LA RÈGLE D'ESCOMPTE.

635. On doit 150 francs payables dans un an : que doit-on payer comptant, si l'on reçoit 4 pour cent d'escompte ?

636. Quelqu'un devait 9000 francs payables dans trois ans ; mais ayant payé comptant, il ne donne que 7920 francs : quel était le taux d'escompte ?

637. Un négociant accorde 300 f à son débiteur s'il lui paie comptant une somme qui n'était payable qu'en quatre ans : quelle est cette somme, l'escompte étant à 5 pour %.

638. Au bout de 20 ans on devait payer 10000 francs ; mais, payant comptant, on ne doit rien : quel était l'escompte ?

639. Quelle est la valeur actuelle d'un billet de 1120 francs, payable dans un an, escompté à 5 pour %.

640. Un billet de 1120 francs s'est trouvé réduit à 1064 f après l'escompte à 5 pour cent par an : à quel temps devait avoir lieu l'échéance du billet ?

641. On devait 600 f payables en un an ; on n'a payé que 570 f : à combien pour % était l'escompte ?

642. Quelqu'un doit 18000 f payables dans trois ans ; mais pouvant payer comptant, il obtient 6 pour % d'escompte par an : combien paiera-t-il ?

643. On a acheté 10 kilolitres de vin, payables dans un an, à raison de 20 centimes le litre : combien paiera-t-on comptant si on obtient 5 pour cent d'escompte ?

644. Quelqu'un devait 9800 f payables au bout de 10 jours, on lui offre 10 pour % d'escompte s'il veut payer comptant : qu'aura-t-il à donner ?

PROBLÈMES SUR LA RÈGLE DE SOCIÉTÉ SIMPLE.

645. Trois jeunes marchands ont fait une société de commerce, le premier y a contribué pour 21 f, le second pour 30 f et le troisième pour 24 f ; ils ont gagné 25 f : on demande ce que chacun doit avoir.

646. Trois compagnons ont gagné 268 f sur une entreprise, le premier a fourni 14 f, le second 13 f et le troisième 15 f : combien chacun doit-il avoir de gain ?

647. Quatre libraires se sont cotisés pour l'impression de la liturgie de leur diocèse ; le premier a mis 2600 f, le second 2894 f, le troisième 1970 f et le quatrième 3080 f ; ils ont fait un profit de 8642 f : on demande quelle sera la part de chacun d'eux ?

648. Trois marchands de bois en ont acheté une petite coupe, le premier y a contribué pour 275 f., le second pour 475 f. et le troisième pour 500 f.; à ce marché ils ont gagné 150 f.: on demande quel sera le gain de chacun à proportion de sa mise.

649. Quatre négociants ont fait un armement, dans lequel le premier a mis 8500 f., le second 10075 f., le troisième 11825 f. et le quatrième 12650 f.; ils ont gagné, tous frais faits, 10000 f.: combien reviendra-t-il de bénéfice à chaque armateur?

650. Deux chapeliers se sont associés; ils ont acheté 434 kilogrammes $\frac{1}{2}$ de laine d'Espagne qui leur ont coûté 4f,60 centimes le kilogramme, le premier y a contribué pour 986 f., le second a fourni le reste de la somme de cet achat de laine; ils ont fait 1286 chapeaux qu'ils comptent vendre 15f,70 cent. la pièce : on désire connaître le profit de chaque chapelier.

651. Trois marchands se sont associés pour le commerce, le premier y a mis 35f,50 cent., le second 48 f. et le troisième 66f,50 cent.; ils ont gagné 90 f.; on demande combien chacun doit avoir.

652. Quatre négociants se sont associés et ont fait un fonds de 45000 f., auquel ils ont contribué inégalement; à la fin de la société ce fonds se trouve augmenté de 26877 f., or, le premier doit avoir 13 parts, le second 11, le troisième 8 et le quatrième 7 : on demande quelle sera la part de chaque associé.

653. Antoine et Benoît ont fait une société; Antoine a mis 400 f. et Benoît 350 f.; ils ont gagné 360 f.; savoir ce que chacun doit avoir du profit.

654. Trois négociants ont frété un navire pour la Martinique, le premier y a mis 150 tonneaux, le second 280 et le troisième 300 : si le fret a coûté 25000 f., combien chacun doit-il payer?

655. Trois marchands conviennent ensemble de donner à un roulier 260 f. pour voiturer des marchandises, le premier fait charger 5 quintaux, le second 6 et le troisième 10 : je demande combien chacun d'eux doit payer au roulier.

656. Quatre marchands ont gagné 12000 f. avec 30000 f. de fonds; le premier a reçu 3000 f., le second 3500 f., le troisième 2000 f. et le quatrième le reste : on demande quelle a été la mise de chacun.

657. Trois marchands ayant fait une société, ont perdu 120f,50, le premier avait mis 240 f., le second 160 f. et le troisième 80 f. : on demande combien chacun doit supporter de la perte.

658. Un homme en mourant est débiteur à trois créanciers : au premier de 3000 f., au second de 2625 f. et au troisième de 1875 f.; il laisse en argent et effets seulement 4500 f. : on voudrait savoir combien chaque créancier doit avoir de cette somme à proportion de sa créance.

PROBLÈMES SUR LA RÈGLE DE SOCIÉTÉ COMPOSÉE.

659. Trois marchands s'étant associés ont gagné 500 f, le premier avait mis 300 f pour 13 mois, le second 450 f pour 12 mois et le troisième 600 f pour 15 mois : on demande combien chacun doit retirer du bénéfice, à proportion de sa mise et du temps qu'il a laissé son argent dans la société.

660. Trois jeunes gens se sont associés pour faire commerce de toile, le premier a mis 126 f pour un an $\frac{1}{2}$, le second a mis 180 f pour 2 ans et le troisième 200 f pour 15 mois ; ils ont gagné en tout 268 f : on désire savoir ce que chacun doit avoir.

661. Trois négociants ont fait société, et ont gagné 1800 f, le premier avait mis 1200 f pour 8 mois, le second 1450 f pour 6 mois et le troisième 2000 f pour 4 mois : combien chacun doit-il avoir de bénéfice, à proportion de sa mise et du temps qu'il a laissé son argent dans la société ?

662. Pierre et Nicolas ont fait une société pour deux ans, Pierre a fourni 1800 f dès le commencement, et Nicolas a mis ses fonds qui sont de 2100 f, sept mois après ; le bénéfice se monte à 420 f : on demande la part de chacun, à proportion de sa mise et du temps qu'elle est restée dans le commerce.

663. Un bourgeois a dépensé 140 f pour faire peindre une de ses salles ; deux peintres y ont travaillé, le premier pendant 18 jours et 8 heures par jour, le second 12 jours et 10 heures par jour : on demande ce que chacun d'eux doit recevoir.

664. Deux personnes se sont associées dans le commerce, la première a mis d'abord 100 f pour 3 ans, puis 250 f pour 2 ans, et enfin 125 f pour un an, la deuxième a mis 350 f pour 4 ans et 400 f pour 3 ans ; le gain total est de 1500 f : combien chacune de ces personnes doit-elle avoir, à proportion de ses mises et du temps que l'argent est resté dans le commerce ?

665. Deux menuisiers ont loué un magasin pour la somme de 225 f, 70 cent. ; le premier y a laissé 1600 planches pendant 15 mois et le second 1257 planches pendant 2 ans : on demande combien chacun doit payer de loyer.

666. Trois individus ont fait un fonds avec lequel ils ont gagné 4550 f, le premier a mis 800 f pour deux ans et demi, le second a mis 500 f pour 25 mois et le troisième 995 f pour 35 mois : on demande combien chacun doit avoir sur le gain.

PROBLÈMES SUR LA RÈGLE DES MOYENNES.

667. Quelle est la moyenne des nombres 5, 4, 3?

668. Quelle est la moyenne des nombres 4, 6, 8, 10?

669. Quelle est la moyenne des nombres 12, 15, 17, 20?

670. On a mesuré à quatre reprises différentes, la longueur d'un champ, et l'on a trouvé successivement les longueurs suivantes: 197 mètres, 201 mètres, 198 mètres, 200 mètres 38 cent.: quelle est la moyenne de ces longueurs?

671. Une ferme a rapporté 650f dans une année, 710f la seconde, 675f la troisième, 809 francs la quatrième, et enfin 923f la cinquième: on demande quel est le revenu moyen de cette ferme.

672. Un coureur a mis à faire un certain trajet une fois 7 minutes un tiers, une seconde fois 8 minutes un quart, une troisième fois 9 minutes: trouver la moyenne de ces trois quantités.

673. Un voyageur, qui a marché 4 jours, a fait 30 kilomètres le premier jour, 27 kilomètres le second, 38 le troisième, et 21 le quatrième: on demande quelle est sa marche moyenne.

674. On a observé la température d'un lieu le 2, le 5, le 13, le 21 et le 30 du même mois, et l'on a trouvé les résultats suivants: $9°$, $11°\frac{1}{2}$, $13°$, $8°$ et $10°\frac{1}{3}$: faites connaître la température moyenne du mois, d'après ces observations.

675. On a recueilli sur une terrasse l'eau de pluie tombée pendant une semaine, et la quantité a été de 34 centimètres: on demande combien il en est tombé par jour (terme moyen.)

676. Un voyageur a marché pendant 6 jours comme il suit: le 1er jour il a parcouru 24 kilomètres; le 2e jour 29; le 3e 26; le 4e 30; le 5e 22, et le 6e 25: quelle est la moyenne de sa marche journalière?

677. On a tiré 35 coups pour essayer une pièce d'artillerie; les 19 premiers ont porté à 560 mètres, 6 à 590 mèt., 6 à 600 mèt. et 4 à 550: on demande quelle est sa portée moyenne.

678. Six ouvriers ont 569 mètres d'ouvrage à faire, le premier en a fait 8 mètres le premier jour, le second 9, le troisième 10, le quatrième 11, le cinquième 12 et le sixième 9: en combien de jours les auront-ils faits, s'ils travaillent ensemble?

679. Huit ouvriers pendant 5 mois on fait trois différents ouvrages, le premier a fait 40 mèt., le second 50 et le troisième 80; ils ont reçu pour le premier 240f, pour le second 200f et pour le troisième 249f; ils ont 359 mèt. d'un autre ouvrage à faire au prix moyen des trois autres: combien chacun recevra-t-il?

680. Un entrepreneur a employé 8 ouvriers pour faire 8 pièces de drap chacune de 77 mètres, le premier ouvrier faisait 8 mètres par jour, le second 7 mètres 70 centimètres, le troisième 7 mètres 50 centimètres, le quatrième 7 mètres 40 centimètres, le cinquième 6 mètres 95 cent., le sixième 6 mèt. 15 cent., le septième et le huitième faisaient chacun 5 mèt. : combien ont-ils mis de jours pour faire cet ouvrage?

681. Un économe reçoit 800 f par semaine pour solder 20 ouvriers dont il a la surveillance : combien aura-t-il de reste, s'il en paie 5 à 8 f par jour, 4 à 6 f, 6 à 3 f et 5 à 2 f, et, s'il recevait le reste pour ses honoraires, quel serait son traitement annuel ?

PROBLÈMES SUR LA RÈGLE DE MÉLANGE.

682. Un cabaretier a mêlé 20 litres de vin à 30 centimes le litre avec 40 litres d'un autre vin à 45 cent. le litre : combien doit-il vendre le litre du mélange pour ne perdre ni gagner ?

683. Un épicier a quatre sortes de café, savoir : à 3 f, 50 cent., à 4 f, à 4 f 20 cent. et à 4 f, 80 cent. le kilogramme : s'il les mêle en égale quantité, quel sera le prix du mélange ?

684. On a mélangé trois sortes de cidres, l'une de 12 f l'hectolitre, la seconde de 18 f et la troisième de 20 f; mais il y a trois fois autant du premier cidre que de chacun des deux autres : que faut-il vendre l'hectolitre du mélange ?

685. Un marchand de vin en a deux pièces, l'une de 0 f,35 c. le litre et l'autre de 0 f,45 centimes : s'il les mêlait, quel serait le prix du mélange ?

686. Un fondeur doit faire une cloche de 9999 kilogrammes; il y met deux fois autant de cuivre que d'étain : à combien revient cette cloche, sachant que le cuivre vaut 2 f,80 cent. le kilog. et l'étain 2 f,15 cent. ?

687. Un marchand de blé en a 60 mesures à 8 f, 70 à 9 f, 80 à 10 f et 90 à 11 f; il veut mêler ces différentes qualités de blé et gagner 560 francs sur le tout : combien doit-il le vendre ?

688. Un marchand de blé en a 80 mesures, du prix de 17 f la mesure; mais, comme il n'en trouve pas le débit, il se propose de le mêler avec 40 mesures de 11 francs : à combien pourra-t-il céder la mesure du mélange ?

689. Un aubergiste a 140 litres de vin à 30 centimes le litre et 250 litres à 40 centimes : il voudrait mêler ces vins et gagner 5 centimes par litre, combien doit-il le vendre ?

690. Cinq ouvriers ont 560 mètres d'ouvrage à faire, le premier en fait 8 mètres par jour, le second 9 mètres, le troisième 10 mètres, le quatrième 11 et le cinquième 12 : en combien de jours les feraient-ils, s'ils travaillaient ensemble?

691. Un entrepreneur a employé six ouvriers pour faire 6 pièces de drap de chacune 77 mètres ; le premier ouvrier faisait 8 mèt. par jour, le deuxième 7 mètres 70 cent., le troisième 7 mèt. 50 cent., le quatrième 7 mèt. 40 cent., le cinquième 6 mèt. 95 cent. et le sixième 6 mèt. 45 cent. : combien ont-ils mis de jours pour faire cet ouvrage ?

692. On a tiré 25 coups pour essayer une pièce d'artillerie ; les 10 premiers ont porté à 560 mètres, 5 à 590 mètres, 6 à 600 mètres et 4 à 550 mètres : on demande quelle est sa portée moyenne.

693. Un aubergiste a deux sortes de boissons qui se vendent : l'une 6 francs le décalitre, l'autre onze francs ; il trouve que ces deux boissons feraient un bon mélange ; mais il veut vendre le mélange huit francs le décalitre : combien doit-il en prendre de chaque sorte ?

694. Un marchand a du vin à 60 centimes et à 1f,05 centimes le litre, un particulier sachant que, si ces vins étaient mêlés, ils en feraient un excellent pour son usage, en demande 780 litres à 80 centimes : combien faut-il en mêler de chaque sorte ?

PROBLÈMES SUR L'EXTRACTION DE LA RACINE CARRÉE ET LA MESURE DES SURFACES.

695. Quelle est la superficie d'un pré qui a 150 mèt. de long sur 90 mèt. de large ?

696. Dire la superficie d'un jardin carré de 5 décamètres de côté.

697. Une salle rectangulaire a 12 mèt. de long sur 8 mèt. de large : combien contient-elle de mètres carrés ?

698. Un mur a 6 mèt. 4 décim. de long sur 5m,25 de haut : combien coûtera-t-il à lambrisser, à 5f,25 le mètre carré ?

699. Un carreau de vitré a 36 centimètres de long sur 28 centimètres de large : combien contient-il de centimètres carrés ?

700. La couverture d'un appentis forme un rectangle de 20 mètres de long sur 4 mèt. 50 cent. de large : combien a-t-elle coûté, le mètre carré revenant à 7 francs 75 centimes.

701. On demande la superficie d'un jardin, formant un carré long de 40 mètres sur 30.

702. On voudrait savoir la surface d'un pré formant un triangle de 60 mètres 20 centimètres de base sur une hauteur de 48 mèt. 50 centimètres.

703. Quelle est la surface d'une cour formant un trapèze dont les côtés parallèles ont l'un 34 mèt., l'autre 56 mèt., et dont la hauteur est de 25 mètres?

704. Une salle de 12 mètres de long sur 9 de large doit être mise en couleur : que faut-il payer au peintre, à raison de 6f du mètre carré pour les côtés et de 2f,50 cent. par mm pour le plafond, sachant qu'elle a 4 mètres de hauteur?

705. Une circonférence de cercle se divise en 360 degrés, chaque degré en 60 minutes et chaque minute en 60 secondes : on demande combien il y a de secondes dans les trois quarts du cercle.

706. Quelle est la surface d'un carré qui a 500 mètres de côté?

707. Quel est le côté d'un carré qui a 2500 mètres de superficie?

708. Trouver la surface d'un rectangle qui a 20 mèt. de long sur 15 de large.

709. Retrouver la longueur d'un rectangle dont la largeur est de 15 mèt. et la surface de 300 mètres.

710. Quelle est la surface d'un trapèze dont les bases ou côtés parallèles sont 40 mèt. et 60 mèt., et leur distance perpendiculaire 30 mètres?

711. On demande la superficie d'un triangle qui a 8 mètres de base et 7 mètres de hauteur.

712. Quelle est la hauteur d'un triangle dont la base est 8 mèt. et la surface 26 mèt. carrés.

713. On demande la surface d'un losange qui a 96 mètres de base et 90 de hauteur.

714. On demande la surface d'un cercle qui a 12 mèt. de diamètre.

715. Retrouver le rayon d'un cercle qui a 113 mèt. carrés de surface plus $\frac{1}{7}$.

716. Sachant que les figures semblables croissent comme les carrés de leurs côtés correspondants, on demande quel est le rapport de deux figures semblables, dont les côtés correspondants sont entre eux comme 2 est à 3.

717. Lorsqu'on copie un dessin en doublant ses dimensions, dans quel rapport augmente-t-on sa surface?

718. Dans la levée du plan d'un terrain, on a représenté les mètres par des millimètres : combien de fois le plan est-il plus petit que le terrain qu'il représente?

719. Combien faudra-t-il d'ardoises de 20 centimètres de longueur et 12 centimètres de largeur pour couvrir un toit de 30 mètres de largeur, et 40m de longueur, sachant qu'un quart de chaque ardoise est perdu dans le recouvrement?

720. Combien faudra-t-il de tuiles pour couvrir un toit de

20 mèt. de longueur sur 8 mèt. de largeur, sachant qu'une tuile ordinaire couvre 3 décimètres carrés?

721. A combien revient la couverture d'une maison, longue de 30 mètres et large de 8 mètres, à raison de 5 f le mètre carré?

722. On demande de former les carrés des neuf premiers nombres 1, 2, 3, etc.

723. Faire les carrés des fractions décimales suivantes : 0,1... 0,01... 0,001... 0,3.

724. Faire les carrés des fractions ordinaires suivantes : $\frac{1}{2}$, $\frac{2}{3}$, $\frac{3}{4}$, $\frac{1}{5}$, $\frac{1}{10}$ et $\frac{4}{5}$.

725. Combien y a-t-il de millimètres carrés dans un mètre carré?

726. Soit à extraire la racine carrée de 1936.

727. Soit proposé de trouver la racine carrée de 2976 à un centième près.

728. On veut entourer de murs un terrain carré qui contient 5 hectares de superficie : quelle sera la longueur des murs?

729. Un colonel fait placer son régiment, qui est composé de 3600 hommes, en colonne serrée et carrée : on désire connaître le nombre des rangs et le nombre des soldats qui composent chaque rang de cette colonne.

730. Déterminer la racine carrée de 2,5 à moins d'un centième près.

731. Avec 10000 pavés de 9 décimètres de superficie on pave une place carrée : quelle est la surface de cette place?

———

PROBLÈMES SUR L'EXTRACTION DE LA RACINE CUBIQUE ET LA MESURE DES SOLIDES.

732. Former les cubes des neuf premiers nombres 1, 2, 3, 4, 5, etc.

733. On demande les cubes des nombres suivants : 10, 100, 1000 et 20.

734. Former les cubes des fractions décimales suivantes : 0,1. 0,25. 0,08. et 0,004.

735. Quels sont les cubes des fractions ordinaires suivantes : $\frac{1}{2}$, $\frac{3}{4}$, et $\frac{2}{5}$?

736. Combien y a-t-il de millimètres cubes dans un mètre cube?

737. Décomposez en millimètres cubes, en centimètres cubes, en décimètres cubes et en mètres cubes un volume exprimé par 86mmm,123456789.

738. On demande la racine cubique de 990299.

739. Extraire la racine cubique de 273350449.

740. Quelle est la racine cubique de 1061208?

741. On demande la racine cubique de 19656 à moins d'un centième près.

742. Quel est le total des nombres suivants : $8^{mmm},08094085$ $+ 12^{mmm},000700050 + 54^{mmm},7 + 0^{mmm},00798$?

743. De 9 mèt. cubes ôtez $0^{mmm},999888666$.

744. Quel est le produit de $6^{mmm},004008091$ par 50 unités?

745. On désire savoir le quotient de $9^{mmm},191847070$ divisés par 10 unités.

746. Combien y a-t-il de mètres cubes dans un cube de 6 mèt. de côté?

747. Quelle est la profondeur d'un bassin carré duquel on a tiré 125 mètres cubes de terre, sachant qu'il a 25 mèt. carrés de superficie?

748. Quel serait le côté d'un cube dont le volume serait double d'un solide de 8 mètres de côté?

749. Quel doit être le poids de l'eau contenue dans un vase cylindrique ayant 5 décimètres de diamètre et 4 décimètres de hauteur.

750. Quel est le volume d'une pyramide qui a 34 décimètres carrés de base et 12 décimètres de hauteur?

751. Trouver le volume d'un tronc de cône dont les rayons des bases seraient 5 mètres et 3 mètres, et la hauteur 7 mètres.

752. Quel est le volume d'un prisme qui a 12 décimètres carrés de base et 5 décimètres de hauteur?

753. Quel est le volume d'un cône qui a 9 décimètres de hauteur et 3 décimètres de rayon à sa base?

754. Retrouver la hauteur d'un prisme dont le volume est de 175 mèt. cubes, et la base de 35 mèt. carrés.

755. Trouver le volume d'une sphère qui a 9 décimètres de circonférence.

756. La surface d'une sphère, grandissant comme le carré de son diamètre ou de son rayon, on demande dans quel rapport sont les surfaces de deux sphères, dont les rayons sont 7 mèt. et 10 mètres, et quel est leur volume?

757. Dans quel rapport sont les volumes de deux sphères dont les diamètres sont de 5 mètres et de 7 mètres?

758. Cuber une pièce de bois qui a 6 mètres 822 millimètres de longueur, et dont l'équarrissage est de $0^m,433$ sur $0^m,541$ millimètres.

759. On veut cuber un arbre qui a 11 mètres de longueur et $2^m,666$ millim. de pourtour, déduction faite de l'aubier et de l'écorce.

760. Cuber une pièce de bois de 4 mèt. de longueur dont l'épaisseur est de 2 décimètres et la largeur de 5 décimètres.

761. Quel est le cube d'une règle de 41 centimètres dont les côtés ont 11 millimètres d'équarrissage ?

762. Trouver le plus grand équarrissage d'un arbre de 1m,98 de pourtour.

ⰔⰔⰔⰔⰔⰔⰔⰔⰔⰔⰔⰔⰔⰔⰔⰔⰔⰔⰔⰔⰔⰔⰔⰔⰔⰔ

EXERCICE GÉNÉRAL.

PREMIÈRE PARTIE.

763. Un métayer vend pour 1000 f de froment, 675 f de seigle, 229 f d'avoine et pour 97 f d'orge : combien doit-il recevoir ?

764. Un père et son fils ont ensemble 140 ans, le père a 90 ans 5 mois 25 jours : quel est l'âge du fils ?

765. Quelqu'un doit 90 centimes, il n'a que 143 millimes : combien lui manque-t-il pour satisfaire son créancier ?

766. Un enfant a reçu 3f,94 de son parrain : combien a-t-il reçu de sa marraine, qui a complété la pièce de 5 f ?

767. Faire le total des sommes suivantes : 4f,85 + 8f,60 + 9f,15 + 7f,95.

768. On part de chez soi le 4 février à 4 heures 20 minutes du matin, on rentre le 7 du même mois à 3 heures et demie du soir : de combien a été l'absence ?

769. Additionnez 9 + 0,9 + 0,666 + 0,8.

770. Henri IV naquit en 1553, monta sur le trône à 36 ans, et mourut après avoir régé 21 ans : trouver l'année de sa mort.

771. La tour de Strasbourg a 124 mètres d'élévation, le clocher d'une autre ville a 96 mètres : quelle est la différence ?

772. Posez 9 décamètres, 8 hectomètres, 6 kilomètres, 4 myriamètres, et faites-en la somme.

773. Il faut payer 200 f d'impôts pour être électeur ; un individu paie 189 f, combien lui manque-t-il pour l'être ?

774. On a 75 centilitres, 90 litres, 9 décalitres, 5 hectolitres et 3 kilolitres de vin : combien en a-t-on de litres ?

775. L'invention de l'imprimerie date de 1445, celle de la

poudre à canon de 1474 : combien s'est-il écoulé de temps entre ces deux époques ?

776. On a 90 grammes de beurre plus 80 décagrammes et 6 myriagrammes : combien cela fait-il de kilog. ?

777. François 1er naquit en 1494 et mourut en 1547 : combien a-t-il vécu ?

778. Un propriétaire dit avoir une terre qui contient 22 hectares, 300 ares et 6000 centiares : combien a-t-il d'ares ?

779. Un pensionnaire obtient une permission de 8 jours, il rentre le 31 du mois : quel jour a commencé sa permission ?

780. Combien 67904 centistères font-ils de stères ?

781. Un laboureur a 109 sillons à charruer : combien sera-t-il de minutes à faire cet ouvrage, s'il lui faut 6 minutes par sillon ?

782. Supposant qu'Adam ait vécu 930 ans 2 mois 6 heures 4 minutes ; Lamech 780 ans 9 mois 12 jours 4 heures 56 minutes ; Sem 600 ans 9 jours 6 heures 7 minutes, et Jacob 150 ans, en quelle année est mort Jacob, si l'un de ces Patriarches mourait dans l'instant où l'autre naissait ?

783. La différence de deux nombres est 315, le plus grand est 753 : quel est le plus petit ?

784. Deux bœufs coûtent 842 f : combien faut-il les revendre pour gagner 96f,50 ?

785. Si Napoléon est né le 20 mars 1769, combien a-t-il vécu, sachant qu'il est mort le 30 septembre 1821 ?

786. De 1600 mètres d'ouvrage que l'on avait à faire, il n'en reste plus que 614 : combien en a-t-on fait ?

787. Deux frères sont propriétaires de 164 hectares de terrain, l'aîné en prend 8200 ares : quel sera la part du plus jeune ?

788. La population de la France est de 33540910 habitants, celle de l'Angleterre de 15907000 : quelle est la différence ?

789. De 809 stères de bois que l'on avait, il n'en reste plus que 248 stères 1 décistère : quelle a été la dépense ?

790. Un aubergiste a 8 kilolitres de vin, il en a vendu 9 hectolitres et 9 décalitres : combien lui en reste-t-il ?

791. Le litre d'eau pure pèse un kilogramme, et le litre de lait 1030 grammes : trouver la différence.

792. Des pêcheurs ayant pris 876902 kilog. de morue, en ont vendu 70002040 décagrammes : trouver ce qu'il en reste.

793. Si l'on faisait 5 kilomètres 39 à l'heure, combien en ferait-on en 13 heures de marche ?

794. Un fermier, qui paie 800 f de ferme, doit encore 298f,25 : combien a-t-il donné ?

795. On donne 11 litres 08 d'avoine à un cheval par jour : combien cela fait-il par an ?

796. Un tisserand prend pour 99f,4 de fil, avec lequel il fait pour 132f,9 de toile : quel est son profit ?

797. La différence de deux nombres est 1020, le plus grand est 4000 : quel est le plus petit?

798. Un kilogramme d'eau de mer contient 5 décagrammes de sel : dire ce qu'il y en a dans 32 kilog. 8 décagrammes.

799. On a gagné 62 f sur un cheval qui a été vendu 400 f : combien coûtait-il?

800. Le déluge arriva l'an 1656 de la création : trouver le nombre des années écoulées depuis cet événement jusqu'à la naissance de Jésus-Christ, arrivée en 4004.

801. Des voyageurs font, sur un chemin de fer, 11 mèt. 37 par seconde; le trajet dure 23 minutes : quelle est la longueur du chemin?

802. Un charpentier devait fournir 46 mètres cubes de bois, on en prend 36mmm,984867460 : combien en doit-il encore?

803. La vitesse d'un boulet de 24 est de 500 mètres par seconde : quel temps lui faudrait-il pour aller à la lune, s'il conservait la même vitesse, sachant que la distance de la terre à la lune est de 86000 × 4444 mètres?

804. On devait 4000 kilogrammes de marchandise, on en donne 2087 kilog. 94 d'une part, et 986 kilog. 95 de l'autre : combien doit-on encore?

805. Quel est le prix de 4 mèt. cub.,125200, si le mètre est de 150 francs?

806. On a laissé tomber un panier rempli de 30 douzaines d'œufs, 90 sont restés intacts : combien en a-t-on cassé?

807. Un enfant à 1 mètre 300 millimètres de hauteur, la taille de son père surpasse la sienne de 544 millim. : trouver la taille du père.

808. Dire le prix de 45 mètres cubes, lorsque le décimètre se vend 1 f,75.

809. De quelle somme faut-il ôter 340 f pour que le reste soit 204 f,66?

810. Quelle est le poids de 1000 f, sachant que le franc pèse 5 grammes?

811. Le seuil d'une maison est élevé de 25 centimètres au-dessus du pavé de la rue; le rez-de-chaussée a 3m,5décim. de hauteur; l'entre-sol a 2m,5; le premier étage 3m,5décim.; le second 3m; le troisième 2m,6décim.; les planchers forment ensemble une épaisseur d'un mètre ● décim. : trouver la hauteur de cette maison.

812. Une somme d'argent monnayé pèse 12 kilog. 5 : combien vaut-elle de francs?

813. Sachant que 200 f en argent pèsent 1 kilog., quel est le poids de 5 francs, de 2 fr., d'un fr., d'un demi fr. et d'un quart de franc?

814. Quelle est la valeur de 4 kilog. d'or monnayé, sachant qu'un gramme vaut 3f,5?

815. En prenant le poids de la terre pour unité, Mercure pèse 0,1752 ; Vénus 0,8745 ; Mars 0,1394 ; Jupiter 331,581 ; Saturne, 101,0631 ; Uranus 19,8089 ; il y a en outre quatre petites planètes et quatorze lunes, qui toutes ensemble pèsent au plus comme la terre. Dans cette supposition, quel est le poids de toutes les planètes ?

816. L'argent monnayé contenant la 10ᵉ partie de son poids en cuivre, combien y a-t-il d'argent pur en 3 hectog. 18 gram. de cet alliage ?

817. On a payé 247f,08, on doit encore 9000f,92 : que devait-on d'abord ?

818. Un cavalier parcourt 4 myriamètres en 5 heures : quelle est sa vitesse par minute ?

819. Le poids net d'une marchandise est de 854 kilog. 9 décag., l'emballage pèse 9 kilog. 8 hectog. : quel est le poids brut de cette marchandise ?

820. Il se trouve sur les grandes routes des bornes placées de kilomètre en kilomètre ; un voyageur en compte 34 dans un jour : combien a-t-il fait de lieues, de 4444 mètres $\frac{4}{9}$ chacune ?

821. Un domestique reçoit 124f pour ses gages, il emploie 25f,42 d'une part, 12f,25 de l'autre, et donne 15f,92 en aumône : trouver ce qui lui reste.

822. Un conscrit n'a qu'un mètre 579 millimètres ; combien s'en faut-il qu'il ait la taille, si elle est de 1585 millimètres ?

823. Il manque la moitié de sa longueur à une poutre pour qu'elle ait 9 mèt. 9 décimètres : trouver sa longueur ?

824. Un cheval a coûté 967f,5 ; on le revend 985f,25 : trouver le gain.

825. Un journalier exige 1f,5 par jour, un autre se contente des $\frac{2}{3}$ de ce prix : que prend ce dernier ?

826. Une règle de fer à la température de la glace fondante est d'un mètre 4567. A la température de l'eau bouillante, cette longueur est d'un mètre 4585 : de combien s'est-elle allongée ?

827. On dit que chaque trente mètres de profondeur en terre donne un degré de chaleur ; dire à quelle profondeur on se trouve quand le thermomètre marque 34 degrés de plus que sur la terre.

828. On distribue 120 stères de bois à 48 escouades : quelle sera la part de chacune ?

829. Les réparations d'une route reviennent à 5f le mètre : dire ce que coûteront 11 myriamètres.

830. Un meunier a douze pratiques qui lui fournissent chacune 526hect.,4 de blé par an : combien cela fait-il de doubles décalitres ?

831. Quel est le prix de 9 hectolitres de vin lorsque le litre se vend 6 décimes.

832. Trouver le prix de 1200 kilogrammes d'une marchandise qui se paie 1 centime le gramme.

833. Trouver le prix de 960 stères de bois, qu'on paie 9 centimes le centistère.

834. Faire le produit de 1,02 par 1,20.

835. Quelle est la 54° partie de 432?

836. On vend 12 hectares de terrain, à raison d'un franc le centiare : combien doit-on recevoir?

837. Le mètre étant la dix-millionième partie du quart d'un méridien terrestre : combien un méridien terrestre a-t-il de millimètres de longueur?

838. La terre étant 365 jours, 5 heures 49 minutes à faire sa révolution : pourriez-vous dire ce que cela fait de secondes?

839. On a 1500 fagots qu'on donne à 4 décimes pièce : combien en retirera-t-on?

840. Un litre de mercure, à la température zéro, pèse 13 kilogrammes 598 grammes; à l'eau bouillante il pèse 13 kilog. 353 gr. : de combien s'est-il dilaté?

841. On a acheté 42 kilog. de marchandise, à raison de 3 fr. 60 cent. l'un : en dire le prix.

842. L'air pèse 770 fois moins que l'eau, et le mercure 13 fois $\frac{1}{598}$ plus que l'eau : combien de fois le mercure pèse-t-il plus que l'air?

843. On demande un nombre 17 fois plus petit que 731.

844. La densité de l'eau douce étant prise pour unité, celle de l'eau de mer est 1,026 : quel est le poids de 5 litres d'eau de mer?

845. Combien y a-t-il de litres de vin dans 25 pièces, si chacune en contient 2 hectolitres $\frac{1}{4}$.

846. Quatorze mannequins contenant chacun 20 douzaines de poires, ont été vendus 30 francs : dire le prix d'une de ces poires.

847. Lorsqu'une trame fait trois centimètres de toile : combien en faut-il pour tisser 40 mètres?

848. Combien y a-t-il de millimètres dans la circonférence du globe qui est de 4000 myriamètres?

849. Quel est le nombre qui, étant multiplié par 287, donnerait 29274?

850. Un boulanger fait moudre 4000 litres de blé; le meûnier lui prend le $\frac{1}{12}$ de mouture : combien ce dernier recevra-t-il, si le blé vaut 3 fr. le double décalitre?

851. On paie 25 ouvriers à raison de 2 fr. 05 par jour chacun : combien doit-on leur donner pour 6 journées?

852. On a 48 kilog. de marchandise pour 200 fr. : quel sera le gain, si on la revend 10 fr. le kilog.?

853. Un commis reçoit 175 fr. par an et 15 centimes de plus par jour : quel est son traitement annuel ?

854. Trouver le port de 1000 grosses de plumes, sachant que le commissionnaire prend un franc par kilog. et que deux plumes pèsent un gramme.

855. On reçoit 1000 caisses d'oranges, contenant chacune 120 douzaines ; si l'orange vaut 3 centimes : quel sera le prix total ?

856. Trouver les minutes écoulées depuis la création, y compris la dernière minute de 1845, l'année étant comptée de 365 jours.

857. La paie du simple soldat étant de 25 centimes tous les 5 jours : combien faut-il pour solder 300 hommes pendant une année ?

858. Un général exige que sa division fasse 3 myriamètres par jour, et qu'elle séjourne de trois jours un : trouver le chemin parcouru par cette armée en 66 jours.

859. Un voyageur a 348 kilomètres à parcourir ; il met 10 minutes par kilomètre, et il marche 8 h. par jour ; d'après cela, dire le temps qu'il sera à faire sa route.

860. La lieue commune est la 25° partie d'un degré terrestre, et la lieue marine en est la 20° partie : combien y a-t-il des unes et des autres de ces lieues dans la circonférence du globe, sachant qu'elle est de 360 degrés ?

861. On a acheté 150 kilog. de marchandise, à 3 francs le kilog., que l'on paie avec un billet de 500 fr. : que doit-on à l'acheteur ?

862. Un ouvrage a été fait en 14 jours par 36 ouvriers, qui travaillaient 10 heures par jour : combien ce travail eut-il exigé d'heures pour un seul homme ?

863. Une roue fait 12 tours par seconde ; combien en fera-t-elle en 2 heures 3 minutes 14 secondes ?

864. Combien coûteront 100 rames de papier, à raison d'un centime la feuille, sachant que la main est de 25 feuilles et la rame de 20 mains ?

865. Trouver le prix de 96 grosses de plumes, sachant que la grosse est de 12 douzaines et que la plume vaut 2 centimes.

866. Sous Bonaparte quelques hommes se vendirent leur pesant d'argent : combien reçut un remplaçant qui pesait 125 kilogrammes ?

867. Si les alliés qui arrêtèrent les Français à Waterloo, étaient au nombre de 1,120,000 : de combien l'armée française devait-elle être composée pour n'avoir que 7 contre un à combattre ?

868. Le degré du thermomètre de Réaumur vaut 1,25 degrés du thermomètre centigrade : réduire 40 degrés de Réaumur en degrés centigrades.

869. Le degré du thermomètre centigrade vaut 0,8 du thermomètre de Réaumur : réduisez 25 degrés centigrades en degrés de Réaumur.

870. Une première roue qui a 48 dents, engrène avec une seconde roue qui a 12 dents, et celle-ci engrène avec une troisième qui a 8 dents; la première fait 100 tours par minute : combien en font la seconde et la troisième, dans le même temps?

871. Une première roue a 18 dents, elle engrène avec une seconde roue qui a 24 dents, et celle-ci avec une troisième roue qui a 34 dents : combien la première doit-elle faire de tours par minute, si l'on veut que la troisième en fasse 15?

872. Quand on entend le bruit du tonnerre 30 secondes après l'apparition de l'éclair, à quelle distance est-on du nuage orageux, sachant d'ailleurs que la vitesse de la lumière est incomparablement plus grande que celle du son, qui est de 340 mètres par secondes?

873. La lumière du soleil nous arrive en 8 minutes 13 secondes : quelle est sa vitesse par seconde, sachant que le soleil est éloigné de la terre de 34600000 lieues de 25 au degré?

874. Le mètre est la quarante millionième partie de la circonférence de la terre, la lieue de 25 au degré en est la neuf-millième partie : quelle est la valeur de la lieue en mètres?

875. L'argent monnayé contenant la 10ᵉ partie de son poids de cuivre : combien y a-t-il de cuivre dans 3645 grammes de cet alliage?

876. Une asperge grandit de 144 millimètres en 5 jours : de combien grandit-elle par minute?

877. Lorsqu'un décalitre suffit pour ensemencer 3 ares : combien en faut-il pour ensemencer 6 hectares?

878. Quel doit être le salaire de 3 ouvriers qui ont travaillé pendant 45 jours, à raison d'un franc 95 centimes chacun par jour?

879. Un ouvrier fait 2722 mètres d'un ouvrage qu'on lui paie 4 fr. 50 le mètre : combien doit-il recevoir?

880. Dire le prix de 20 pièces de toile, contenant chacune 30 mètres, sachant que le centimètre vaut 2 centimes.

881. Six pièces de vin contenant chacune 2 hectolitres 4 décalitres ont été vendues 25 centimes le litre : combien en a-t-on reçu?

882. Un tisserand fait deux pièces de 40 mètres, par mois; on lui donne 35 centimes par mètre; on lui retient 250 fr. de pension : quel est son profit annuel?

883. On veut percer 7 croisées et une porte sur la façade d'un bâtiment de 31 mètres 444 millimètres de longueur; les croisées ont un mètre de largeur et la porte 9 décimètres : quelle est la largeur des trumeaux.

884. On demande le sixième de 648 mètres d'étoffe.

885. Deux cent trente litres de vin coûtent 64 francs : quel est le prix d'un litre ?

886. On doit donner la moitié de 5448 fr. à une personne, le tiers du reste à une autre et le quart du reste à une troisième : quelle sera la part de chacune ?

887. Un voyageur a 100 myriamètres à faire en 30 jours : combien doit-il faire de kilomètres par jour ?

888. La terre ayant 4000 myriamètres de circonférence : combien faudrait-il d'heures à un voyageur qui ferait 4 kilomètres par heure, pour en faire le tour ?

889. Il se vend en France pour soixante-dix millions de francs de tabac par an, si ceux qui en font usage en prennent, terme moyen, pour chacun 25 francs par an : quel est leur nombre ?

890. Une aiguille passe par les mains de 50 ouvriers avant que d'être exposée en vente : dire le salaire de chaque ouvrier, sachant que 4 aiguilles valent 5 centimes.

891. Deux bœufs ont été vendus 1500 fr., le suif, la dépouille, etc., ont produit 500 fr. ; le boucher a gagné 300 fr. : combien y avait-il de kilog. de viande nette, sachant que le kilog. se vendait 1 fr. 95 ?

892. On fait moudre 400 décalitres de froment de 3 fr. 5 le double décalitre ; 200 décalitres de seigle de 2 fr. le double décalitre et 300 litres de froment de 2 fr. 95 le double décalitre : combien le meûnier doit-il recevoir en argent pour la mouture qui est $\frac{7}{12}$.

893. Huit myriagrammes de beurre coûtent 65 fr. : dire le prix d'un kilog.

894. Cinq cuisiniers veulent se partager 4461 stères de bois : dire la part de chacun.

895. Sept frères désirent que vous leur partagiez 24 hectares 92 ares de terrain qu'ils ont entre eux.

896. Dire le prix d'un mètre de galon, sachant que 80 mètres se vendent 7 francs.

897. On a un ouvrage de 50 volumes : chaque volume contient 1500 pages : combien faudrait-il de temps pour le lire, si on en lisait 12 pages par jour ?

898. Le produit d'une multiplication est 600 fr., l'un de ses facteurs est 40 centimes : quel est l'autre facteur ?

899. On a employé 2100 carreaux à carreler une salle de 12 mètres de longueur sur 7 mètres de largeur : dire la superficie d'un carreau.

900. On a 3000 sardines pour 75 fr. : quel est le prix d'une ?

901. Cinquante-six rames de papier coûtent 200 fr. : quel est le prix d'une feuille ?

902. Les honoraires d'un officier sont 750 fr., ses revenus sont de 504 fr. : combien a-t-il à dépenser par jour ?

903. On reçoit 120 pièces de marchandise pour 5 décimes : combien faut-il les revendre pour gagner 2 décimes.

904. Combien y a-t-il de doubles décalitres de blé dans 9 kilolitres ?

905. Cinquante douzaines de mouchoirs coûtent 762f,5 : dire le prix d'un de ces mouchoirs.

906. Un tas de bois revient à 400 francs ; en revendant le fagot 4 décimes on a 100 fr. de profit : quel est le nombre des fagots ?

907. Un marchand reçoit 444 fr. pour le septième de sa marchandise : que doit-il recevoir pour le reste ?

908. Un joueur a perdu la soixantième partie de son argent : combien avait-il, sachant qu'il lui reste encore 1 fr.

909. Un colporteur achète pour 1af,5 d'images, il gagne les $\frac{2}{3}$ dessus ; ayant remis tout son argent en marchandise, il profite encore d'un quart : de combien est-il riche ?

910. Un instituteur a 72 élèves, dont la 9e partie écrit ; la 6e partie sait lire : quel est le nombre des commençants ?

911. Trois écoliers ayant fait pour 25 fr. de dommage, l'instituteur les condamne à une amende proportionnée à l'âge de chacun d'eux, l'aîné paie les $\frac{3}{8}$, le plus jeune paie les $\frac{2}{3}$ du reste : que reste-t-il à payer à l'autre ?

912. On a 9996 francs à partager entre 6 personnes, la première doit avoir le $\frac{1}{4}$; des $\frac{3}{4}$ restant, la moitié appartient aux trois suivantes, et l'autre moitié doit être partagée entre les mêmes et les deux dernières conjointement : trouver ce que chacun aura.

913. Chaque jour, un voyageur fait les $\frac{3}{24}$ de sa route : combien sera-t-il de jours en marche ?

914. On a 111 mètres $\frac{3}{7}$ d'ouvrage à faire ; chaque jour on en fait $\frac{2}{3}$ de mètres : combien ce travail durera-t-il de jours ?

DEUXIÈME PARTIE.

915. Un pensionnat composé de 200 élèves, a coûté 6000 francs d'entretien en 15 jours ; si l'on reçoit encore 50 élèves : quelle sera la dépense pendant 330 jours ?

916. On a eu 75 litres de vin pour 30 francs : combien en aura-t-on de litres de même qualité pour 240 francs ?

917. Lorsque 8 kilogrammes de viande coûtent 5 francs : combien en aura-t-on pour 90 francs ?

918. En 30 jours 3 ouvriers font un certain ouvrage : dire ce qu'il faudrait d'ouvriers pour faire cet ouvrage en 5 jours ?

919. Le transport de 20 stères de bois revient à 50 fr. : dire ce qu'il en coûterait pour le charroi de 600 stères à la même distance.

920. Combien coûteront 6 hectares de pré, sachant que 18 ares de même qualité ont été vendus 1500 fr. ?

921. Un soldat rentrant dans sa famille, fait la moitié de sa route en 40 jours, marchant 15 heures par jour ; mais se trouvant fatigué, il ne marche plus que 10 heures par jour : combien lui faut-il de jours pour achever son voyage ?

922. Trouver le prix de 3 litres, lorsque 8 décalitres et 7 décilitres du même vin se vendent 93f,98.

923. On paie 3 mètres de drap 76f,2 : trouver le prix de 29 mètres 1 décimètre de la même qualité.

924. Avec 130 kilog. 13 décag. de pain on nourrit 150 personnes : dire ce qu'il en faudrait à 65 personnes pendant le même temps.

925. Un maître d'atelier peut occuper 75 ouvriers pendant 3 mois ; mais il ne peut se procurer d'autre ouvrage avant 5 mois : combien doit-il prendre d'ouvriers ?

926. Lorsque le cent de fagots vaut 48f,50 : quel est le prix de 18 fagots ?

927. Pour 1f,10 on a 500 grammes d'une certaine marchandise : combien faut-il vendre le kilog. pour gagner 30 f sur 1000 kilog. ?

928. Lorsque les $\frac{2}{3}$ d'un mètre de bord content le $\frac{1}{9}$ d'un franc : quel est le prix des $\frac{3}{4}$?

929. On emploie 180 planches de 4 décimètres de largeur pour lambrisser un appartement : combien en faudrait-il, si elles étaient de 5 décimètres ?

930. On emploie 6 kilog. de fil pour tisser 30 mètres de toile de $\frac{3}{4}$ de laize : quelle serait la longueur d'une pièce de $\frac{4}{5}$ de laize, dans laquelle il entrerait 9 kilog. de tissure de même qualité ?

931. Lorsque 20 hommes emploient 50 jours à faire 240 mètres d'ouvrage : combien 60 hommes en feront-ils de mètres en 10 jours ?

932. Un voyageur, marchant 8 heures par jour, met 40 jours à faire 160 myriamètres : s'il marchait 10 heures par jour, combien lui faudrait-il de jours pour faire 640 myriamètres ?

933. Combien faut-il d'ares de pré, à 15 fr. l'are, pour valoir une terre de 30 hectares, dont l'are est de 2f 50 centimes ?

934. Une pièce de toile contenant 30 mètres, a été payée 90 fr. : combien coûteront 180 mètres de même qualité ?

935. Un négociant confie pour 75000 francs de marchandise à un capitaine de navire, qui la fait assurer à raison de 7 pour 100 : combien doit-il payer d'assurance ?

936. Un aubergiste de Dunkerque fait charger 13 tonneaux de vin de Bordeaux ; il les fait assurer à raison de 11f,5 pour 100 : combien doit-il d'assurance, sachant que chaque pièce de vin est de 200 fr.

937. Trouver l'intérêt de 88000 fr., placés pendant un an, à 4 pour %.

938. Un capital rapporte 3520 f en un an : quel est-il, sachant qu'on prend 4 pour % ?

939. On place 25000 fr. à intérêt, l'année finie on les retire avec 1250 francs de profit : à quel taux étaient-ils placés ?

940. On désire savoir quelle est la prime d'assurance de 8785f,96 à raison de 10,5 pour % ?

941. Un assureur reçoit 985f,9 pour prime d'assurance : quel capital a-t-il assuré, sachant que le taux était de 8f,5 pour % ?

942. On reçoit 1250 fr. par an d'un capital placé à 5 pour % : quel est ce capital ?

943. Un négociant de Bayonne a payé 87964 francs d'assurance pour la charge d'un vaisseau, estimée 987964 francs : quel était le taux d'assurance ?

944. On désire qu'en 3 ans et 7 mois un capital de 7154 francs rapporte 1656f,26 : à quel taux faut-il le placer ?

945. Un homme place 50000 fr. pour 6 ans, et ne doit en toucher l'intérêt qu'à l'époque du remboursement : alors on lui compte 77000 fr. : quel était le taux de l'intérêt ?

946. Un marchand de vin fait embarquer 816 pièces de 160 fr. l'une ; il les fait assurer à 14f,6 pour 150 fr. : combien doit-il payer ?

947. Trois navires portant chacun 486 pièces d'eau-de-vie, sont partis de Lisbonne pour la Martinique ; on assure leurs cargaisons à 24 fr. pour 1000 fr. : quel sera le montant de l'assurance, sachant que le prix de chaque pièce est de 183f,85 ?

948. On demande à combien s'élève la grosse aventure de 195000 fr., à raison de 17f,5 pour cent ?

949. Un particulier donne 25 pièces d'eau-de-vie, à grosse aventure, de 280 litres chacune ; le litre est d'un fr. 2 décimes : quel sera son profit, s'il n'arrive point d'accidents, sachant que le taux est de 27f,5 pour cent ?

950. Un rentier reçoit 77000 fr. pour le capital et les intérêts de ce capital placé pendant 6 ans à 9 pour cent : quel est ce capital ?

951. On rembourse 19250 fr. à un capitaliste pour 12500 f à 9 pour % : dire le temps que l'argent est resté à intérêt ?

952. Si 3 ouvriers font 7 mèt. d'ouvrage par jour : combien 42 ouvriers en feront-ils dans le même temps ?

953. Un cheval franchit un myriamètre en 25 minutes ; un autre franchit 8 kilomètres en 20 minutes : quel est le plus agile des deux ?

954. La rame de papier contient 20 mains ; on a du papier à 12f,5 la rame ; mais en l'achetant en détail, on le paie 65 centimes la main : dans ce cas, combien le paie-t-on de plus par rame ?

955. On a acheté du vin en bouteille, à raison de 1f,05 la bouteille ; on revend les bouteilles vides 25 centimes pièce, et la dépense n'est plus que de 90 francs : combien avait-on acheté de bouteilles de vin ?

956. On confie 684 pièces de vin à un bâtiment marchand qui fait voile pour Canton ; le transport est de $9\frac{1}{3}$ pour % : combien devra-t-on au capitaine, sachant que la pièce de vin est de 240 fr. ?

957. On a acheté pour 949f,9 décimes de drap, que l'on revend 1081f,5 : combien gagne-t-on par 100 fr. ?

958. On sait que 98 myriagrammes de beurre ont coûté 4227f,5 décimes : si l'on veut gagner 6 fr. par 100 fr., combien faudra-t-il vendre le myriagramme ?

959. Un petit animal coûte 10 fr., il consomme 164 mesures de son de 25 centimes la mesure ; tué et vidé, il pèse 60 kilog. : à combien revient le kilogramme de cette viande ?

960. Un libraire voulant calculer la dépense d'impression d'un livre de 35 feuilles, fait le compte suivant : 30 fr. de composition et 5 fr. de correction par feuille ; la rame de papier (de 500 feuilles) à 12 fr., le brochage à 5 décimes le volume, la couverture à 5 centimes, et 85 fr. pour ses menues dépenses : d'après ces données on veut savoir le prix coûtant de l'édition tirée à 1000 exemplaires, et le prix de chaque volume ?

961. On promet une gratification à un ouvrier, s'il achève 312 mèt. d'ouvrage en 36 jours ; au bout de 4 jours, il en a fait 33 mètres : il veut savoir si, en continuant ainsi, il parviendra à gagner sa gratification ?

962. On exige d'un ouvrier qu'il broche 12000 exemplaires en 30 jours : combien doit-il prendre d'aides, si un ouvrier en broche 40 par jour ?

963. Lorsque 30 ouvriers qui travaillent 7 heures par jour, font 30 mètres d'ouvrage en 15 jours : combien 12 ouvriers feront-ils du même ouvrage en 26 jours, travaillant 8 heures par jour ?

964. Quelle sera la valeur de 4800 fr. prêtés à 5 pour % pendant 3 ans, si l'on reçoit l'intérêt des intérêts avec le capital ?

965. Trouver les intérêts composés de 900 fr. à 4 pour % pendant 3 ans.

966. La chaîne d'une pièce de toile coûte 24 fr. et la tissure 16 fr.; quel est le prix moyen de ces deux sortes de fils?

967. On mélange deux sortes de blé, savoir: 20 sacs à 16f,50, 12 sacs à 13 fr.: quel est le prix du mélange?

968. Il faut 230 kilogrammes de foin pour nourrir 6 chevaux pendant 8 jours; combien en faudra-t-il pour la nourriture de 14 chevaux pendant 14 jours?

969. Si trois kilogrammes d'une première matière valent 8 kilog. d'une seconde matière, et si 7 kilog. de celle-ci valent 11 kilog. d'une troisième matière, quel sera le prix d'un kilog. de la première, sachant que le kilog. de la dernière vaut 11 fr. 40 c.?

970. Quel est l'intérêt de 8000 fr. au taux de 5 pour % par an?

971. Pendant 4 jours, le thermomètre a marqué les différents degrés de chaleur suivants, observé à la même heure du jour; le premier jour il marquait 15°; le second 16°; le troisième 18°; le quatrième 12°; quelle a été la température moyenne de ces quatre jours?

972. On emploie 200 ouvriers, dont 50 sont payés à raison de 2 fr. par jour, 70 à raison de 1f,50, 50 à raison de 1f,25 et 30 à raison de 1 fr.: combien revient-il à chaque ouvrier par jour, l'un portant l'autre?

973. Quel est le capital qui rapporte 400 fr. d'intérêt à 5 pour % par an?

974. A quel taux a-t-on placé 30000 fr., sachant qu'ils ont rapporté 1575 fr. d'intérêt en un an?

975. Vaut-il mieux placer 12000 fr. à 6 pour % par an, que d'en placer 7000 à 5 pour % et 5000 à 7 pour cent?

976. On a 4 pièces de vin; la première contient 150 litres et coûte 125 fr., la seconde est de 245 litres et coûte 104 fr., la troisième est de 230 litres et coûte 75 fr., la quatrième est de 115 litres et coûte 40f,50 c: si on mélangeait ces vins, à combien reviendrait le litre du mélange?

977. Un fondeur veut allier un métal de 55 centimes le kilog. avec un autre de 95 centimes: combien doit-il mettre de kilog. de chaque espèce, pour que l'alliage lui revienne à 70 centimes le kilog.?

978. On demande quelle quantité d'eau il faut mettre dans un hectolitre de vin, qui coûte 50 fr., pour que ce vin revienne à 45 cent. le litre?

979. Dans quelle proportion faut-il mélanger de la marchandise à 5 fr. et à 9 fr. la mesure, pour avoir un mélange de 725 mesures, et qui revienne à 7 fr. la mesure?

980. Une personne doit 1200 fr., elle paie 100 fr. à la fin de chaque mois: on demande ce qu'elle devra payer en sus à la fin de l'année, pour les intérêts comptés à 6 pour % par an.

981. L'escompte étant à 5 pour %, est dit en dehors, lorsqu'on ôte 5 sur 100, ou qu'on réduit 100 à 95; il est dit en dedans, quand on ôte 5 sur 105, ou qu'on réduit 105 à 100. D'après cela, on demande de trouver l'escompte de 3560 fr., d'abord en dehors, puis en dedans.

982. Quelle est actuellement la valeur réelle d'un billet de 1000 fr., payable dans un an, l'escompte étant à 6 pour % par an?

983. Que devient le capital 2840 fr., escompté à 6 pour % en dehors?

984. Quel est l'escompte de 5600 fr. pendant 6 mois, l'escompte étant pris en dehors à 5 pour cent?

985. Que devient le capital 4780 fr., escompté en dedans à 6 pour %?

986. On fait assurer une maison estimée 50000 fr., à raison de 50 cent. par an pour 1000 fr.: quelle est la prime d'assurance?

987. Deux marchands, dont l'un a mis 7700 fr. et l'autre 3850, éprouvent une perte de 555f,55, et il s'agit de la répartir entre eux.

988. Deux personnes se sont associées pour une entreprise qui n'exige pas d'avance de fonds; l'une a prélevé 640 fr. sur le bénéfice, et l'autre 280 fr. Il reste 1024 fr. à partager: on demande ce qu'il revient à chacun des associés.

989. Un homme meurt en laissant une succession de 300000 fr. à ses neveux, qui doivent se la partager à proportion de leur âge, d'après l'acte testamentaire; le premier a 25 ans, le second 20 ans et le troisième 15 ans: quelle sera la part de chacun?

990. Une commune, dont le revenu territorial s'élève à 520000 fr., est imposée pour 22880 fr.: on demande d'établir le tarif, c'est-à-dire l'impôt dont doit être frappé 1 fr., puis 2 fr., puis 3 fr., et ainsi de suite jusqu'à 9 fr. de revenu.

991. La France paie plus d'un billion d'impôt: en se bornant à cette somme, quelle serait, en lieues de 4444 mètres, la hauteur d'une pile de pièces de 5 fr. équivalente à ce budget, sachant qu'une pièce a deux millimètres et demi d'épaisseur?

992. On a vendu 30 hectolitres de blé et 20 d'orge pour 650 fr.: quel est le prix de l'hectolitre d'orge et celui de l'hectol. de blé?

993. Les caractères d'imprimerie s'obtiennent en coulant dans des moules un alliage de 20 parties d'antimoine sur 80 parties de plomb et 5 parties de cuivre. Que vaut le kilogramme de cet alliage, en supposant l'antimoine à 1f,5 le kilog., le plomb à 1f,30 et le cuivre à 2f,50?

994. On reçoit une pièce de vin; sa longueur intérieure est

de 2 mèt. 2, son grand rayon intérieur est de 0,63, et le petit de 0,42 centimètres : combien doit-on payer, si l'hectolitre est de 18f,5 ?

995. Quel est le poids de 900000000 fr. en or, sachant que le kilogramme d'or monnayé vaut 3100 fr. ?

996. Lorsque le mètre de drap se vend 1f,5, quel est le prix de 32 mètres $\frac{3}{4}$?

997. Quelqu'un reçoit 15f,5 pour 12 mèt. $\frac{3}{4}$ d'ouvrage : dire le prix d'un mètre.

998. Il y a 3 heures et demie qu'il était 2 heures $\frac{3}{4}$: quelle heure est-il à présent ?

999. Plusieurs ouvriers ont fait 1296 mèt. d'ouvrage ; ils étaient autant d'ouvriers que chacun a fait de mètres d'ouvrage : combien étaient-ils ?

1000. Des marchands se sont associés ; chacun a mis autant de francs qu'ils étaient de marchands, et a gagné autant de fois sa mise qu'ils étaient de personnes : combien y avait-il de personnes, sachant que le gain total est de 1331 fr. ?

1001. Une poutre a 6^m,5 de longueur sur 22 centimètres d'équarrissage : quelle en est la solidité ?

1002. Un fossé qui a 135 mèt. de longueur sur 2 mèt. 4 de largeur et 1 mèt. 86 de profondeur, doit être comblé à raison de 0f,35 le mètre cube : à combien s'élèvera cette dépense ?

1003. La superficie d'une route est de 5 hectares 4 ares 63 centiares, sa largeur est de 7^{mèt},54 : quelle est sa longueur ?

1004. Quel est le prix d'un alliage de 5 hectogram. d'étain avec 1 kilogr. de plomb, si l'étain vaut 4f,80 le kilog. et le plomb 1f,20 ?

1005. Le laiton s'obtient en fondant du cuivre avec du zinc, dans le rapport de 15 kilog. de zinc avec 35 kilog. de cuivre. Si le kilog. de cuivre valait 2f,70, et le kilog. de zinc 0f,90, à combien reviendrait le kilog. de laiton ?

1006. L'or vert s'obtient en fondant 708 parties d'or avec 292 parties d'argent. Que vaut un gramme de cet alliage, sachant que 5 grammes d'argent valent 1 fr. et que l'or a une valeur 15 fois $\frac{1}{2}$ plus grande que l'argent à poids égal.

1007. On fait une cloche en fondant 110 kilog. d'étain avec 390 kilog. de cuivre, 5 kilog. de zinc et 4 kilog. de plomb. L'étain est à 5 fr. le kilog., le cuivre à 2f,70, le zinc à 0f,80 et le plomb à 1f,20 : on demande le prix de la cloche et celui d'un kilog. de cet alliage.

1008. La plus grande distance du soleil à la terre est de 35183000 lieues, et sa plus petite distance de 34017200 lieues : quelle est la différence ?

1009. Le rayon du pôle est de 6356324 mètres, et le rayon de l'équateur de 6376984 : quel est l'aplatissement de la terre à chaque pôle ?

1010. La trahison de Judas fut payée 3o pièces ou sicles d'argent : réduire cette somme en francs, sachant que le sicle valait 331 centimes de notre monnaie.

1011. On demande la surface d'un cercle qui a 7 mèt. de rayon.

1012. Trouver la surface d'un cercle dont la circonférence est de 49 mètres.

1013. Trouver la circonférence d'un cercle dont la surface est de 176 mètres carrés.

1014. Les surfaces des cercles croissent comme les carrés de leurs rayons, ou de leurs diamètres, ou de leurs circonférences : si donc la surface d'un cercle est de 5 mètres carrés, quelle sera la surface d'un cercle qui a un rayon double ?

1015. Trouver la surface d'une ellipse qui a 5 mètres de long sur 3 mèt. de large.

1016. Quelle est la surface d'un cône dont le côté est de 3o mètres et le rayon de la base de 8 mètres ?

1017. Quel est le volume d'un tronc de cône dont les rayons des bases sont 10 mètres et 6 mètres, et la hauteur 14 mètres ?

1018. On demande la surface d'une sphère de 5 mètres de diamètre.

1019. Trouver le diamètre d'une sphère de 78^{mm} de surface.

1020. La période julienne a commencé 4714 ans avant J.-C. : à quelle année de cette période répond l'année 1844 ?

1021. Le cycle solaire est une période de 28 années juliennes (l'année julienne, ou de Jules-César, diffère de 11 minutes de la nôtre), après lesquelles les jours de la semaine reviennent dans le même ordre aux mêmes jours du mois. Le cycle lunaire ou nombre d'or est une période de 19 années juliennes, après lesquelles les nouvelles lunes reviennent aux mêmes jours de l'année. Enfin, le cycle d'indiction romaine, qui est de 15 années, était relatif à certains actes judiciaires chez les Romains. Les trois périodes ont commencé ensemble, 4714 ans avant Jésus-Christ. On demande, d'après cela, à quelle époque elles viendront de nouveau à commencer ensemble, et par suite, quel est l'intervalle de ces deux accords successifs, ou ce qu'on appelle la période julienne ?

1022. Sachant que 36o degrés de longitude ou le tour de la terre passent devant le soleil en un jour ; combien passe-t-il de degrés par heure ?

1023. Une pierre parcourt 4 mèt. 9 dans la première seconde, et le chemin qu'elle parcourt augmente comme le carré du nombre de secondes ; quel est le chemin parcouru en 6 secondes ?

1024. On entend le bruit du tonnerre 8 secondes après l'apparition de l'éclair : à quelle distance du nuage orageux se trouve-t-on, sachant que le son parcourt 340 mètres par seconde ?

1025. La lumière du soleil nous arrive en 8 minutes 13 secondes : quelle est sa vitesse par seconde, sachant que le soleil est à 34600000 lieues de 25 au degré de la terre ?

1026. Dans le thermomètre centigrade, la glace fondante est marquée 0 et l'eau bouillante 100; dans le thermomètre de Réaumur, le même intervalle est divisé en 80 degrés de température. D'après cela, on demande à quelle température centigrade correspondent 18 degrés de Réaumur.

1027. Soit proposé de trouver le volume de la terre.
Il s'obtient en multipliant le rayon des pôles par le carré du rayon de l'équateur, puis le produit par $\frac{22}{7}$, et ensuite ce dernier produit par $\frac{2}{3}$. (Le rayon des pôles est de 6356324 mètres et celui de l'équateur de 6376984 mètres.) On opère ainsi, parce que la terre n'est pas une sphère parfaite, mais un sphéroïde.

1028. Soit proposé de trouver la capacité d'un tonneau dont le rayon, pris à la bonde, est de 0^m,8, le rayon des fonds de 0^m,675, et la longueur de 2^m,4.

1029. Combien y a-t-il de kilomètres dans 3 degrés 35 minutes 30 secondes, sachant qu'un myriamètre vaut 5 minutes 24 secondes.

1030. Si l'on multipliait ma fortune par sa moitié, disait un bon paysan, le produit s'élèverait à 39498272 fr. : devinez ce que je possède.

———

EXERCICES

ET PROBLÈMES SUR LE SYSTÈME MÉTRIQUE EN GÉNÉRAL.

1031. Lorsque 25 centimètres content 2f, quel est le prix d'un mètre ?

1032. Lorsque 25 litres valent 50f, quel est la valeur de 25 centilitres ?

1033. Lorsque 2 centigrammes se vendent 1f, combien valent 2 kilog. ?

1034. Lorsque le stère se vend 5f, combien paie-t-on le centistère ?

1035. Qu'est-ce que 20 centimes relativement au franc ?

1036. Qu'est-ce que 4 centimes relativement au franc ?

1037. Qu'est-ce que le centimètre carré relativement au mètre carré ?

1038. Qu'est-ce que le centimètre cube relativement au mètre cube ?

1039. Qu'est-ce que le milligramme relativement au kilogramme ?

1040. Qu'est-ce que 2 centigrammes relativement au gramme ?

1041. Qu'est-ce que 1 décagramme relativement au kilogramme ?

1042. Trouver les mètres carrés contenus dans un décamètre carré.

1043. Trouver les mètres carrés contenus dans un hectomètre carré.

1044. Trouver les décamètres carrés contenus dans un kilomètre carré.

1045. Trouver les hectomètres carrés contenus dans un myriamètre carré.

1046. Trouver les décistères contenus dans 100 stères.

1047. Trouver les décimètres cubes contenus dans 100 mètres cubes.

1048. Le mètre cube d'eau pure égale un kilolitre : d'après cela, trouver ce qu'un bassin de 150 mètres cubes contient d'hectolitres.

1049. Le décimètre cube contient un litre : quel est donc le nombre de litres contenus dans une citerne de 30 mètres cubes ?

1050. Dire le nombre de litres que contient un bassin de 222444000 centilitres cubes plein d'eau.

1051. Trouver le nombre de litres que contient une chaudière de 160000000 millimètres cubes.

1052. Combien un puits qui contient 30000 litres d'eau a-t-il de mètres cubes ?

1053. Un capitaine a 500 kilolitres de blé à son bord : trouver ce qu'il faut de mètres cubes pour les contenir.

1054. Combien y a-t-il de décilitres dans une mesure de 20000 centimètres cubes ?

1055. Trouver ce qu'une mesure de 120 litres a de millimètres cubes.

1056. Le mètre cube d'eau pure pèse 1000 kilogrammes : d'après cela, trouver le poids de l'eau contenue dans 32 tonneaux de chacun 2 hectolitres.

1057. Le décimètre cube d'eau pure pèse 1000 grammes : quel est le poids de 5000 millimètres cubes ?

1058. Combien faut-il de centimètres cubes pour contenir 9 hectogrammes d'eau ?

1059. L'économe d'un collège paie l'eau 1 centime le kilo-

gramme : trouver ce qu'il doit à la fin de l'année scolaire, sachant qu'on en dépense 6 kilolitres par mois. (Les vacances
durent 1 mois.)

1060. Trouver le prix de 10 centimètres de drap lorsque le
mètre vaut 40 francs.

1061. Quel est le prix de 20 mètres lorsque le centimètre
coûte 1 décime ?

1062. Trouver le prix de 9 millimètres quand le mètre vaut
100 f.

1063. Si le décimètre coûte 50 centimes, quel sera le prix
d'un millimètre ?

1064. Lorsque l'hectare vaut 3000 f, quel est le prix de l'are ?

1065. Si l'on paie l'hectare 5000 f, combien paiera-t-on le
centiare ?

1066. Lorsqu'on paie l'are 100 f,25, quel est le prix de l'hectare ?

1067. Lorsqu'on paie le mètre carré 3 f, quel est le prix du
décimètre carré ?

1068. A combien revient le mètre carré lorsque le décimètre
carré coûte 1 centime ?

1069. Quel est le prix de 50 mètres carrés lorsque le millimètre coûte 5 centimes ?

1070. On paie 50 centimes le centistère : dire le prix d'un
stère.

1071. Lorsque le bois de chauffage coûte 12 f le stère, quel est
le prix d'un décistère ?

1072. Ayant payé un décistère 90 centimes, que faudra-t-il
payer pour 120 stères de même espèce ?

1073. On paie 120 f pour un décastère de bois : quel est le
prix d'un décistère ?

1074. Lorsque le millimètre cube coûte 3 centimes, quel est
le prix de 3 mètres cubes ?

1075. Si le mètre cube coûtait 9 f, quel serait le prix d'un
centimètre cube ?

1076. Lorsque le décimètre cube se vend 6 f, quel est le prix
du millimètre cube ?

1077. Si 999 millimètres cubes coûtent 10 centimes, quel sera
le prix de 640 mètres cubes ?

1078. Lorsque 2 litres valent 1 f, quel est le prix du centilitre ?

1079. Trouver le prix de 6 décalitres lorsque le litre est de
60 centimes.

1080. Le centilitre étant à 5 millimes, quel est le prix de l'hectolitre ?

1081. Le décilitre étant à 2 centimes, dire le prix d'un kilolitre.

1082. Le litre étant à 90 cent., trouver le prix d'un décalitre.

1083. Lorsque le gramme se paie 1 centime, quel est le prix d'un kilogramme ?

1084. Si le décigramme coûte 5 centimes, quel sera le prix de 4 décagrammes ?

1085. Le milligramme étant à un centime, dire le prix du kilogramme.

1086. Lorsque le kilogramme coûte 25 f, quel est le prix de 8 grammes ?

1087. L'hectog. étant à 30 f, combien coûteront 67 kilog. ?

1088. Si le centigramme coûte 1 millime, quel sera le prix d'un kilogramme 9 hectogrammes ?

1089. Si l'on paie 9 centimes pour un décagramme de marchandise, combien paie-t-on le kilogramme ?

1090. Lorsque le mètre vaut 50 f, quelles sont les valeurs de chacun de ses sous-multiples ?

1091. Lorsque le mètre vaut 4 f, quelles sont les valeurs de chacun de ses multiples ?

1092. Lorsque le litre se paie 40 centimes, combien paie-t-on chacun de ses sous-multiples ?

1093. Si le litre se vend 80 centimes, combien se vendent chacun de ses multiples ?

1094. Lorsque le gramme coûte un décime, combien paie-t-on chacun de ses sous-multiples ?

1095. Lorsque le gramme coûte 4 centimes, quels sont les prix de chacun de ses multiples ?

1096. Lorsque le stère vaut 15 f, quel est le prix de son sous-multiple ?

1097. Lorsque le stère se vend 8 f, combien paie-t-on son multiple ?

1098. Lorsque l'are se vend 80 f, quel est le prix de son sous-multiple ?

1099. Si l'are coûte 90 f, quel sera le prix de son multiple ?

1100. Si le mètre cube coûte 100 f, quels sont les prix du décimètre, du centimètre, du millimètre cube ?

Addition.

1101. Trouver la somme des nombres suivants : 4 décimètres, 40 centimètres et 400 millimètres.

1102. Combien y a-t-il de grammes en 9 décigrammes, 90 centigrammes et 900 milligrammes ?

1103. Faire l'addition de 8 décilitres 9 centilitres 4 litres et 9 décalitres.

1104. On a 9 stères, 9 décistères, 8 centistères et 4 décastères : combien cela fait-il de stères ?

1105. Quelle est la somme de 9 f, 15 f, 5 f, 1 f, 99 décimes et 10 centimes ?

1106. Combien font 2 kilo, 5 myria, 3 hecto, 8 déca et 9 kilo ?

1107. Faire l'addition de 99 déci, 300 centi, 4000 milli, et de 25 déca.

1108. Quelqu'un achète 8 kilog. de beurre, 5 hectog. d'huile, 9 décag. de morue, 9 grammes de poivre, 13 hectog. de sel et 15000 centigrammes de cerises : quel est le poids de cet achat ?

1109. On a 4 hectares, 96 ares, 77 centiares et 16900 mètres carrés de terrain : dire ce que cela fait d'ares.

1110. On a 6 mètres cubes, 9000 décimètres cubes, 800000 centimètres cubes, 5000000 de millimètres cubes et 40 mètres cubes : en faire l'addition.

1111. Quel est le total de six cent cinq mètres vingt-deux centimètres, + huit cent vingt mètres dix centimètres, + trois mille deux cent dix mètres cinquante centimètres, + huit mille trois cent cinquante mètres quinze centimètres ?

1112. Faites la somme des nombres suivants : Dix-huit francs cinq décimes, + soixante-quinze francs vingt centimes, + cent douze francs soixante centimes, + cinq cent trois francs vingt-huit centimes, + six cent vingt-neuf millièmes.

1113. On demande le total des nombres suivants : Douze mille huit cent vingt kilogrammes, + cinq mille trois cent cinq kilogrammes, + trois mille deux cent quatre kilogrammes, + deux cent dix décagrammes, + soixante-sept grammes, + vingt-trois décigrammes, + six centigrammes.

1114. Combien y a-t-il de stères dans les 5 nombres ci-après : 1° 1123 stères ; 2° 2450 stères ; 3° 112 stères ; 4° 100 stères ; 5° 90 stères ?

1115. Quelle est la quantité de vin contenue dans 4 barriques, si la 1re en contient 250 litres ; la 2e 265 ; la 3e 236, et la 4e 300 ?

1116. Quel est le total des nombres suivants : 1° 2501 mètres carrés ; 2° 562 mèt. car. ; 3° 456 mèt. car. ; 4° 110 mèt. car., et 5° 98 mèt. car. ?

1117. Combien y a-t-il d'ares dans 4 prairies, sachant que la 1re contient 88 ares 22 centiares ; la 2e 67 ares 46 centiares ; la 3e 55 ares 72 centiares, et la 4e 23 ares 90 centiares ?

1118. Cinq pièces de terre contiennent 1° 95 hectares 28 centiares ; 2° 94 hectares 30 centiares ; 3° 76 hectares 46 ares ; 4° 59 hectares 80 centiares, et 5° 47 hectares 32 ares : quelle est leur superficie totale ?

1119. Un propriétaire ayant fait arpenter 4 de ses champs, trouve que le 1er contient 200 ares 45 centiares ; le 2e 125 ares 14 centiares ; le 3e 108 ares 22 centiares, et le 4e 96 ares 8 centiares : quel est le total de ces quatre nombres ?

1120. Trouver le total des nombres ci-après : 215 mètres cubes 120 décimètres cubes ; 450 mètres cubes 280 centimètres cubes ; 462 mètres cubes 999 millimètres cubes.

1121. Combien y a-t-il de mètres cubes dans 5 blocs de marbre, sachant que le 1er contient 10 mètres cubes 222 décimètres cubes ; le 2e 5 mètres cubes 101 décimètres cubes ; le 3e 4 mètres cubes 519 centimètres cubes ; le 4e 2 mètres cubes 725 centimètres ; le 5e 1 mètre cube 989 millimètres cubes ?

1122. Un fermier a vendu pour 540 f de froment ; 406 f de pommes ; 202 f de navets, et pour 110 f,75 de patates : dire ce qu'il a retiré d'argent.

1123. Un cheval coûte 855 f : on veut gagner 45 f en le revendant, combien faut-il le revendre ?

1124. Un père de famille a 4 enfants en pension qui lui dépensent : le 1er 898 f ; le 2e 785 f,95 ; le 3e 626 f,70, et le 4e 580 f,18 : trouver la somme qu'il doit donner.

1125. Un homme dépense annuellement 675 f pour sa nourriture, 400 f pour son vêtement, 250 f pour son loyer, 156 f pour des menues dépenses : quel doit être son revenu, s'il lui reste encore 2527 f ?

1126. Un négociant a acheté 3 pièces de drap ; la première a 76 mètres et coûte 836 f ; la seconde a 60 mètres et coûte 720 f, et la troisième a 48 mètres et coûte 960 f : combien a-t-il acheté de mètres de drap et pour quelle somme ?

1127. Quel est le poids total de 4 hommes, si le premier pèse 80 kilogrammes 25 décagrammes, le second 75 kilogrammes 70 grammes, le troisième 69 kilogrammes 12 grammes, et le quatrième 58 kilogrammes 8 décagrammes.

1128. Un banquier reçoit 4578 f d'une part, 3280 f d'une autre, et deux billets de 1099 f chacun : combien a-t-il reçu ?

1129. Un meunier a 5 pratiques qui lui fournissent : la première 280 décalitres, la seconde 226 décalitres, la troisième 2105 litres, la quatrième 1988 litres et la cinquième 99 décalitres : trouver le nombre de litres qu'il moud à ces pratiques.

Soustraction.

1130. De 8 myria, ôter 5 kilo, 3 hecto, 6 déca, 2 unités.

1131. De 32 kilo 20 déca, ôter 125 hecto 40 unités.

1132. De 5467 myria 42 hecto 2 déca, ôter 326 myria 255 déca.

1133. Un jardin a 125 mètres de long, et un autre 148 mètres : quelle est la différence de ces deux longueurs ?

1134. Un pré contient 450 ares 25 centiares : quel est le nombre d'ares d'un champ qui contient 60 ares de moins ?

1135. On me devait 4675f,75, et l'on m'a donné 1840f : combien me doit-on encore?

1136. Un épicier doit envoyer 248 kilog. de sucre; mais il n'en a que 189 kilog. 25 décag. : dire ce qu'il lui en manque.

1137. Une personne doit 5428f,80, elle paie 2575f,32 : combien doit-elle encore?

1138. La différence de deux sommes est de 1425f, la plus grande est 8580f : quelle est la plus petite?

1139. Un bourgeois a acheté une maison 12595f, et il l'a revendue 12982f : combien a-t-il gagné?

1140. Un particulier a acheté 450 stères de bois, il en a brûlé 12 stères et vendu 243 : dire ce qu'il lui en reste de stères.

1141. Quelle est la différence de deux caisses dont l'une pèse 134 kilog. 26 décag. et l'autre 98 kilog. 880 grammes?

1142. Un voyageur a fait, le premier jour 60 kilomètres et le second jour 48 kilomètres : combien de kilomètres a-t-il fait de moins le dernier jour?

1143. Une propriété contenait 18 hectares 12 ares 75 centiares; on en a ôté 6 hectares 99 centiares : qu'en reste-t-il encore?

1144. Un marchand a vendu une marchandise 1245f,72 : combien a-t-il gagné, sachant qu'elle ne lui coûtait que 1198f,40?

1145. Deux ouvriers ont gagné ensemble 1000f dans un an; mais ils ont dépensé 235f chacun : combien ont-ils mis de côté?

1146. Un mémoire, montant à 5676f,88, a été présenté au vérificateur qui y fait une réduction de 2047f,40 : combien l'entrepreneur recevra-t-il?

1147. Un bassin contient 5472 mètres cubes et un autre n'en contient que 4731 : dites la différence de ces deux bassins.

1148. Un tonneau a 250 litres de moins qu'un autre qui en a 2567 litres 25 centilitres : combien y a-t-il de litres dans le plus petit?

1149. Un individu dépense annuellement 389f,50 pour sa nourriture; 195f,60 pour son entretien, 75f pour son loyer et 25f pour les pauvres : combien met-il de côté, s'il a 1248f de rente?

1150. Un négociant reçoit 2 pièces de drap : la première contient 164 mètres 30 centimètres, et coûte 1640f; la seconde contient 180 mètres, et coûte 1980f : combien la seconde contient-elle de mètres de plus que la première, et quelle est la différence des deux prix?

1151. Quel est le nombre qui deviendrait 988f si on y ajoutait 80f,50?

1152. Un aubergiste avait dans sa cave 30 hectolitres 26 litres de vin, il ne lui en reste que 5 hectolitres 75 litres : trouver ce qu'il en a vendu.

1153. Si de 85802 hectolitres 8 décalitres de froment on en vend 4295 hectolitres 75 litres, combien en restera-t-il?

1154. Un objet pèse 25 kilog. 3o décag. 8 grammes, et un autre 15 kilog. 2 hectog. 25 grammes : combien le premier pèse-t-il de plus que le second ?

1155. Une personne gagne annuellement 1124 f : combien lui reste-t-il, si elle paie 382 f pour sa nourriture, et qu'elle donne 356 f à ses parents ?

Multiplication.

1156. Quel est le produit de 522 mètres $\times$ 25 ?

1157. Trouver le produit de 4 mètres 25 centimètres $\times$ 42.

1158. Combien coûteront 87 canifs, à 2f,25 le canif ?

1159. Combien coûteront 278 kilogrammes de sucre, à 1f,5o le kilog. ?

116o. Un mètre de drap coûte 15 f : combien coûteront 280 mètres ?

1161. Lorsque l'on paie 45 centimes pour un litre de vin, combien paiera-t-on pour 848 litres 75 centilitres ?

1162. Combien coûteront 349 stères de bois, si un stère coûte 3f,55 ?

1163. Quelle est la hauteur d'un escalier qui a 126 marches, si chacune a 2oo millimètres d'élévation ?

1164. Trouver le nombre de kilogrammes qu'il y a dans 6 caisses de 76 kilogrammes 25 décagrammes chacune ?

1165. Un chapelier vend 129 chapeaux : combien recevra-t-il, s'il les vend 15f,76 chacun ?

1166. Dans un atelier il y a 16 ouvriers qui font chacun 2 mètres 3o centimètres d'ouvrage par jour : combien feront-ils de mètres dans 75 jours ?

1167. Combien faut-il de kilogrammes de pain pour nourrir 892 hommes pendant 3 mois, si l'on donne à chacun 523 grammes par jour ?

1168. Un marchand a acheté 3 pièces de drap contenant chacune 217 mètres : combien cela fait-il de mètres ?

1169. On demande combien coûteront 623 kilog. de beurre, à 1f,5o le kilog.

1170. Trois hommes ont à se partager une somme : quelle est-elle, s'ils ont chacun 12435f,25 ?

1171. Quel sera le nombre de kilomètres que fera un voyageur pendant 19 jours, sachant qu'il fait 44 kilomètres par jour ?

1172. Dire le prix de 548 décalitres de vin, à of,6o le litre ?

1173. Lorsque 12 francs sont le prix d'un hectolitre de blé, combien paiera-t-on pour 144 kilolitres ?

1174. Un compagnon gagne 1f,8o par jour : combien gagnet-il en 56 jours ?

1175. Combien un particulier doit-il donner d'argent par jour, s'il occupe 17 hommes à 1f,25 par jour et 10 femmes à 0f,65?

1176. Un boulanger a fourni 1512 pains de 4 kilogrammes : combien a-t-il reçu, sachant que le kilogramme vaut 0f,25?

1177. Un pensionnat est composé de 250 élèves qui paient chacun 450f; on y dépense par an 86687f,50 : quel est le bénéfice?

1178. Une marchande d'œufs a trois paniers qui en contiennent chacun 36 douzaines : que recevra-t-elle, si elle vend l'œuf 4 centimes?

1179. Un aubergiste a acheté 12 barriques de vin contenant chacune 240 litres : combien retirera-t-il, sachant qu'il veut vendre le litre 40 centimes?

1180. Un négociant reçoit 6 pièces de toile contenant chacune 65 mètres 45 centimètres : si le mètre lui revient à 7f,75, combien doit-il payer?

1181. Je dois une certaine somme : mais ne pouvant payer en argent, je donne 468 hectolitres de blé à 14 francs l'hectolitre : quelle est cette somme?

1182. Quelle est la surface d'une prairie qui a 147 mètres 25 centimètres de long, sur 110 mètres 80 centimètres de large?

1183. Un commis-voyageur reçoit annuellement 2120 francs : que lui restera-t-il, si sa dépense journalière est de 2 francs 35?

1184. Sept ouvriers ont fait chacun 725 mètres de toile à 7 décimes le mètre : que recevront-ils ensemble?

1185. Combien y a-t-il de litres de vin dans 12 tonneaux contenant chacun 8 barriques, sachant que la barrique contient 230 litres?

1186. Quelle est la dépense annuelle d'une manufacture qui brûle 450 fagots en un jour à 0f,50 le fagot?

1187. On a acheté 8 douzaines de boîtes de plumes, dans chacune desquelles il y a 144 plumes : quel sera le bénéfice, si l'on vend la plume 0f,012 millim. de plus qu'on ne l'a achetée?

1188. Un maître a 4 compagnons, le premier lui donne un bénéfice de 1f,25 par jour, le deuxième 1f, le troisième 0f,75 et le quatrième 0f,50 : quel sera son profit au bout de 40 jours de travail?

1189. Que doit payer un voyageur qui a fait 314 lieues de 4 kilomètres chacune, sachant qu'on lui prend 0f,125,mill. par kilomètre?

1190. Un cordonnier a fourni 176 paires de souliers : que recevra-t-il, s'il a vendu la paire 6f,50?

1191. Quelle est la superficie d'une forêt qui appartient à 12 propriétaires, s'ils en ont chacun 46 hectares 75 ares 12 centiares?

1192. Combien y a-t-il de mètres cubes de pierres dans un mur long de 215 mètres, haut de 5 mètres et épais de 0m,40?

1193. Dire combien 75 kilomètres 7 décamètres valent de mètres.

1194. Trouver les ares contenus dans 1752 hectares.

1195. Pour un mètre de drap on a payé 16f,30 : combien paiera-t-on pour 422 mètres 12 centimètres?

1196. Lorsqu'un pommier produit 23 décalitres de pommes, combien 452 en produiront-ils?

1197. Combien aurai-je de mètres de galon pour 15 francs, si l'on en donne 5 mètres pour 0f,10 c.?

1198. Si le centimètre cube d'eau distillée pèse un gramme, quel sera le poids de 2542 mètres cubes?

1199. A 9f,35 le décagramme, combien l'hectogramme? le kilogramme? le myriagramme?

1200. On donne 6 douzaines de cuillères à étamer : si l'on prend 0f,05 cent. par cuillère, combien paiera-t-on?

1201. Si l'on augmentait le revenu d'une personne de 257f, elle aurait 5f,75 à dépenser par jour : quel est son revenu?

1202. Un propriétaire a 4 vignes, la première donne 75 hectolitres 45 litres, la seconde 70 hectolitres 20 litres, la troisième 55 hectolitres 3 litres, la quatrième 40 hectolitres : combien recevra-t-il, s'il vend le litre 0f,40?

1203. On a acheté trois autels de marbre; le premier contient 3 mètres cubes 240 décimètres cubes et vaut 200f le mètre cube, le second contient 3 mètres cubes et vaut 175f le mètre cube, et le troisième contient 2 mètres cubes 252 décimètres cubes et vaut 152f le mètre cube : trouver la valeur totale de ces trois autels.

1204. Combien devra-t-on payer pour 4 charretées de bois, si les deux premières en contiennent 6 stères chacune et les deux autres 5 stères 6 décistères, sachant que le décistère vaut 65 centimes?

1205. Un entrepreneur a 52 ouvriers qu'il paie 3f,25 par jour; 25 qu'il paie 2f,30 et 15 qu'il paie 1f,20 : quelle somme faudra-t-il donner au bout de 22 jours, et quel sera son profit au bout du même temps, s'il gagne 20 centimes par jour sur chaque ouvrier?

Division.

1206. Combien y a-t-il de mètres dans 7829 décimètres?

1207. Combien y a-t-il de kilomètres dans 624 hectomètres?

1208. Trouver les myriagram. contenus dans 2347282 gram.

1209. Dire les hectogrammes contenus dans 43578 grammes.

1210. Combien y a-t-il d'hectares dans 148278 centiares?

1211. Combien y a-t-il d'ares dans 21457 centiares?

1212. Trouver les mètres carrés contenus dans 9873529 centimètres carrés.

1213. Combien y a-t-il de myriamètres carrés dans 1234567 hectomètres carrés ?

1214. Combien y a-t-il de mètres cubes dans 43578899000 de millimètres cubes ?

1215. Combien y a-t-il d'hectolitres dans 21227 litres ?

1216. Combien y a-t-il de stères dans 90312 décistères ?

1217. Combien auront 8 personnes qui ont à se partager 928 francs ?

1218. Douze élèves ont à se partager 540 bons points : combien chacun en aura-t-il ?

1219. Un marchand a acheté 120 mètres de drap pour 1440 f : à combien revient le mètre ?

1220. J'ai donné 360 francs pour 240 journées : à combien revient la journée ?

1221. Lorsque le mètre de ruban se vend 8 centimes, combien en aura-t-on de mètres pour 11f,84 centimes ?

1222. Un ouvrier reçoit 1f,75 par jour : dans combien de jours aura-t-il gagné 63 francs.

1223. Combien ai-je reçu de kilogrammes de sucre pour 228 francs, si j'ai payé le kilogramme 1f,50 ?

1224. J'ai payé 2480 francs en pièces de 20 francs : combien en ai-je donné ?

1225. Pour 12668f,60 on a reçu 2533 mètres 72 centimètres : à combien revient le mètre ?

1226. Combien aura-t-on de douzaines d'oranges pour 45f, à 5 centimes l'orange ?

1227. Un marchand de vin en a acheté pour 2623f,75 : combien en a-t-il reçu d'hectolitres, sachant que le litre lui revient à 35 centimes ?

1228. Un voyageur a fait 1680 kilomètres en 42 jours : combien a-t-il fait d'hectomètres par jour ?

1229. J'ai acheté une grosse de canifs pour 360 francs : à combien revient le canif ?

1230. Quatre ouvriers ont gagné ensemble 380f,80 centimes : combien auront-ils chacun ?

1231. On emploie 15 ouvriers pour défricher un terrain qui contient 186 hectares 4 ares 22 centiares : combien chacun en défrichera-t-il ?

1232. Combien aura-t-on de kilogrammes d'une marchandise pour 658f,75, à 1f,55 le kilogramme ?

1233. Un ouvrier a gagné 268f,80 pendant 8 mois, travaillant 24 jours chaque mois : combien gagnait-il par jour ?

1234. J'ai acheté 17 hectolitres 78 litres de vin pour 1066f,80 : combien ai-je payé le litre ?

1235. Je veux gagner 1425f sur 5 pièces de drap, contenant

chacune 250 mètres : combien dois-je vendre le mètre, sachant que je ne l'ai acheté que 13f ?

1236. On a partagé 291 kilog. 6 hectog. de pain entre 432 hommes : combien a-t-on donné à chacun ?

1237. Quel est le poids d'un baril d'huile, si 25 pèsent 3550 kilogrammes ?

1238. J'ai acheté 132 douzaines de crayons pour 237f,60 : à combien me revient le crayon ?

1239. On demande combien on a vendu de volumes, si l'on reçoit 155f,25, et que le volume vaille 2f,25 ?

1240. Un maquignon a acheté 15 chevaux pour 5625f : combien doit-il vendre le cheval, s'il veut gagner 525f ?

1241. Deux voyageurs ont à parcourir chacun 1748 kilomètres; le premier peut faire 46 kilomètres par jour, et le second 38 : combien le dernier doit-il partir de jours avant le premier pour qu'ils arrivent tous les deux en même temps ?

1242. Un négociant doit 4688f : combien doit-il donner de mètres de drap à 15f le mètre pour cette somme ?

1243. Combien faudra-t-il payer pour 19282 grammes de beurre, si le kilogramme vaut 1f,65 centimes ?

1244. Je veux partager 677000 centimes entre 250 pauvres : combien dois-je leur donner de fr. à chacun ?

1245. On a donné 852 mètres de drap à 14f le mètre pour payer 2982 mètres de toile : combien doit valoir le mètre de toile ?

1246. Un chapelier reçoit 4 caisses, contenant chacune 5 douzaines de chapeaux pour 2880f : combien a-t-il payé le chapeau, et combien le revendra-t-il, s'il veut gagner 254 francs ?

1247. Avec 652f de plus que ce que j'ai, je pourrais payer 81 hectolitres 42 litres de vin à 45 centimes le litre, et il me resterait 48f : dites ce que j'ai et combien je devrais vendre le litre, si je voulais gagner 407f,10 ?

1248. Un marchand de vin a acheté 3 pièces, contenant chacune 250 litres; la première coûte 175f, la seconde 150f et la troisième 100f : s'il mêlait ces vins et qu'il voulût gagner 82f, combien devrait-il vendre le litre, sachant qu'il a fait pour 18f de petits frais ?

1249. Un particulier jouissant d'un revenu annuel de 4744f,50, a économisé 29556f en 18 ans : combien dépensait-il par jour ?

1250. Pour 8 ballots de 45 pièces, contenant chacune 12 mouchoirs, on a payé 6552f, 210f pour le transport, 80f de droit, 24f d'emballage : quel sera le prix du mouchoir, si l'on veut gagner 0f,15 sur chacun ?

1251. Combien fera-t-on de douzaines de pointes avec 5 fils de fer longs de 16 mèt. 20 cent. chacun, si chaque pointe a 45 millimètres de longueur ?

1252. Un père veut partager 12588f entre ses quatre enfants, de manière que le cadet ait 2424f de moins que l'aîné, qui doit avoir 3496f : combien les deux autres auront-ils chacun, sachant qu'ils ont le reste à se partager?

1253. On veut partager 13f entre 73 pauvres : combien auront-ils chacun?

PROBLÈMES SUR LA MONNAIE DE FRANCE ET SUR LES MATIÈRES D'OR ET D'ARGENT.

1254. La loi exige que le franc en argent pèse 5 grammes. D'après cela, quel est le poids d'une pièce de 50 centimes, de 3 pièces de 2f et de 20 pièces de 25 centimes?

1255. La monnaie d'or a une valeur 15 fois et demie plus grande que celle d'argent, à poids égal. D'après cela, que pèsent 5 pièces de 20 francs et 2 pièces de 40f en or, sachant que 200f en argent pèsent 1 kilogramme?

1256. La loi tolère une erreur des $\frac{3}{1000}$ du poids, en plus et en moins, pour une pièce de 5f. D'après cela, trouver le poids le plus fort et ensuite le plus faible que peut avoir cette pièce.

1257. Quel est le poids le plus fort et le plus faible que peut avoir une pièce de 20 francs, sachant que la loi tolère les $\frac{2}{1000}$ de son poids, soit en plus ou en moins?

1258. Quelle est la valeur des $\frac{3}{1000}$ d'une pièce de 5 francs?

1259. Trouver la valeur de la tolérance d'une pièce de 20f ou sa $\frac{2}{1000}$ partie.

1260. Combien perd une pièce d'or de 40 francs qui ne pèse que 12 grammes 804 milligrammes?

1261. Lorsque 200 pièces de 5 francs ne pèsent que 4950 grammes, combien perdent-elles?

1262. Les monnaies d'or et d'argent renferment 9 dixièmes de métal pur, et un dixième d'alliage ; mais la loi tolère $\frac{2}{1000}$ d'erreur pour l'or et $\frac{3}{1000}$ pour l'argent. D'après cela, quel est le titre le plus bas que puisse avoir la monnaie d'or?

1263. Trouver la plus grande quantité d'or pur qui puisse entrer dans la monnaie d'or, c'est-à-dire son titre.

1264. Quel est le titre le plus bas que puisse avoir la monnaie d'argent, sachant que la loi tolère $\frac{3}{1000}$.

1265. Quel est le titre le plus élevé que puisse avoir la monnaie d'argent?

1266. Trouver la valeur de 5 kilogrammes d'argent monnayé, sachant que le franc pèse 5 grammes.

1267. Quelle est la valeur de 355 grammes d'argent monnayé?

1268. Trouver la valeur de la fortune d'un bourgeois qui dit avoir 15555 grammes d'argent monnayé.

1269. Trouver la valeur d'un kilogramme d'or monnayé, sachant que la pièce de 20 f pèse 6gram.,45161.

1270. Quelle est la valeur de 10 kilogrammes d'argent, au titre de la monnaie, mais non monnayé, le prix de la fabrication d'un kilogramme d'argent étant de 3 francs?

1271. Trouver la valeur de 2 kilogrammes d'or, au titre de la monnaie, mais non monnayé, sachant que la fabrication d'un kilogramme d'or est de 9 francs?

1272. Quelle est la valeur de 5 kilogrammes d'argent pur?

1273. Si le kilogramme d'argent pur se paie 218f,89 centimes, au change des monnaies, combien recevra-t-on pour 100 kilog.?

1274. Le kilogramme d'argent au titre de la monnaie se payant 197 au change des monnaies, combien recevra-t-on pour 10 kilogrammes?

1275. Le kilogramme d'or pur se payant 3434f,44 c., combien recevra-t-on pour 5 hectogrammes?

1276. Combien recevra-t-on pour 8 kilogrammes d'or, au titre de la monnaie, sachant que le kilogramme vaut 3091 f au change des monnaies?

1277. La monnaie de cuivre vaut 40 fois moins que celle d'argent, à poids égal. D'après cela, trouver la valeur de 50 kilog. de monnaie de cuivre.

1278. Combien y a-t-il d'argent pur dans 4 kilogrammes d'argent au premier titre, qui est de $\frac{950}{1000}$?

1279. Le second titre de l'argent étant de $\frac{8}{10}$ ou 0,80, combien 10 kilogrammes de vaisselle d'argent à ce titre contiennent-ils d'argent pur?

1280. Trouver l'or pur contenu dans 11 kilogrammes de matière d'or au premier titre, sachant qu'il est de 0,920.

1281. Combien y a-t-il d'or, au second titre, dans un vase de ce métal qui pèse 500 grammes, sachant que ce titre est 0,840?

1282. Le troisième titre de l'or est 0,750. D'après cela, trouver l'or pur contenu dans un bassin de ce métal qui pèse un kilogramme et demi.

1283. Quel sera le prix d'un instrument du poids de 2450 gr. d'argent, au change des monnaies, si le titre est 0,95, sachant

d'ailleurs qu'un kilogramme d'argent pur, au change, vaut
2f81,89?

1284. Quel sera le prix, au change des monnaies, de 10 gar-
nitures en argent, du poids de 3 kilogrammes et au deuxième
titre, c'est-à-dire à 0,800?

1285. On porte une tasse d'or au change des monnaies : quel
sera son prix, si elle pèse 540 grammes et que son titre soit 0,920,
sachant que le kilogramme d'or pur vaut 3434f,44 au change?

1286. Six chandeliers d'or pèsent 10 kilogrammes (au 2ᵉ titre) :
quelle sera leur valeur au change des monnaies, sachant que le
titre est 0,840?

1287. Quelqu'un porte une douzaine de couverts en or (3ᵉ titre)
au change des monnaies : combien doit-il recevoir, si chaque
couvert pèse 225 grammes, le titre énoncé étant 0,750?

1288. Le contrôle des ouvrages d'argent est d'un franc un décime par hectogramme. D'après cela, trouver le prix du contrôle
d'une croix d'argent pesant 58 hectogrammes.

1289. Le contrôle des ouvrages d'or étant de 22f par hectogramme, trouver le prix du contrôle d'un ostensoir qui pèse
1985 grammes.

1290. Trouver ce qu'il faut de cuivre avec un kilogramme
d'or pour obtenir de l'or monnayé au titre $\frac{900}{1000}$.

1291. Combien y a-t-il d'argent pur dans une somme qui
contient un hectogramme de cuivre au titre $\frac{900}{1000}$?

1292. Trouver ce qu'il entre de cuivre dans une somme de
20000f en argent.

1293. Combien entre-t-il d'argent en 200 francs?

1294. Quelle somme contient un sac d'argent du poids de
25kilogr.,25gram., le sac pesant 55 grammes?

1295. Quel est le poids d'une cloche qui pèse autant que 240000f
en argent?

1296. On transporte 20000f en cuivre : trouver le poids de ce
chargement, sachant que la pièce de 5 centimes pèse 10 grammes.

1297. Quelle longueur formeraient 1750 pièces de 2 francs
mises bord à bord, sachant que leur diamètre est de 27 millim.?

1298. Si l'on changeait 6 kilogrammes d'argent monnayé
avec des décimes en cuivre, quel poids en recevrait-on, sachant
que le décime pèse 20 grammes?

1299. On a payé la fortune d'un individu avec 8400 kilogram.
de centimes en cuivre : dire ce que cela vaut de francs, sachant
que le centime pèse 2 grammes.

1300. Un souverain offre 460 kilogrammes d'or monnayé à son
vainqueur, en le priant de se retirer : combien lui offre-t-il de
francs, sachant que 20f en or pèsent 6gram,45161?

1301. Une somme en or pèse 15 fois $\frac{1}{2}$ moins qu'en argent : quel serait donc le poids d'une somme d'argent de 31 kilogr., si elle était payée en or?

1302. Une somme en or pèse 620 fois moins qu'en cuivre. D'après cela, dire le poids d'une somme de 4 kilogrammes d'or en cuivre.

1303. Une somme en cuivre pèse 620 fois plus qu'en or : quel serait donc le poids d'une somme de 1240 kilogrammes en cuivre, si elle était payée en or?

1304. Une somme en argent pèse 40 fois moins qu'en cuivre. Cela posé, quel serait le poids d'une somme pesant 5 kilog. d'argent, si on la payait en cuivre?

1305. Une somme en cuivre pèse 40 fois plus qu'en argent. D'après cela, dire ce que pèserait un kilogramme d'argent monnayé, s'il était payé en cuivre.

1306. Une somme en or pèse 620 fois moins qu'en cuivre. D'après cela, quel serait le poids d'une somme de 20 kilog. en cuivre, si elle était changée en or?

1307. Le diamètre d'une pièce de 5 francs est de 37 millim. : quelle sera donc la longueur de 10000 pièces placées bord à bord et sur une même ligne.

1308. La pièce de 5 francs ayant 37 millimètres de diamètre, dire ce qu'il en faudrait, sur une même ligne, pour faire un mètre de longueur.

1309. La pièce de 40 francs ayant 26 millimètres de diamètre, dire ce qu'il en faudrait, sur une même ligne, pour faire la longueur d'un décamètre.

1310. La pièce de 20 francs ayant un diamètre de 21 millim., dire ce qu'il en faudrait, sur une même ligne, pour faire une longueur de 21 mètres.

1311. La pièce de 2 francs ayant un diamètre de 27 millim., trouver ce qu'il en faudrait, sur une même ligne, pour former une longueur de 27 mètres.

1312. La pièce d'un franc ayant un diamètre de 23 millim., trouver combien il en faudrait, sur une même ligne droite, pour former une longueur de 2 mètres 50 centimètres.

1313. La pièce de 50 centimes ayant un diamètre de 18 millimètres, dire ce qu'il en faudrait, bord à bord, pour former une longueur de 180 mètres.

1314. Combien faudrait-il de pièces de 25 centimes, placées sur une même ligne, pour former une longueur de 15 mètres, sachant que le diamètre de cette pièce est de 15 millimètres?

1315. On vend un hectare de prairie, de forme rectangulaire, dont les petits côtés sont de 40 mètres de longueur : dire le prix de ce terrain, sachant que l'acquéreur le paie avec une file de pièces de 5 francs placées bord à bord de la longueur d'un des grands côtés ? (Le diamètre de la pièce de 5 francs est de 37 millimètres.)

1316. Une marchande fruitière couvre sa table, qui est d'un mètre de longueur et six décimètres de largeur, avec des pièces en argent de 1f placées bord à bord, et 10 l'une sur l'autre : quelle est sa petite fortune, sachant que le diamètre de ces pièces est de 23 millimètres ?

PROBLÈMES SUR LES MONNAIES ÉTRANGÈRES.

(Les pièces d'or sont au-dessus de 7 fr. et celles d'argent au-dessous.)

1317. Trouver la valeur de 100 ducats de Hollande, sachant que cette pièce d'or vaut 11f,93 centimes.

1318. Trouver la valeur de 1000 florins de Hollande, sachant que cette pièce d'argent vaut 2 francs 16 centimes.

1319. Quelle est la valeur de 10000 pistoles d'Espagne, cette pièce d'or valant 81f,51 centimes ?

1320. Trouver la valeur de 10 piastres d'Espagne, sachant que cette pièce d'argent vaut 5f,434.

1321. Le réal est un cinquième de la piastre. D'après cela, dire ce qu'il en faut pour valoir 1000f de notre monnaie.

1322. Exprimer en francs une somme formée de 20 guinées, 30 souverains, 50 couronnes et de 80 schillings nouveaux, sachant que la première de ces pièces anglaises vaut 26f,47, la seconde 25f,21, la troisième 5f,81 et la quatrième 1f,16 centimes.

1323. Trouver la valeur de 100 carlins en or, sachant que cette pièce de Savoie vaut 150 francs de notre monnaie.

1324. La pistole de Savoie et du Piémont est de 20f, et le sequin de 11f,95. D'après cela, combien 100 pistoles et 10 sequins font-ils de francs ?

1325. Trouver la valeur de 11230 francs en florins de Hollande, le change étant de 54 florins et demi pour 120 francs.

1326. Quelle est la valeur de 6248f en livres sterlings ou souverains de Londres, le change étant de 25f,20 centimes pour une livre sterling ?

1327. Convertir 20000f en florins de Vienne, le change étant à 254f,45 pour 100 florins.

1328. Quelqu'un étant à St-Pétersbourg avec 30000f, combien recevra-t-il de roubles pour cette somme, le change étant à 1f,40 pour un rouble ?

1329. La risdale d'Autriche vaut 5f,19 centimes. D'après cela, trouver la valeur de 100 risdales.

1330. Quelle est la valeur de 20 florins de Bade en France, sachant que le florin vaut 6f,35 cent. ?

1331. La couronne de Bavière vaut 5f,72 cent. : combien faudrait-il de nos pièces de 5f pour valoir 1000 couronnes.

1332. La risdale ou double écu de Danemarck vaut 5f,66 cent. D'après cela, trouver la valeur de 50 de ces pièces en francs.

1333. La piastre d'Espagne étant de 5f,43 centimes, combien en faudrait-il pour valoir 100 pièces de 5 francs ?

1334. L'écu de 100 bayoques de Rome est de 5f,41 cent. D'après cela, trouver ce qu'il en faudrait pour valoir 250f.

1335. Combien faudrait-il de dollars pour valoir 95 pièces de 5 francs, sachant que cette pièce des Etats-Unis vaut 5f,42 cent. ?

1336. La roupie du Mogol vaut 2f,42 centimes. D'après cela, dire ce qu'il en faut pour valoir 2000 francs.

1337. Combien faut-il de carlins de Naples pour valoir 60 pièces de 5 francs, sachant que le carlin vaut 0f,425 millièmes ?

1338. Quelle est la valeur de 1000 ducats de Parme, sachant qu'un ducat vaut 5 francs 18 cent. ?

1339. L'abassi de Perse vaut 97 centimes : trouver ce qu'il faut d'abassis pour valoir 50 pièces de 40f.

1340. Les 1000 reis de Portugal valent 6f,12 centimes. D'après cela, dire ce qu'il en faut pour valoir 195 pièces de 20f.

1341. Combien faut-il de silbergros de Prusse pour valoir 544640 décimes, sachant que 100 silbergros valent 11 francs ?

1342. L'écu de Sardaigne étant de 4f,70 centimes, combien en faudrait-il pour payer une dette de 20 mille francs ?

1343. Le rouble de Russie est de 4f, l'écu neuf de Savoie et de Piémont de 5 francs, et le franken de Suisse d'un franc 50 cent. D'après cela, combien faudrait-il que chacune de ces puissances donnât de ses pièces pour qu'elles contribuassent également à une dépense d'un million cinquante mille francs ?

1344. Combien y a-t-il de florins de Saxe dans une somme de 3200 francs, sachant que cette pièce de monnaie vaut 2f,5975 ?

1345. Un marchand de Toscane donne 3000 paolis pour acquitter une dette : combien cela fait-il de francs, sachant que cette pièce vaut 0f,561 millièmes ?

1346. Un Suédois est possesseur de 85000 risdales : dire la valeur de cette somme en francs, sachant que la risdale vaut 5f,7573.

1347. Un marchand de Raguse prend pour 3000 ragusines de marchandise dans son pays, il reçoit 9100f de cette marchandise en France : quel est son gain, sachant que la ragusine vaut 1f,95 cent. ?

1348. Un Espagnol reçoit chaque année 369 piastres de son pays : combien a-t-il à dépenser par jour, sachant que la piastre vaut 5f,43 centimes ?

PROBLÈMES SUR LES MESURES ÉTRANGÈRES.

1349. Le degré de latitude se divise en 54 milles de Portugal, et le mille en 8 stades : trouver leurs valeurs en mètres, sachant que 90 degrés valent dix millions de mètres.

1350. Le pied espagnol vaut 282millim.,6 ; la vare est de 3 pieds, le pas de 5 pieds, la brasse de 6 pieds, l'estadal de 11 pieds : trouver leurs valeurs en mètres.

1351. Le cantare espagnol est de 16 litres ; cette mesure se divise en 8 acumbres, et 16 cantares font un muids : quelles sont les valeurs de ces mesures en litres ?

1352. Le mille anglais est de 5280 pieds et se divise en 8 furlongs, chacun de 40 poles : les convertir en mètres, sachant que le pied anglais est de 12 pouces et qu'un mètre vaut 39 pouces anglais 37079.

1353. Le gallon anglais contient 10 livres anglaises (poids) d'eau pure et vaut 4 litres 543. Il se divise en 4 quarts et en 8 pintes ; 2 gallons font un peck, et 8 un bushel ; 3 bushels font un sack, et 8 un quartier ; enfin, 12 sacks font un chaldron : réduire ces mesures en litres.

1354. Le pied de Suède vaut 296millim.,9 ; il se divise en 10 pouces et en 100 lignes ; 2 pieds font un elle, 6 pieds une faörn, et 16 pieds une ruthe : réduire en mètres ces diverses mesures.

1355. Il faut 2 doigts russes pour un verschock russe, et 16 pour un pied, 24 pour une coudée, 82 pour une arschine, et 96 pour une sagène. Le verst est de 500 sagènes : réduire ces mesures en mètres, sachant que l'arschine est de 718 millim.

1356. Le pied dit du Rhin vaut 313millim.,85, et se divise en 12 pouces ; la toise est de 6 pieds, et la perche de 12 pieds : dites leurs valeurs en mètres.

PROBLÈMES SUR LA RÈGLE DES ÉPOQUES POUR LES PAIEMENTS.

1357. Un métayer doit payer sa ferme en deux paiements ; le premier, qui est de 600f, doit être fait après 3 mois de jouissance ; le second, qui est de 1200f, doit être fait à la fin de l'année : si cet homme ne faisait qu'un paiement, quand faudrait-il qu'il le fît pour qu'il y eût compensation ?

1358. On doit 40f payables en 6 mois, 80f qui le sont en 9 mois et 100f qu'on ne doit payer qu'en 15 mois : trouver le terme moyen, si l'on ne fait qu'un seul paiement.

1359. On prend pour 3000 f de bois à 9 mois de crédit, pour 4800 f à 14 mois, pour 7000 f à 18 mois et pour 9000 f qu'on ne doit payer qu'en 2 ans : trouver l'époque à laquelle il y aurait compensation d'intérêt, si l'on ne faisait qu'un seul paiement.

1360. Un économe emprunte 650 f pour 9 mois, 940 f pour 15 mois, 2400 f pour 18 mois, 3600 f pour 21 mois et 8220 f pour 13 mois ; mais, effrayé des intérêts qu'il lui faut payer, il se résout à tout payer dans un terme, qu'il s'agit de trouver.

1361. On convient de livrer 90 hectolitres de blé à la Toussaint, 120 hectolitres le premier jour de l'an et 200 hectolitres le premier mai ; mais le boulanger désire recevoir le tout à une seule époque : quand faudrait-il faire cette livraison, sachant que le blé est d'un fr. 50 cent. le décalitre ?

1362. On doit 75 f payables en trois sommes égales et à trois époques éloignées de 5 ans l'une de l'autre : si l'on voulait ne faire qu'un seul paiement, quand devrait-il se faire, sachant que le premier terme doit être payé comptant ?

1363. Une nation s'engage à payer 1000000 de fr. de tribut annuel à son vainqueur pendant 9 ans : si elle s'acquittait dans un seul paiement, quand devrait-il se faire pour qu'il y eût compensation d'intérêt ?

1364. Un négociant a trois billets à acquitter, l'un de 3000 f payable en 9 mois, l'autre de 1500 f payable en 18 mois, enfin le troisième de 2000 f payable dans un an : s'il ne veut faire qu'un seul paiement, à quelle époque doit-il le faire ?

1365. Un charpentier achète pour 1200 f de bois qu'il promet de payer comme il suit, savoir : 200 f en 3 mois, 300 f en 5 mois, 500 f en 10 mois et le reste en un an : s'il ne faisait qu'un seul paiement, à quelle époque faudrait-il qu'il se fît pour compenser les intérêts ?

1366. Un propriétaire doit 45000 f pour des constructions qu'il a fait faire : il doit en payer le $\frac{1}{4}$ en 6 mois, le $\frac{1}{3}$ en un an, le $\frac{1}{6}$ en 8 mois, et le reste en deux ans : s'il ne veut faire qu'un paiement, à quelle époque doit-il le faire pour qu'il y ait compensation d'intérêt ?

1367. On livre pour 2520 f de marchandise à un an de crédit ; mais, ayant besoin d'argent au bout de 6 mois, on reçoit 1260 f d'avance : à quelle époque l'acheteur doit-il compter le reste de la somme, pour qu'il y ait compensation d'intérêt ?

1368. La Paresse devait 63000 f à l'Activité, cette dernière reçoit 60000 f 9 mois avant l'échéance : à quelle époque la Paresse devra-t-elle finir son paiement, sachant que son crédit était de 10 ans ?

1369. Un officier payeur avance 600 f de ses propres deniers le premier jour de l'an ; le premier juillet il avance encore 900 f ;

combien de temps pourra-t-il retenir une somme de 3000 f qu'il reçoit à la Toussaint, et qu'il devait toucher à l'époque de sa première avance?

1370. On devait une somme de 90000 f payable dans un an; on en a payé une partie après 9 mois et le reste au bout de 18 mois; de cette manière les intérêts ont été compensés : de combien était chaque paiement?

1371. Toussaint prend de la marchandise pour 90000 f à un an de crédit : s'il avance 67500 f au bout de 9 mois, à quelle époque devra-t-il payer le reste?

1372. Je devais 4800 f à Georges; je lui ai payé le $\frac{1}{4}$ de cette somme 15 mois avant l'échéance et le $\frac{1}{6}$ 6 mois plus tard : à quelle époque faudra-t-il lui payer le reste, sachant que le crédit était de deux ans?

1373. Un rentier doit recevoir 15000 f d'aujourd'hui en 14 mois : s'il touchait la moitié de cette somme en 5 mois d'ici, à quelle époque devrait-on lui payer le reste, pour compenser les intérêts?

PROBLÈMES SUR LES PROGRESSIONS ARITHMÉTIQUES.

1374. Un voyageur a 201 myriamètres à parcourir : combien recevra-t-il pour le dernier, sachant qu'on lui donne cinq centimes pour le premier, 15 pour le deuxième, 25 pour le troisième, et qu'on augmente de 10 centimes par myriamètre jusqu'au dernier?

1375. Que recevra un voyageur qui a 201 myriamètres à parcourir, sachant qu'il reçoit 0,05 pour le premier et 20 f,05 pour le dernier?

1376. On dit que l'escalier qui conduisait au sommet de la tour de Babylone avait 1000 marches, de 20 centimètres d'élévation chacune, et une de 15 centimètres (c'était la première) : trouver la hauteur de cet édifice.

1377. On veut effectuer 15 paiements, le dernier est 330 f, la raison arithmétique est 20 f : trouver le premier paiement.

PROBLÈMES SUR LES PROGRESSIONS GÉOMÉTRIQUES.

1378. Un habile joueur en invite un autre à faire une partie de 5 centimes et il la perd, il en joue une seconde de 20 centimes qu'il perd encore, et une troisième de 80 centimes qu'il perd

aussi ; enfin, il en perd 18 en quadruplant toujours sa perte :
que doit-il donner pour la 18ᵉ partie ?

1379. Calculez la somme de tous les termes d'une progression
géométrique croissante, dont le premier terme est 5 centimes,
le nombre des termes 18, le dernier terme 8589934f,592, et la
raison 4.

1380. Un ingénieur entreprend 6 kilomètres de route, à condition qu'on lui donne 2f pour le premier kilomètre, et qu'on
quadruple le prix à chaque kilomètre : combien recevra-t-il pour
cette entreprise ?

1381. Soit proposé d'insérer 8 moyens géométriques entre 6
et 118098, c'est-à-dire de trouver la raison.

1382. Bertrand a triplé sa fortune pendant 12 années consé-
cutives, à la fin desquelles il se trouve possesseur de 4251528f :
avec combien l'a-t-il commencée ?

PROBLÈMES SUR LES CYCLES, LA GÉOGRAPHIE ET
L'ASTRONOMIE.

1383. Quel sera le nombre d'années du cycle solaire en 1848 ?

1384. Combien s'est-il écoulé de cycles solaires depuis la naissance de Notre-Seigneur jusqu'à 1848 ?

1385. Trouver le nombre des cycles solaires qui se seront
écoulés en l'an 2000 de l'ère chrétienne.

1386. Quel sera le cycle solaire de l'an 2000 de l'ère chrétienne ?

1387. Quel sera le nombre d'or en 1860 ?

1388. Combien se sera-t-il écoulé de cycles d'or en 1860 ?

1389. Quel a été le nombre d'or de 1845 ?

1390. Lorsque l'on veut trouver l'épacte d'une année, il faut
retrancher 1 du nombre d'or de cette année, multiplier le reste
par 11 et diviser le produit par 30, le reste donnera l'épacte :
d'après cela, trouver l'épacte de 1850.

1391. Trouver l'épacte de 1847, sachant qu'elle était 22 en 1845.

1892. Quelle sera l'épacte de 1850 ?

1393. Quelle sera l'épacte de 1860 ?

1394. Trouver l'âge de la lune le 31 décembre 1849.

1395. Trouver l'âge de la lune pour le 12 avril 1860.

1396. Les jours croissent de 12 heures depuis l'équateur, où
ils sont de 12 heures seulement, jusqu'aux cercles polaires, où
ils sont de 24 heures ; ce qui fait 24 climats d'heures de chaque
côté de l'équateur, autant qu'il y a de demi-heures en 12 heures.
D'après cela, trouver le plus long jour du 12ᵉ climat.

1397. Trouver le plus long jour du 16ᵉ climat.

1398. Trouver le plus long jour du 8e climat.

1399. Trouver le plus long jour du 13e climat.

1400. Le plus long jour d'un pays est de 14 heures : trouver son climat.

1401. Dans le golfe de Breide on a des jours de 23 heures : en quel climat se trouve-t-il ?

1402. La terre tournant sur son axe en 24 heures, il passe 15 degrés de longitude devant le soleil en une heure. D'après cela, quelle heure est-il au 60e degré Est, méridien de Paris, lorsqu'il est midi à cette ville ?

1403. Canton est au 111e longitude Est, et Florence au 9e Est aussi : trouver la différence du midi de ces deux villes.

1404. Madrid se trouve au 6e longitude Ouest : quelle heure est-il à cette ville lorsqu'il est minuit à Stuttgard, situé par le 7e longitude Est ?

1405. Quelle heure est-il au méridien de Paris lorsqu'il est dix heures du matin au méridien de l'Ile-de-Fer ?

1406. Si le premier méridien était celui de Chandernagor, qui se trouve au 86e Est, quelle serait la longitude de Paris ?

1407. Une frégate, sortant de Cherbourg, est battue par un gros temps pendant 28 jours ; le calme étant revenu, on trouve que l'étoile polaire n'a que 12 degrés d'élévation, et que le garde-temps marque 4 heures du soir, lorsque le soleil passe au méridien du lieu où se trouve l'équipage : trouver la longitude et la latitude de ce lieu, sachant que la polaire marque la latitude, et que la longitude de Cherbourg est 4e Ouest.

1408. Le degré de latitude vaut 111 kilomètres 444 mètres : d'après cela, trouver la valeur d'une minute de degré.

1409. Un voyageur se trouve au 34e de latitude Sud : à combien de kilomètres est-il de son pays, qui est situé au 51e Nord et sous le même méridien ?

1410. Une comète, nommée Holley, paraît tous les 75 ans et demi ; elle a paru en 1835 : en quelle année reparaîtra-t-elle ?

1411. La comète à courte période parcourt son orbe en 3 ans et 130 jours : combien fait-elle de révolutions dans un siècle ?

1412. Un voyageur a parcouru les $\frac{2}{7}$ de 8958 kilomètres, qu'il avait à faire : dire combien il lui en reste encore à parcourir.

1413. Quatre puissances ont à se partager un royaume contenant 72828 kilomètres carrés, la 1re doit en avoir les $\frac{2}{3}$, la 3^e $\frac{2}{3}$ et la 4e le reste : quelle sera la part de cha-cune ?

1414. Une locomotive a fait 6745 kilomètres $\frac{3}{4}$ en 182 heures : combien a-t-elle fait de kilomètres dans une heure ?

1415. Un voyageur a fait la $\frac{1}{2}$ et le $\frac{1}{3}$ de sa rente. Il lui reste encore 9380 mètres à parcourir : trouver la longueur de son voyage.

1416. Lorsqu'on a donné des noms aux signes du zodiaque, le soleil paraissait au premier degré du bélier à l'équinoxe du printemps; en 1845, il entre au premier des poissons au même équinoxe : combien y a-t-il de temps que les signes ont été nommés, sachant que le soleil paraît rétrograder d'un degré en 72 ans?

1417. Le soleil semblant rétrograder d'un degré en 72 ans, combien sera-t-il d'années à parcourir l'écliptique?

1418. Mercure fait sa révolution autour du soleil en 88 jours : trouver les degrés et minutes que parcourt cette planète en un jour.

1419. La distance moyenne du soleil à la terre étant de 153000000 de kilomètres, combien faudrait-il de temps à un boulet de canon qui conserverait une vitesse de 400 mètres par seconde pour se rendre à cet astre?

1420. La terre employant 365 jours 5 heures 49 minutes à faire sa révolution autour du soleil, trouver le nombre de mètres qu'elle parcourt en ce laps de temps, sachant que sa vitesse par minute est de 1844444 mètres 26 centimètres.

1421. Vénus fait sa révolution en 124 jours 17 heures : combien parcourt-elle de secondes de degré en un jour?

1422. Le volume de Mercure est $\frac{4}{16}$ de celui de la terre; celui de Vénus les $\frac{9}{10}$, et celui de Mars $\frac{1}{6}$: faire la somme de ces trois volumes.

1423. On a reconnu, par le déplacement et le retour périodique des taches qui sont à la surface du soleil, qu'il tourne sur lui-même en 25 jours $\frac{1}{2}$: trouver le nombre de tours qu'il fait en 365 jours $\frac{1}{4}$.

1424. Lorsqu'un brick parcourt 300 degrés de latitude en 475 jours $\frac{3}{4}$, combien met-il de temps, à une seconde près, à parcourir un degré?

1425. La lune est $\frac{1}{49}$ de la terre; Mars égale $\frac{1}{3}$ de notre globe : trouver ce qu'il faudrait de volumes semblables à ceux de Mars et de la lune réunis pour égaler le volume du soleil, qui est 1328000 fois plus gros que celui de la terre.

1426. L'hémisphère boréal contient à lui seul les $\frac{4}{5}$ des terres dont les $\frac{8}{10000}$ sont alternativement couverts et découverts : trouver ce qu'il y a de terre parfaitement découverte dans l'hémisphère austral, s'il subit les mêmes variations que le boréal.

1427. Le plus haut sommet de l'Himalaya a 9 kilomètres d'élévation au-dessus du niveau de la mer; chaque pôle est aplati de $\frac{1}{309}$ de l'axe de la terre, qui est de 12733 kilomètres : combien s'en faudrait-il que ce sommet ne comblât l'aplatissement de l'un des pôles, s'il ne s'agissait que d'élévation ?

1428. Quelqu'un ayant fait 20 kilomètres $\frac{2}{3}$ dans un jour, désire savoir ce qu'il lui faudrait de temps pour faire 1440 kilomètres.

1429. On dit que la surface du globe terrestre est de 26000000 de lieues carrées : réduire ce nombre en mètres carrés, sachant que la lieue est de 4444 mètres $\frac{4}{9}$ de longueur.

1430. On dit que le volume de la terre égale 12400000000 de lieues cubes : combien cela fait-il de mètres cubes, sachant qu'il y a 4444 mètres linéaires $\frac{4}{9}$ dans une lieue de 25 au degré ?

1431. Si notre planète perdait un millimètre cube chaque année, combien serait-elle de temps à s'anéantir entièrement ?

1432. La distance de Paris à Amiens est d'un degré ou 111108 mètres $\frac{4}{9}$: combien faudrait-il de temps à une tortue pour parcourir ce chemin, supposé que cet animal ne fît que 100 mètres $\frac{1}{7}$ par jour, et qu'il dormît pendant la moitié de l'année ?

1433. Le printemps et l'été durent 185 jours $\frac{1309}{1440}$: trouver ce qu'il reste pour l'automne et l'hiver, sachant que l'année est de 365 jours 6 heures.

1434. Du centre de la terre au centre de la lune on compte 60 rayons $\frac{1}{4}$ de la terre, en prenant 6355396 mètres pour le rayon moyen de la terre : quelle est en mètres la distance moyenne de la lune à la terre ?

1435. La terre contenant 1057008857564 kilomètres cubes, quelle serait la longueur d'un de ses côtés, si sa forme était un cube parfait ?

PROBLÈMES DIVERS.

1436. On distribue 6 hectogrammes de tabac à 16 personnes : trouver la part de chacune ?

1437. On désire faire deux parts égales de deux paniers

d'œufs, qui en contiennent, l'un 7 douzaines et l'autre 13 douzaines : trouver le nombre d'œufs de l'une des parts.

1438. Huit personnes s'associent pour une bonne œuvre à laquelle elles emploient 6930 francs, la première et la huitième fournissent le $\frac{1}{3}$ de la somme : que reste-t-il à payer à chacune des autres?

1439. On achète 10 sacs de blé dont le premier est le double du second, et tous les autres sont égaux : dire ce que chaque sac contient de doubles décalitres, sachant qu'ils en contiennent 95 en tout.

1440. On a vendu 9 hectolitres de blé à raison de 3 f le double décalitre : quel profit a-t-on fait, si le tout coûtait 105 f?

1441. Quelle somme faudrait-il pour payer 400 fagots à 40 centimes pièce?

1442. Un fermier doit 690 francs à son maître, il lui mène 2400 litres de blé de 3 francs le double décalitre et 800 fagots de 50 centimes pièce : trouver celui qui est redevable et de combien.

1443. On achète 6 rames de papier que l'on vend 60 centimes la main, de cette manière on gagne 18 francs : trouver le prix d'une rame.

1444. Louis I a gouverné la France depuis 814 jusqu'en 840, Louis II monta sur le trône en 877 : combien a régné Charles I, qui se trouvait entre ces deux empereurs?

1445. Louis XIII et Louis XIV ont gouverné la France pendant 95 ans. Henri IV, leur prédécesseur, est mort en 1610 : en quels siècles ont régné ces deux rois?

1446. Henri I monta sur le trône de France en 1031, Napoléon fut reconnu empereur en 1804 : d'après cela, dire le nombre de souverains qui ont gouverné la monarchie entre ces deux époques, supposé qu'en chaque siècle il y ait eu 4 souverains, et que les deux bouts de siècle en valent un.

1447. Louis XII a régné pendant le $\frac{1}{40}$ du 15ᵉ siècle et les $\frac{7}{50}$ du 16ᵉ : dire le nombre d'années de son règne.

1448. Le monde ayant été créé 4004 ans avant la naissance de Notre-Seigneur, selon la Vulgate, en quelle année de la création Louis IX monta-t-il sur le trône de France, sachant qu'il y monta la 26ᵉ année du 13ᵉ siècle?

1449. D'après les Septante, Notre-Seigneur est né l'an 5200 de la création du monde : cela posé, en quelle année de cette date Charlemagne a-t-il pris les rênes du gouvernement français, sachant qu'il fut couronné en la 68ᵉ année du 8ᵉ siècle?

1450. La Chronologie moderne place la naissance de N.-S. 4963 ans après la création. Clovis I fut élu roi de France la 81ᵉ année du 5ᵉ siècle : quelle est donc l'année de cette nouvelle date qui correspond au couronnement de Clovis?

1451. Trouver la longueur des murs de clôture d'un jardin parfaitement carré qui contient 81 ares.

1452. Trouver la longueur du côté d'un carré dont la surface est de 9 hectares.

1453. Si l'on reçoit 25 francs tous les 15 jours, quels sont les honoraires annuels ?

1454. Lorsque 6 personnes sont 54 jours à faire un ouvrage, combien 27 personnes doivent-elles y employer de jours ?

1455. Combien faut-il de temps pour faire un ouvrage dont on fait les $\frac{4}{5}$ en trois jours ?

1457. Combien en coûtera-t-il pour faire creuser un myriamètre de canal de 8 mètres de profondeur, dont la largeur supérieure est de 12 mètres et l'inférieure de 10 mètres, sachant que l'ingénieur demande 1 f par mètre cube ?

1458. Trouver la longueur d'un caveau dont la largeur et la profondeur sont de 4 mètres, et qui peut contenir 2048 mètres cubes.

1459. Un écolier prête 5 francs 25 centimes à un condisciple ; dix ans après ils se trouvent dans le même régiment, où l'écolier redevable s'acquitte en payant les intérêts à 5 pour % par an : combien doit-il donner ?

1460. Une montre avance d'une tierce par minute : de combien avance-t-elle en 24 heures ?

1461. Une roue qui a 96 dents engrène dans une roue de 8 dents : trouver le nombre de tours que fera la dernière roue, pendant que la première en fera cent.

1462. Un aubergiste met 9 kilogrammes 5 hectogrammes d'eau pure dans 230 litres de vin : quelle quantité de litres obtient-il ?

1463. Un bassin contient 216000 litres : trouver la longueur d'un de ces côtés, sachant qu'il est parfaitement carré, et que sa profondeur égale la longueur d'un de ses côtés.

1464. Quel est le nombre qui devient 5064 lorsqu'il est multiplié par 6 ?

1465. Trouver le triple carré de 27.

1466. Quelqu'un dit que si son âge était multiplié par sa moitié, le produit serait 3200 : quel est son âge ?

1467. Quelle est la 16e puissance de 2 ?

1468. Si l'on a 3600 choux à planter dans un terrain carré, quel sera le nombre des rangs et le nombre des choux que contiendra chaque rang ?

1469. On récolte 9200 bottes de foin de 5 kilogrammes dans une prairie : quelle est sa superficie, sachant que chaque mètre carré produit 9 hectogrammes de foin ?

1470. Une vigne carrée contient 4000 ceps qui sont plantés à 5 décimètres de distance : trouver la superficie de cette vigne.

1471. Les $\frac{2}{3}$ de la fortune d'un rentier placés à 5 pour °/₀ lui rapportent 2000 francs : de combien est-il riche ?

1472. Quelqu'un devait 2600 f payables dans 2 ans ; mais, sachant qu'on lui remettra 6 pour °/₀ par an, il paie à la fin d'une année : combien doit-il donner ?

1473. On a 5 hectolitres de vin pour 200 f : quel sera donc le prix de 400000 décilitres de même qualité ?

1474. Quelle est l'épaisseur totale d'une glace flottante présentant une épaisseur de 4 centimètres au-dessus de la surface de l'eau, sachant que l'eau, en gelant, augmente son volume d'un $\frac{1}{15}$?

1475. Quelle dépense fera-t-on pour tapisser un appartement de 200 mètres carrés ? La tapisserie est de 50 centimètres de laize et coûte 4 décimes le mètre de longueur.

1476. On assure le transport de trois bateaux à raison de 2 f p °/₀ sur le chargement du premier, estimé 54000 f, de 3 f p °/₀ sur celui du second, estimé 60000 f, et 4 p °/₀ sur celui du troisième, estimé 70000 f. Les trois bateaux éprouvent une avarie de chacun 1000 f : faites le compte entre les deux parties intéressées.

1477. Deux négociants, dont l'un a mis 15000 f et l'autre 12000 f, éprouvent une perte de 4800 f, qu'il s'agit de répartir entre eux.

1478. Deux ouvriers ont gagné 240 f, le premier a travaillé dix jours et l'autre n'a travaillé que 7 jours : combien ce dernier doit-il recevoir ?

1479. Partager une succession de 20000 f en 3 lots, de manière que les parts soient dans le rapport des nombres 4, 5 et 10.

1480. Couper une ligne de 2 mètres 50 centimètres en trois parties, qui soient entre elles comme les nombres 25, 10 et 5.

1481. On a payé une caisse de marchandise, du poids de 90 kilogrammes, à raison de 2 f 40 cent. le kilog. L'emballage seul pèse 9 kilog. : à combien revient le kilog. de marchandise, et combien doit-on le revendre, si l'on veut gagner 12 f pour cent ?

1482. Un cheval rétif passe de main en main, le premier acquéreur le paie 100 f, le second rabat 6 f par °/₀, le troisième 5 f par °/₀, le quatrième 3 f par °/₀, le cinquième 1 f par °/₀ : trouver les sommes payées par chaque acquéreur.

1483. De Toulouse à Bougie il y a 7 degrés 5 minutes de latitude : combien faut-il de temps pour faire ce trajet, si le passager fait un kilomètre par minute, sachant d'ailleurs que le quart du méridien égale 10000000 de mètres ?

1484. Trouver le nombre de décistères que contient une poutre de 8 mètres de longueur, et dont l'équarrissage est 6 sur 4 décimètres.

1485. On met 1061208 dés d'un centimètre cube dans une boîte dont les côtés sont égaux : combien s'en trouve-t-il l'un sur l'autre?

1486. Un voyageur doit faire 90 kilomètres en 12 heures $\frac{3}{4}$: combien a-t-il de mètres à faire par minute?

1487. Quelqu'un ayant vendu une jument 625 f, offre le poulain de cette bête pour la racine carrée du prix de sa mère : trouver le prix de cet animal?

1488. Trois héritiers ont à se partager les $\frac{9}{54}$ d'une succession de 18000 f : quelle sera la part de chacun?

1489. Un capitaine se trouvant en danger de faire naufrage, voue les $\frac{19}{361}$ de sa cargaison aux pauvres; arrivé à bon port, il s'en présente 38 : combien recevra chaque pauvre, si la valeur de la cargaison est de 36000 f?

1490. Une coupe de bois revient à 50 centimes le décistère : quel sera le profit de l'acquéreur, s'il revend son bois 5 francs le mètre cube, et qu'il y ait 300 pieds de 8 mètres de longueur et dont l'équarrissage soit de 5 décimètres?

1491. Dans l'Asie-Mineure il se trouvait une tour de 200 mètres d'élévation : supposons que son diamètre extérieur ait été de 21 mètres et les murs de 1 met. 68 d'épaisseur jusqu'à la hauteur indiquée, combien l'ingénieur dût-il recevoir pour la maçonnerie de cet édifice, s'il touchait 20 francs par mètre cube?

1492. Trois pièces de terre contiennent chacune 95 ares, mais coûtent des prix différents : l'une est de 60 f l'are, l'autre de 90 f et la troisième de 95 f l'are : si l'on veut gagner 240 f dessus en les revendant ensemble, combien faudra-t-il vendre l'are?

1493. Quatre pièces de vin coûtent les prix suivants : 102 f, 204 f, 234 f et 290 f : si elles étaient mélangées et qu'on voulût les revendre, quel serait le prix de l'une?

1494. L'on achète 8 boîtes de dragées qui coûtent 5 f, 3 qui coûtent 9 f, et 12 qui coûtent 22 f : si l'on mélangeait ces dragées, quel serait le prix d'une boîte?

1495. La différence de deux fortunes est de 25000 f, la plus forte est de 60000 f : quelle est la plus faible?

1496. Deux hommes ont à se partager 7680 f; mais l'un doit avoir 1580 f plus que l'autre : quelles seront donc leurs parts?

1497. Si la fortune de Faquin était multipliée par son tiers, le produit serait 1200 f : de combien est-il riche?

1498. Un prince désire enclore un parc qui est parfaitement carré et qui contient 16 kilomètres de superficie : quelle somme l'entrepreneur doit-il demander, s'il veut avoir 5 f par mètre carré, sachant que les murs doivent être de trois mètres d'élévation?

1499. Une personne assure que si le nombre de ses francs était multiplié 9 fois par lui-même, le dernier produit serait 1024f : quel est son avoir ?

1500. Un entrepreneur se charge de faire creuser 60 kilomètres d'un canal, moyennant qu'on lui donne 10f par mètre jusqu'au dernier : combien demande-t-il pour faire cet ouvrage ?

1501. Un meunier a du blé de 3f et de 4f le double décalitre : combien doit-il en prendre de chaque prix, pour faire un mélange qu'il puisse donner à 18f l'hectolitre ?

1502. On fait un mélange de cuivre de 2f le kilog. avec de l'étain de 1f le kilog., du bronze de 3f le kilog. et de l'argent de 202f le kilog. : combien doit-il entrer de chacun de ces métaux, pour qu'on puisse donner le kilog. à 2f,50 ?

1503. On demande 5f pour le premier mètre d'un ouvrage et 15f pour le second : si l'on continue de tripler ainsi le pro-duit jusqu'à 12 mètres de profondeur, quel sera le prix du dernier mètre ?

1504. Le dernier terme de la progression précédente étant 885735 et la raison 3, quelle est la valeur de tous les termes ?

1505. Trouver la racine cubique de 85184.

1506. Quelqu'un dit que si son argent était divisé 3 fois par 44, le dernier quotient serait 1f : quel est le nombre de ses francs ?

1507. Extraire la racine cubique de 1061208.

1508. On a du blé de 8f, de 12f, de 14f et de 16f l'hectolitre. On veut faire un mélange de 408 hectolitres : combien prendre d'hectolitres de chaque prix, pour avoir un mélange qu'on puisse donner à 13f ?

1509. On distingue des vents qui font 1800 mètres, 7200 mèt., 26000 mèt., 72000 mèt., 87200 mèt., 129600 mèt. par heure ; et des ouragans qui font 162000 mètres à l'heure : trouver le terme moyen entre toutes ces vitesses.

1510. Deux compagnies de chacune 75 hommes se mettent en devoir de se donner l'accolade fraternelle le premier jour de l'an : combien cette cérémonie doit-elle durer, si chaque acco-lade dure 10 secondes, et si elles ne sont données que les unes après les autres ?

1511. Six écoliers, assis sur un banc, s'amusent à changer de place entre eux de toutes les manières possibles : si chaque per-mutation est de 30 secondes, combien leur faudra-t-il de temps pour effectuer leur entreprise ?

1512. Un plâtrier a plafonné une coupole de 12 mètres 122 millimètres de diamètre, à raison de 0f,25 centimes le déci-mètre carré : trouver ce qu'on lui doit.

1513. Trouver la hauteur d'un stère de bois dont les bûches sont d'un mètre 50 centimètres de longueur.

1514. Quelq'un désire savoir à combien s'élèvera sa dépense annuelle pour le bois seulement. Il lui en faut chaque jour $\frac{2}{9}$ de stère d'une part, $\frac{3}{7}$ d'autre part et $\frac{1}{3}$ de stère pour la cuisine. Il paie 3f par mètre de superficie pour l'emplacement de son bûcher, qui est de 3 mètres d'élévation sur un mètre de largeur; son bois est de 9f le stère et doit être réuni dans un même lieu.

1515. L'on désire former un bûcher de 78 stères avec des bûches d'un mètre 30 centimètres de longueur: trouver la longueur de ce bûcher, sachant que sa hauteur est de 2 mètres 60 centimètres, et sa longueur de la longueur du bois.

1516. Quelle est la longueur d'un bûcher contenant 795 stères 99 centistères, si la hauteur est de 2 mètres 73 centimètres et la largeur d'un mètre 14 centimètres, et quelle longueur faut-il prendre dans ce bûcher pour avoir un stère de bois?

1517. Une poutre dont l'équarrissage est 6 sur 5 décimètres coûte 54 francs : trouver sa longueur, sachant que le décistère revient à 3 francs.

1518. Si les bûches n'avaient que 0m,9déci de longueur, quelle serait la hauteur des montants du stère?

1519. Lorsque les cinq septièmes coûtent 60f, quel est le prix de l'entier?

1520. Lorsque le mètre coûte $\frac{5}{8}$ de franc, quel est le prix de 60 mètres?

1521. Quand les $\frac{8}{9}$ d'un franc sont le prix des $\frac{2}{7}$ d'un mètre, quel est le prix d'un mètre?

1522. Si l'on achète $\frac{15}{16}$ de mètre de cotonnade pour les $\frac{6}{7}$ d'un franc, quel sera le prix d'un mètre de la même étoffe?

1523. On désire connaître le prix des $\frac{15}{16}$ d'un mètre d'une certaine marchandise, lorsque pour les $\frac{6}{7}$ d'un franc on en a $\frac{1}{16}$.

1524. L'on paie les $\frac{7}{9}$ d'une journée $\frac{21}{23}$ de franc : quel est le prix de la journée entière?

1525. L'on a 25 billes pour les $\frac{2}{3}$ d'un franc : quel est le prix de l'une de ces billes?

1526. Les $\frac{7}{12}$ d'une succession s'élèvent à 1100f $\frac{2}{5}$: en dire la valeur totale.

1527. Quelqu'un reçoit 157f $\frac{1}{5}$ pour $\frac{1}{12}$ d'une succession : dire la valeur de cette succession.

1528. Un artisan reçoit 131f $\frac{2}{7}$ par mois : combien doit-il toucher au bout de 9 mois $\frac{3}{7}$?

1529. Un domestique se loue 66 $\frac{2}{5}$ doubles décalitres de froment pour une année, il ne reste que les $\frac{2}{7}$ du temps convenu : combien doit-il recevoir de doubles décalitres?

1530. Lorsque 15 grosses $\frac{4}{9}$ de plume se paient 12f $\frac{19}{25}$, quel est le prix d'une grosse?

1531. Les $\frac{5}{7}$ d'un ouvrage ont été faits en 13 jours : dire le temps nécessaire pour l'achever.

1532. En 25 jours $\frac{2}{3}$ on fait les $\frac{9}{11}$ d'un ouvrage : combien mettra-t-on de jours pour l'achever?

1533. Quelqu'un fait 321 mèt. $\frac{3}{5}$ d'ouvrage pour 96f $\frac{3}{4}$: dire ce qu'on lui donne par mètre.

1534. La roue d'une voiture fait 3 mèt. $\frac{8}{9}$ par tour : dire ce qu'elle fera de tours dans un trajet de 6 myriam. $\frac{1}{3}$.

1535. Si le pas ordinaire de l'homme est de $\frac{15}{21}$ de mètre, combien en faudra-t-il pour parcourir 5 myriamètres?

1536. Un écolier assure que son âge est les $\frac{4}{35}$ de celui de de sa grand'mère qui a 99 ans : quel est l'âge de ce jeune homme?

1537. Un voyageur fait les $\frac{8}{9}$ de sa route en 14 jours $\frac{5}{12}$: trouver le temps nécessaire pour achever le voyage.

1538. Lorsque les $\frac{99}{300}$ du jour sont passés, dire ce qu'il reste d'heures à s'écouler.

1539. Un capitaine de navire avait 60 degrés $\frac{1}{9}$ à parcourir : s'apercevant qu'il en a parcouru les $\frac{2}{3}$ et $\frac{4}{60}$, il demande ce qu'il lui reste de kilomètres à faire.

1540. Un ouvrier avait 600 fagots à faire; en ayant fait les $\frac{2}{8}$, il tombe malade : combien en reste-t-il à faire?

1541. On reçoit 8f $\frac{3}{20}$ pour 17 douz. de poires et $\frac{2}{21}$ de douzaine : quel est le prix d'une poire?

1542. Lorsque le mètre d'une certaine marchandise coûte 25 f, quel est le prix de $\frac{1}{9}$ de mètre de la même marchandise?

1543. Lorsque les $\frac{2}{7}$ de l'unité coûtent 0f,05, quel est le prix de l'unité?

1544. Si les $\frac{2}{3}$ d'une pièce d'étoffe coûtent 127f, quel sera le prix de la pièce entière?

1545. Quelqu'un vend les $\frac{44}{52}$ de ses moutons et il lui en reste 6 : combien en avait-il?

1546. Lorsqu'on a jeûné les $\frac{60}{99}$ du Carême, combien reste-t-il encore de jours à jeûner?

1547. Combien a vécu celui dont le $\frac{1}{3}$ et le $\frac{1}{4}$ de la vie font 49 ans?

1548. Si l'on ajoutait à l'heure qu'il est actuellement les $\frac{4}{25}$ de 24 heures, il serait 9 heures du soir : d'après cela, trouver l'heure qu'il est.

1549. Quelqu'un vend les $\frac{12}{84}$ d'une de ses propriétés 5000 francs : combien vendrait-il la propriété tout entière?

1550. Lorsqu'on paie les $\frac{7}{97}$ d'un troupeau de moutons 9261 francs, quel est le nombre de moutons qui composent ce troupeau, si chacun coûte 21 f?

1551. Quelqu'un ayant acheté 300 douzaines d'œufs et $\frac{5}{12}$ de douzaine, désire gagner $\frac{1}{3}$ en les revendant : dire ce qu'il doit les revendre le cent, sachant qu'il les a payés of,48 la douzaine?

1552. La septième partie d'une ligne est de $\frac{2}{13}$ de mètre : trouver sa longueur totale.

1553. Si l'on distribuait 90 pains aux pauvres, à combien ferait-on l'aumône, en donnant $\frac{2}{9}$ d'un pain à chacun?

1554. Un tisserand fait 3 mètres de toile en 11 heures : combien mettra-t-il de temps à faire sa pièce, qui est de 35 mètres?

1555. Deux courriers partent en même temps de Nantes pour Paris, l'un fait 10 myriamètres en 9 heures, l'autre 9 myriamètres en 8 heures : trouver lequel arrivera le premier, et combien de temps il sera rendu avant l'autre, la distance étant de 44 myriamètres.

1556. Si un tisserand fait 2 centimètres $\frac{1}{3}$ d'ouvrage avec une trame, combien lui faudra-t-il de trames pour en tisser 30 mètres $\frac{2}{3}$?

1557. Un robinet donne 20 litres d'eau en 2 minutes $\frac{3}{4}$: dire ce qu'il faudrait de temps pour y remplir un vase de la contenance de 200 litres $\frac{2}{7}$?

1558. Un individu, possesseur de 3627 f, promet à son neveu de lui donner les $\frac{2}{7}$ de sa fortune, s'il devine combien il lui reviendra.

1559. Combien doit-on recevoir pour les $\frac{8}{15}$ d'une terre dont la valeur totale est 685000f?

1560. Un cordonnier emploie 7 heures $\frac{1}{2}$ à faire une paire de souliers, un autre met 8 h. $\frac{1}{4}$ à faire le même ouvrage; ils ont chacun 50 paires de souliers à faire : trouver combien de temps le premier aura fini avant le second.

1561. Deux ouvriers travaillent ensemble; l'un reçoit

2f $\frac{2}{3}$ par jour, l'autre 3f $\frac{1}{7}$: n'ayant travaillé que la 9ᵉ partie d'une semaine, ils désirent savoir ce qu'ils recevront.

1562. Lorsque $\frac{2}{3}$ de mesure d'une certaine marchandise se vendent 0f,28, quel est le prix de $\frac{1}{7}$ de mesure de la même marchandise?

1563. On a payé 9f $\frac{1}{10}$ pour le transport d'une balle de marchandise : combien doit donner pour sa part une personne intéressée pour les $\frac{15}{17}$?

1564. Quel est le prix de 70 boîtes $\frac{1}{3}$ de foin, à $\frac{11}{19}$ de franc la botte; et pour combien de temps en aura-t-on, en en faisant manger $\frac{2}{3}$ de botte par jour?

1565. 9 cordonniers, et un apprenti qui ne gagne que les $\frac{3}{7}$ d'un ouvrier, reçoivent 1237f $\frac{41}{19}$: quelle sera la part de chacun?

1566. Un père et ses 5 enfants ont moissonné un champ de 842 sillons $\frac{3}{4}$; le père sciait trois sillons tandis que ses enfants en sciaient chacun un : d'après cela, trouver ce que chacun en a scié.

1567. Un cerf est poursuivi par une chasse qui gagne sur lui $\frac{10}{391}$ par kilomètre : à quelle distance sera-t-il pris, ayant un kilomètre d'avance?

1568. Un joueur perd les $\frac{3}{16}$ de son argent au jeu et en dépense la moitié au cabaret : combien avait-il, sachant qu'il lui reste encore 25 f?

1569. On poursuit un voleur qui a 30 kilomètres $\frac{1}{15}$ d'avance : à quelle distance le prendra-t-on, s'il ne fait que les $\frac{48}{21}$ du chemin que font ceux qui le poursuivent?

1570. Combien restera-t-il à un homme possesseur de 60000 f, si on lui enlève les $\frac{3}{4}$ des $\frac{5}{6}$ des $\frac{8}{11}$ de sa fortune?

1571. Un père donne à son fils aîné les $\frac{3}{5}$ des $\frac{5}{7}$ des $\frac{7}{9}$ des $\frac{9}{11}$ de sa fortune, qui s'élève à 50000 f : combien restera-t-il à ses autres enfants?

1572. L'hectolitre étant à 15f $\frac{2}{9}$, quel est le prix de 10 hectolitres $\frac{2}{3}$?

1573. Les $\frac{2}{3}$ d'un sac de haricots coûtent 25f : trouver la valeur du sac entier.

FIN

TABLE

DES

MATIÈRES.

PEMIÈRE PARTIE.

EXERCICES ET PROBLÈMES.

PREMIÈRE PARTIE.

FIN DE LA TABLE.